Web GIS 技术原理与应用开发

（第三版）

马林兵　张新长　吴苏杰　陈　健　编著

科学出版社

北　京

内 容 简 介

本书全面、系统地论述了 Web GIS 的基本原理、关键技术及开发方法。本书还重点介绍了 ESRI 公司发布的 Web GIS 开发平台 ArcGIS Server 及 GeoServer 开源 Web GIS，所涉及的主要内容都是目前 Web GIS 研究与开发的最主要考虑的技术问题。全书共 7 章，内容包括：绪论；计算机网络的基本原理；Web GIS 基本技术原理；Web GIS 技术应用方法；移动 GIS；ArcGIS Server 开发指南；开源 Web GIS 平台。

本书可供测绘、国土资源、城市规划和管理、水利与水资源、环境保护、道路交通等部门的研究和开发人员使用，也可作为高等院校有关专业教师、高年级本科生和研究生的参考资料。

图书在版编目(CIP)数据

Web GIS 技术原理与应用开发/马林兵等编著. —3 版. —北京：科学出版社，2019.3

ISBN 978-7-03-058459-5

Ⅰ. ①W… Ⅱ. ①马… Ⅲ. ①地理信息系统–应用软件–高等学校–教材 Ⅳ. ①P208.2

中国版本图书馆 CIP 数据核字(2018)第 177230 号

责任编辑：杨 红/责任校对：何艳萍

责任印制：吴兆东/封面设计：迷底书装

科 学 出 版 社 出版

北京东黄城根北街 16 号

邮政编码：100717

http://www.sciencep.com

北京中石油彩色印刷有限责任公司印刷

科学出版社发行 各地新华书店经销

*

2006 年 9 月第 一 版 开本：787×1092 1/16

2012 年 6 月第 二 版 印张：14 1/2

2019 年 3 月第 三 版 字数：361 000

2024 年11月第二十一次印刷

定价：49.00 元

(如有印装质量问题，我社负责调换)

第三版前言

地理信息系统(geographic information system, GIS)是20世纪80年代兴起的一门综合性学科，空间信息服务是它基本的角色职能。目前，地理信息系统已在许多行业，如电力、水利、通信、交通、银行、城市规划、土地管理、资源环境保护等得到广泛的应用。Web GIS是地理信息系统的一个重要分支，它是GIS与Internet的有机结合。由于Web GIS应用的广泛性和未来的广阔前景，许多高校已把它作为本科生和研究生的必修(或选修)课程。2006年9月，编著者曾出版过《Web GIS原理与方法教程》一书， 2012年6月，出版了《Web GIS技术原理与应用开发》(第二版)。这些年来， Web GIS的技术和方法又有了许多新的发展，本书在前两版的基础上，增加了许多新的内容，删减了一些过时的内容，使得本书在整体的结构和内容上有更多的现势性和新颖性。

目前，地理信息科学专业的教材建设已经有了长足的发展，但就Web GIS这一分支来说，专门的教材还是偏少。本书编著者结合自身多年的教学、科研和工程项目实践经验，以Web GIS为中心，系统总结国内外已取得的研究成果，紧跟当前最新的研究动态，并进行归纳、分类、分析、比较，同时结合我国各高等院校地理信息系统教学经验，融合近年来Web GIS相关理论、技术方法、工程应用方面的成果，使得本书在知识的“博”与“专”两个方面得到适度的结合。本书力求在教学内容的选择与编排方面有所突破，便于学生有效掌握Web GIS的基本理论、基本方法和实验手段，为学生将来在Web GIS方面的研究与应用打下基础。

全书共7章，第1章是绪论，主要介绍Web GIS相关知识；第2章介绍计算机网络的基本原理；第3章讲解Web GIS基本技术原理，是学习本书的基础；第4章讲解Web GIS技术应用方法，介绍几种新兴的Web GIS技术；第5章讲解移动GIS，重点学习移动空间信息服务的关键技术；第6章讲解ArcGIS Server开发指南；第7章介绍开源Web GIS平台。

本书的编著得到许多专家、同事的支持和帮助，在此表示衷心的感谢！

受作者水平和时间所限，书中不足之处在所难免，恳请读者批评指正。

马林兵

2018年6月

第二版序

自20世纪90年代以来，无论是在理论探索、教育培养还是行业应用方面，地理信息系统（geographic information system, GIS）在我国都取得了飞速的发展。而Web GIS是地理信息系统学科的一个重要技术分支，是GIS技术与互联网（Internet）技术的有机结合，是GIS从单机系统走向网络化应用的一个重大飞跃。由于Web GIS应用广泛且前景广阔，许多高校已把它作为本科生和研究生的必修（或选修）课程。2006年9月，作者曾出版过《Web GIS原理与方法教程》一书，6年之后，Web GIS的技术和方法有了许多新的发展，该书正是在前书的基础上，增订了许多新的内容，并且更加侧重于对Web GIS技术原理的阐述与开发方法的讲解，使得该书在整体结构和内容上有更多的现势性和新颖性。

Web GIS是紧随着互联网技术而发展起来的，涉及很多互联网的网络开发技术。作为GIS领域的一个重要分支，Web GIS在测绘、国土资源、城市规划和管理、环境保护和交通等部门得到广泛的应用，并且也是GIS进入千家万户、进入日常生活的一个重要途径。开放式GIS（Open GIS）以及GIS互操作一直是GIS领域所要解决的问题，而Web GIS正是解决这一问题的关键环节。因此，越来越多的研究者开始进行Web GIS的相关领域的研究，生产单位、应用部门对Web GIS人才的需求也越来越大。

该书各章之间互有关联，各有侧重。除了介绍Web GIS的基本原理和相关方法外，还强调实践的重要性，通过Web服务器的使用、Web网络开发技术的使用、Web GIS应用技术的使用等实验性很强的内容，使读者由浅入深，逐步掌握Web GIS的基本原理和开发流程。近几年来，新的Web GIS理论和方法的发展很快，在密切跟踪这些发展动态的同时，将一些新技术、应用热点、发展方向适当引入，如基于可升级的矢量图像（scalable vector graphics, SVG）的Web GIS、基于虚拟现实建模语言（virtual reality modeling language, VRML）的网上虚拟地形、海量空间数据发布的关键技术、分布式空间数据组织、基于Web Service的Open GIS、移动GIS、传感器网（sensor web）等。Web GIS的具体实验不能脱离商业化的Web GIS平台，该书以指南的形式，用一定篇幅介绍了ArcIMS(internet map server)、ArcGIS Server这两个国外著名的Web GIS开发平台，使读者能够学习这两个平台基本的安装、调试、配置、开发等知识，并且能学有所长、学有所用，提高动手能力，为日后从事相关的工作打下很好的基础。

我们希望作者继续广泛收集国内外的相关资料，跟踪网格（grid）技术和Web GIS相关的新方法、新技术、新应用、新动向，在将来的后续再版中，不断充实该书的内容、完善该书的体系，使该书成为GIS教学领域优秀的教材和参考书。

中国科学院院士

龚健雅

2012年4月

第二版前言

GIS 是于 20 世纪 80 年代兴起的一门综合性学科，它基本的角色职能是空间信息服务。目前，GIS 已在许多行业，如电力、水利、通信、交通、银行、城市规划、土地管理、资源环境保护等领域得到广泛的应用。Web GIS 是 GIS 的一个重要分支，它是 GIS 与 Internet 的有机结合，由于 Web GIS 应用的广泛性和未来的广阔前景，许多高校已把它作为本科生和研究生的必修（或选修）课程。

目前，GIS 专业的教材建设已经有了长足的发展，但就 Web GIS 这一分支来说，专门的教材还是很少的。本书作者结合多年的教学、科研和工程项目实践经验，以 Web GIS 为中心，系统总结了国内外已取得的研究成果，紧跟当前最新的研究动态，并进行归纳、分类、分析、比较，同时结合我国各高等院校地理信息系统教学的实际经验，并融合近年来在 Web GIS 理论、技术方法、工程应用方面的成果，使得本书在知识的“博”与“专”两个方面得到适度的结合。本书力求在教学内容的选择与编排方面有所突破，便于学生有效掌握 Web GIS 的基本理论、基本方法和实验手段，为学生将来在 Web GIS 方面的研究与应用打下基础。

全书共 8 章，第 1 章是绪论；第 2 章介绍计算机网络的基本原理；第 3 章讲解 Web GIS 基本技术原理，是学习本书的基础；第 4 章讲解 Web GIS 技术应用方法，学习几种新兴的 Web GIS 技术；第 5 章讲解移动 GIS，重点学习移动空间信息服务的关键技术；第 6 章讲解 ArcIMS 开发指南；第 7 章讲解 ArcGIS Server 开发指南；第 8 章介绍开源 Web GIS 平台。

本书在编写过程中得到许多专家、同事的支持和帮助，在此表示衷心的感谢。

由于作者水平和时间所限，书中不足之处在所难免，恳请广大读者批评指正。

马林兵

2012 年 3 月

第一版序

当今世界，以信息技术为主要标志的科技进步日新月异，知识经济的到来预示着人类的经济生活将发生新的巨大变化。20 世纪 90 年代以来，无论是在理论探索、教育培养还是行业应用，GIS 在我国都取得了飞速发展。Web GIS 是地理信息系统学科的一个重要的分支领域，是地理信息系统技术与因特网技术的有机结合，是 GIS 从单机系统走向网络化应用的重大飞跃。由于 Web GIS 应用的广泛性和未来的广阔前景，许多高校（包括中山大学）已把它作为本科生和研究生的必修（或选修）课程。目前，关于 Web GIS 的专门教材尚不多见，该书的出版很好地弥补了 Web GIS 教材的不足。

Web GIS 紧随着因特网技术而发展，涉及很多因特网开发技术，具有很强的实用性和可操作性。作为地理信息系统领域的一个重要分支，Web GIS 在测绘、国土资源、城市规划和管理、水利与水资源、环境保护、道路交通等部门取得了广泛的应用，并且也是 GIS 走进百姓生活的一个重要途径。开放式 GIS 以及 GIS 互操作一直是 GIS 领域所要解决的问题，而 Web GIS 正是解决这一问题的关键环节。因此，越来越多的研究者开始进行 Web GIS 相关领域的研究，生产单位、应用部门对 Web GIS 的人才需求也越来越大。

该书的作者结合了他们多年的教学、科研和工程项目实践经验，以 Web GIS 为中心，系统总结了国内外已取得的研究成果，紧跟当前最新的研究动态，并进行分析比较、归纳总结，结合我国各高等院校地理信息系统教学的实际经验，并融合他们近年来在 Web GIS 的理论、技术方法、工程应用方面的成果，使该书在知识的“博”与“专”两个方面得到适度的结合。纵观全书，它以 Web GIS 为纲领，向因特网（移动因特网）等多个领域延伸，结构清晰，体系完整。

全书共 8 章，各章之间互有关联，又各有侧重。除了介绍 Web GIS 的基本原理和相关方法外，该书强调实践的重要性，通过 Web 服务器的使用、Web 网络开发技术的使用、Web GIS 应用技术的使用等实验性很强的内容，使学生由浅入深逐步地掌握 Web GIS 的基本原理和开发流程。近年来，新的 Web GIS 理论和方法的发展是很快的。该书在密切跟踪这些发展动态的同时，将一些新技术、应用热点、发展方向适当引入进来，例如，基于 SVG 的 Web GIS、基于 VRML 的网上虚拟地形、海量空间数据发布的关键技术、分布式空间数据组织、基于 Web Service 的开放式 GIS、移动 GIS 等。其中很多内容是第一次在教材中出现。Web GIS 的具体实验不能脱离商业化的 Web GIS 平台，该书以指南的形式，用一定篇幅介绍了 SuperMap IS 和 ArcIMS 这两个国内外著名的 Web GIS 开发平台，使学生能够掌握这两个商业平台基本的安装、调试、配置、开发等知识，这在同类教材中也是首创。这使学生能学有所长、学以致用，提高他们的动手能力，为日后从事相关的工作打下很好的基础。

该书是对国内外 Web GIS 相关理论与应用的有机集成。它不仅可以作为高年级本科生、研究生的教材，也可以作为 GIS 工程技术人员、企事业单位的 Web GIS 规划人员、开发人员、维护人员的参考书。我们希望作者继续广泛收集国内外的相关资料，跟踪网格（Grid）技术和 Web GIS 相关的新方法、新技术、新应用、新动向，在将来的后续再版中，不断充实该书的内容，完善该书的体系，使该书成为地理信息系统教学领域的优秀教材和参考书。

中国科学院院士
中国工程院院士
2006 年 6 月

第一版前言

地理信息系统（GIS）是 20 世纪 80 年代兴起的一门综合性学科，空间信息服务是它基本的角色职能。目前，地理信息系统已在电力、水利、通信、交通、银行、城市规划、土地管理、资源环境保护等行业得到了广泛的应用。Web GIS 是地理信息系统的一个重要分支，它是 GIS 与 Internet 的有机结合。由于 Web GIS 应用的广泛性和未来的广阔前景，许多高校已把它作为本科生和研究生的必修（或选修）课程。

目前，地理信息系统专业的教材建设已经有了长足的发展，但就 Web GIS 这一分支来说，专门的教材还是很少。我们通过对当今国内外相关研究成果、应用状况的总结，结合自己在教学、科研、工程应用中的体会，编著了本书，力求在教学内容的选择与编排方面有所突破，便于学生有效掌握 Web GIS 的基本理论、基本方法和实验手段，为学生将来在 Web GIS 方面的研究与应用打下基础。

全书共 8 章，第 1 章是绪论，主要是 Web GIS 概述；第 2 章介绍计算机网络的基本原理；第 3 章讲解 Web GIS 基本原理，是学习本书的基础；第 4 章讲解 Web GIS 应用技术，介绍几种新兴的 Web GIS 技术；第 5 章讲解移动 GIS，重点介绍移动空间信息服务的关键技术；第 6 章讲解 ArcIMS 开发指南；第 7 章讲解 SuperMap IS 开发指南；第 8 章介绍 Web GIS 应用发展前沿。

本书的编著得到许多专家、同事的支持和帮助，在此表示衷心感谢。同时，要感谢颜立志、王炜、王海仙等几位研究生在本书编著过程中所做的工作。

马林兵

2006 年 6 月

目　录

第1章 绪　论

19世纪是铁路的时代，20世纪是高速公路的时代，21世纪是网络的时代。互联网(Internet)的迅速崛起和在全球范围内的飞速发展，使万维网(world wide web，WWW或Web)成为高效的全球性信息发布渠道。这一技术正在以很快的速度进入千家万户，它将把地球变成一个“小小的村落”，网络时代已经来临。随着Internet技术的不断发展和人们对地理信息系统(geographic information system, GIS)的需求，利用Internet在Web上发布和出版空间数据，为用户提供空间数据浏览、查询和分析等功能，已经成为GIS发展的必然趋势。于是，基于Internet技术的地理信息系统——Web GIS应运而生，Web GIS为地理信息和GIS服务通过Internet在更大范围内发挥作用提供了新的应用平台。

1.1 Web GIS 的基本概念

地理信息系统是一项以计算机为基础的管理和研究空间数据的技术系统。围绕着这项技术的研究、开发和应用，形成了一门交叉性、边缘性的学科。在计算机软、硬件支持下，它可以对空间数据按地理坐标或空间位置进行各种处理，研究各种空间实体及其相互关系。随着分布式计算技术、面向对象的组件技术、网络技术的迅速发展，以及Internet在社会生活中的日益普及，出现了与WWW相结合的GIS——Web GIS，并迅速成为目前GIS发展的最重要的方向。

Web GIS，简言之，就是利用Web技术来扩展和完善地理信息系统的一项新技术。由于超文本传输协议(hypertext transfer protocol, HTTP)采用基于客户机/服务器(client/server, C/S)的请求/应答机制，具有较强的用户交互能力，可以传输并在浏览器上显示多媒体数据，而GIS中的信息主要是需要以图形、图像方式表现的空间数据，用户通过交互操作，对空间数据进行查询分析。这些特点使得人们完全可以利用Web来寻找他们所需要的空间数据，并且进行各种操作。

互联网地理信息系统Web GIS是Internet技术应用于GIS开发的产物，是一种基于Internet的Open GIS。一般把因特网中的GIS称为WWW-GIS或Web GIS，中文名为万维网GIS。Web GIS就是以WWW的Web页面作为GIS软件的用户界面，把Internet和GIS技术结合在一起，能够进行各种交互操作的GIS，它是一种大社会级的GIS。Web页面使用超媒体技术和超文本链接语言，使得对WWW的操作更富有灵活性和趣味性。以Web作为GIS的用户界面，将一改以往GIS软件用户界面呆板生硬的面孔，更利于GIS大众化。

随着移动互联网、移动定位技术、移动终端技术的发展，以移动设备(如智能手机、掌上电脑)为应用终端的移动空间信息服务成为新的热点，其实时性与便携性极大延伸了Web GIS的应用领域和应用模式，从而带动了很多新的行业应用。

1.2 Web GIS 的应用特点

传统GIS大多为独立的单机结构，空间数据采用集中式处理；而Web GIS采用了基于

Internet 的浏览器/服务器(browser/server, B/S)体系结构，不同部门的数据可以分别存储在不同地点的 Server 上，每个 GIS 用户作为一个 Client 端通过 Browser 与 Server 交换信息，可以与网上其他非 GIS 信息进行无缝连接和集成。Web GIS 可以实现对各种传统 GIS 系统数据的相互操作和共享，以便充分利用现有的数据资源。Web GIS 还可以用于 Intranet 以建立各部门内部的网络 GIS，实现局部范围内的数据共享。Web GIS 不但改变了传统 GIS 的设计、开发和应用方法，而且完全改变了空间数据的共享模式。Web GIS 涉及在网络(Internet/Intranet)环境下，地理信息(图像、图形和与此相关的文本数据)的模型、传输、管理、分析、应用的理论与技术。作为地理信息系统的一种新形式，Web GIS 无论是在理论研究，还是在应用方面都还处于蓬勃发展的阶段，其最终目标是实现 GIS 与 WWW 技术的有机结合，真正成为一种大众使用的工具。从 WWW 的任意一个节点，Internet 用户可以浏览 Web GIS 站点中的空间数据、制作专题图，以及进行各种空间检索和空间分析，从而使 GIS 进入千家万户。其应用特点可以分为以下几个层面。

1. 空间数据发布

由于能够以图形方式显示空间数据，较之于单纯的 FTP 方式，Web GIS 使用户更容易找到需要的数据。

2. 空间查询检索

利用浏览器提供的交互能力，进行图形及属性数据库的查询检索。

3. 空间模型服务

在服务器端提供各种空间模型的实现方法，接收用户通过浏览器输入的模型参数后，将计算结果返回。换言之，利用 Web 不仅可以发布空间数据，还可以发布空间模型服务，形成浏览器/服务器(B/S)结构。

4. Web 资源的组织

在 Web 上，存在着大量的信息，这些信息多数具有空间分布特征，如分销商数据往往包含其所在位置的属性，利用地图对这些信息进行组织和管理，并为用户提供基于空间的检索服务，这些都可以通过 Web GIS 实现。

与传统的地理信息系统相比，Web GIS 的特殊性主要表现在以下方面。

(1)它必须是基于网络的客户机/服务器系统，而传统的 GIS 大多数为独立的单机系统。

(2)它利用 Internet 进行客户端和服务器之间的信息交换，这就意味着信息的传递是全球性的。

(3)它是一个分布式系统，用户和服务器可以分布在不同地点和不同的计算机平台上。

1.3 本书特色

Web GIS 是地理信息系统学科的一个重要分支领域，是地理信息系统(GIS)技术与互联网(Web)技术的有机结合。由于 Web GIS 应用的广泛性和未来的广阔前景，目前许多高校已把它作为本科生和研究生的必修(或选修)课程，同时在实际工程应用中也需要一本参考书。

Web GIS 涉及了很多互联网(Web)的网络开发技术，以及 GIS 项目的应用开发技术，具有很强的实用性和可操作性，经过多年的教学和项目实践，作者编写了本书并不断完善。本书具有以下几点特色。

1. 注重知识的"博"与"专"的结合

Web GIS所涉及的技术领域非常多，有计算机网络技术、Web开发技术、GIS技术等，其中任何一样都可作为一门单独的课程，若要面面俱到是很难的。本书广泛收集了与课程有关的预备知识，加以适当的精简和提炼。同时，系统地总结、详细地整理了国内外Web GIS理论和方法的成果，并进行了归纳分类、分析、比较，结合我国各高等院校地理信息系统教育的实际经验，并融合我们近年来在Web GIS的理论、技术方法、工程应用方面的成果，使得本书在知识的"博"与"专"两个方面得到适度的结合。

2. 密切跟踪前沿知识的发展，并适当引入

近几年来，新的Web GIS理论和方法的发展是很快的，在密切跟踪这些发展动态的同时，将一些新技术、应用热点、发展方向适当引入本书，如GeoJSON、GeoVRML、WebGL、矢量切片技术、室内定位技术、分布式空间数据组织、基于Web Service的开放式GIS、Sensor Web、移动空间信息服务等。

3. 兼顾理论和实践，将信息技术与课程融合

除了学习Web GIS的基本原理和相关方法外，本书还强调实践的重要性，通过Web服务器的使用、Web网络开发技术的使用、Web GIS应用技术的使用等实验性很强的内容，使读者由浅入深掌握Web GIS的基本原理和开发流程。

4. 引入了商业化Web GIS平台及开源的Web GIS平台

本书以指南的形式，用一定篇幅介绍了商业的Web GIS平台ArcGIS Server和开源的Web GIS平台GeoServer，使读者能够学习这两个平台基本的安装、调试、配置、开发等知识，以提高他们的动手能力，为日后从事相关工作打下良好基础。

第 2 章　计算机网络的基本原理

本章内容主要包括：计算机网络概述、TCP/IP 协议、关于 Web 的一些基本概念、Web 开发技术等。

2.1　计算机网络概述

2.1.1　计算机网络的发展

1. 计算机网络的概念

现代计算机网络系统简称计算机网络，是建立在分组交换技术基础上的一种通信体系。分组交换技术是指在分组交换网中采取存储-转发方式，将一份长报文划分为若干个定长的报文分组，以分组作为传输的基本单位。因此，当源主机要发送一份报文时，需首先进行报文分解，再逐个分组地发送。网络的中继节点则先将分组接收下来存储在定长的缓冲区中，再选择一条适当的传输路径将分组转发出去。以分组为单位进行传输，不仅大大简化了对计算机存储器的管理，还加快了信息在网络中的传输速度。因为分组交换网较之报文交换网和线路交换网具有一系列的优点，所以它已成为计算机网络的主流。

计算机网络系统是由网络操作系统和用以组成计算机网络的多台计算机，以及各种通信设备构成的。在计算机网络系统中，每台计算机都是独立的，任何一台计算机都不干预其他计算机的工作，它们之间的关系是建立在通信和资源共享上的，所以计算机网络的定义为：将地理位置不同、并具有独立功能的多个计算机系统通过通信设备和线路连接起来，以功能完善的网络软件实现网络中资源共享的系统，称为计算机网络系统。它包括以下三个方面的内容。

(1) 计算机网络是由两台或两台以上的计算机连接起来的系统。

(2) 两台或两台以上的计算机之间交换信息、数据必须有一条通信通道。

(3) 计算机之间通信和交换信息需要有共同遵守的规则，这就是协议。计算机网络软件就是根据协议开发出的软件。

计算机网络是突破地理范围限制集合的大量计算机设备群体，它们彼此用物理通道互联，并遵守共同的协议而进行数据通信(协议是计算机与计算机进行通信时，通信双方共同遵守的一组规则)，从而实现用户对网络系统中各互联计算机设备群体的共享。计算机网络是人们彼此进行交流的工具，它能促进人们进行广泛的思想交流，促进知识迅速更新，使信息得到充分利用和实现系统资源共享。

2. 计算机网络的发展

1) 远程联机系统阶段

在计算机网络发展过程中，第一个阶段为远程联机系统阶段(图 2.1)。它是面向终端的计算机通信系统。远程联机系统在数据传输方面利用公用电话网系统传输计算机或计算机数字终端信号的技术实现了计算机技术与通信技术的结合，为计算机网络系统的研究和开发奠定了基础。远程联机系统称为第一阶段计算机网络系统。

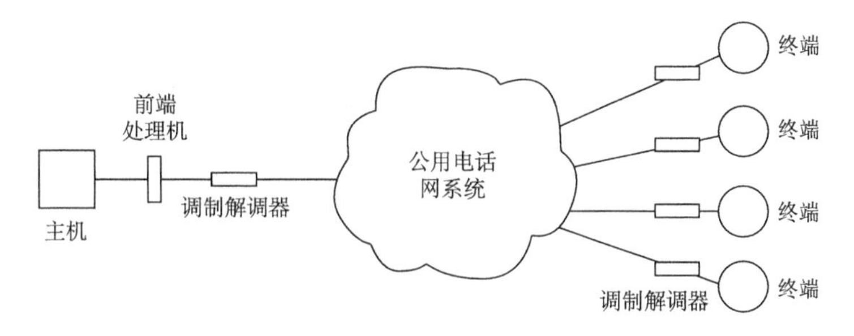

图 2.1　远程联机系统

2)计算机互联阶段

报文分组交换概念的提出与应用，使计算机网络的通信方式由终端与计算机之间的通信，发展到计算机与计算机之间的直接通信，即计算机互联阶段计算机网络系统(图 2.2)。各计算机通过通信线路连接(直接连接或通过公用电话网)，相互交换数据，传送软件，实现了网络中连接的计算机之间的资源共享。

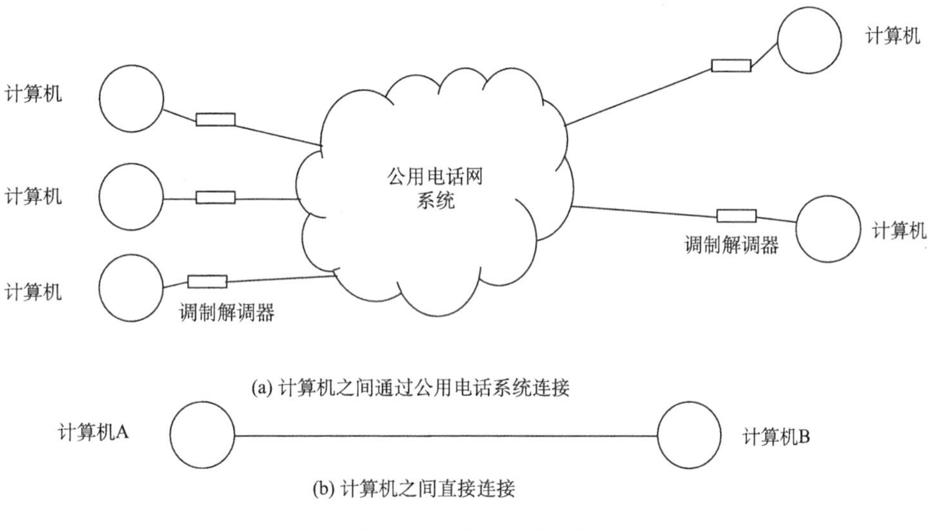

(a) 计算机之间通过公用电话系统连接

(b) 计算机之间直接连接

图 2.2　计算机互联系统

3)标准化系统阶段

计算机网络系统是非常复杂的系统，计算机之间相互通信涉及许多复杂的技术问题，需要建立一个开发的计算机网络互联标准，使不同的体系结构的产品能很容易地得到互联。国际标准化组织(International Organization for Standardization, ISO)于 1977 年成立了专门的机构来研究该问题，在 1984 年正式颁布了开放系统互联(open system interconnection，OSI)基本参考模型的国际标准，这就是第三代计算机网络。

OSI 参考结构如图 2.3 所示。

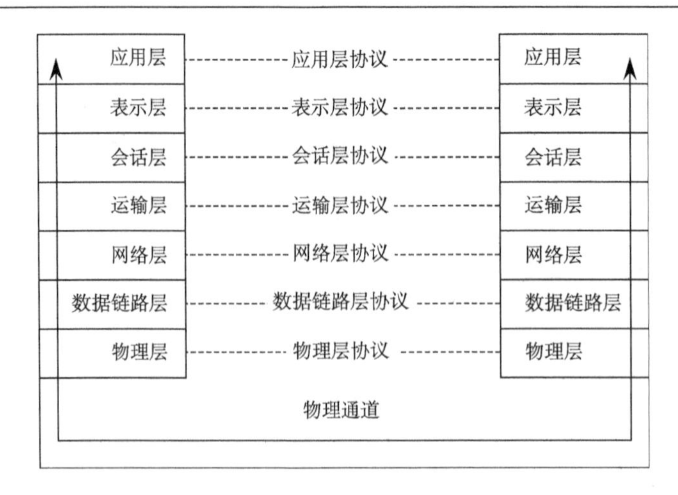

图 2.3　OSI 基本参考模型

(1) 物理层：确定如何在通信信道上传输比特流，包括网络物理结构、传输介质的规程、位传输的编码与定时规则。

(2) 数据链路层：数据链路层负责在两个相邻结点间的线路上，无差错地传送以帧为单位的数据，每一帧包括一定数量的数据和一些必要的控制信息，控制信息包括同步信息、地址信息、差错控制及流量控制等。

(3) 网络层：在计算机网络中进行通信的两个计算机之间可能要经过许多个节点和链路，也可能要经过几个通信子网。在网络层，数据的传送单位是分组和包。网络层的任务就是选择合适的路由和交换结点，使发送站的运输层所传下来的分组能够正确无误地按照地址找到目的站。

(4) 运输层：运输层的任务是根据通信子网的特性最佳地利用网络资源，并以可靠和经济的方式，为两个端系统(也就是源站和目的站)的会话之间建立一条运输连接，以透明地传送报文。运输层为上一层提供一个可靠的端到端的服务。

(5) 会话层：会话层不参与具体的数据传输，但它对数据传输进行管理。会话层在两个互相通信的应用进程之间建立、组织和协调其交互。

(6) 表示层：表示层主要解决用户信息的语法表示问题。表示层将欲交换的数据从适合于某一用户的抽象语法，变换为适合于 OSI 系统内部使用的传送语法。有了这样的表示层，用户就可以把精力集中在他们所要交谈的问题本身。

(7) 应用层：应用层确定进程之间通信的性质以满足用户的需要，负责用户的语义表示。应用层不仅要提供应用进程所需要的信息交换和远地操作，还要作为相互作用的应用进程的用户代理。

4) 网络互联与高速网络系统阶段

进入 20 世纪 90 年代，计算机技术、通信技术及建立在互联计算机网络技术基础上的计算机网络技术得到了迅猛的发展，特别是 1993 年美国宣布建立国家信息基础设施(national information infrastructure，NII)后，许多国家也纷纷制定和建立本国的 NII，从而极大地推动了计算机网络技术的发展，使计算机网络进入一个崭新的阶段，这就是计算机网络与高速网络阶段。目前，全球以 Internet 为核心的高速计算机互联网络已经形成，Internet 已经成为人类最重要的、最大的知识库。网络互联和高速计算机网络就成为第四代计算机网络。

2.1.2　计算机网络分类

计算机网络系统是非常复杂的系统，技术含量高、综合性强，但由于各种不同的计算机网络所采用的技术不同，反映的特点也不同，需要从不同的角度划分计算机网络。

1. 按覆盖范围分类

1）局域网

局域网（local area network，LAN）是一种在近距离内具有很高数据传输率的物理网络，覆盖范围在几米到几千米之间。一般在一个建筑物内，或一个工厂、一个事业单位内部，为单位独有。

2）广域网

广域网（wide area network，WAN），通常是指作用范围为几十千米到几千千米，可以分布在一个省内、一个国家或几个国家。

3）城域网

城域网（metropolitan area network，MAN），是在一个城市内部组建的计算机信息网络，提供全市的信息服务。目前，我国许多城市正在建设城域网。

2. 按通信媒体分类

1）有线网

有线网是指网络系统中计算机之间采用如同轴电缆、双绞线、光纤等物理媒体连接的，并利用这些物理媒体传输数据，实现计算机之间数据交换的系统。现有的网络绝大多数是有线网络。

2）无线网

无线网是指网络系统中计算机之间采用如微波、红外线等媒体连接的，并利用它们传输数据，实现计算机之间数据交换的系统。随着无线通信技术的发展，无线网络的数量越来越多，应用也越来越广泛。

3）无线有线混合网

无线有线混合网是计算机网络发展和应用的趋势，有线网中包含无线网，无线网中包含有线网，这就是无线有线混合网络。

3. 按数据交换方式分类

1）线路交换方式

线路交换是最早出现在电话系统中的一种交换方式，目前仍广泛应用于自动电话系统中。源用户通过拨号接通某些开关来建立所要求的通信路径，使源和目标用户之间能直接进行通信。在通信期间始终使用该路径，不允许其他用户使用，通信结束后便断开所建立的通信路径。早期的计算机网络，如面向终端的计算机网络，都广泛利用这种交换方式的电话网络来传输数据。

2）报文交换方式

报文交换是一种数字式网络，每当源主机要和目标主机通信时，网络中的中继节点——交换器总是先将源主机发来的一份完整报文存储在交换器的缓冲区中，并对该报文做适当处理，再根据报头中的目标地址，选择一条相应的输出链路，若该链路空闲，便将报文转发至下一个中继结点或目标主机；若输出链路忙，则将装有输出信息的缓冲区排在输出队列的末尾等候。这种先存储后转发的传输方式被称为存储-转发方式。因为这种网络以报文为基本传输单位，所以也称为报文交换网络。

3) 分组交换网络

分组交换网虽然同样采取存储-转发方式，但它不是以不定长的报文作为传输的基本单位，而是先将一份长报文划分为若干个定长的报文分组，以分组作为传输的基本单位。因此，当源主机要发送一份报文时，需首先进行报文分解，再逐个分组地发送。网络的中继结点则先将分组接收下来存储在定长的缓冲区中，再选择一条适当的传输路径将分组转发出去。以分组为单位进行传输，不仅大大简化了对计算机存储器的管理，还加快了信息在网络中的传输速度。因为分组交换网较之报文交换网和线路交换网具有一系列的优点，所以它已成为现代计算机网络的主流。

4. 按使用范围分类

1) 公用网

公用网是为公众提供各种信息服务的网络系统，如因特网，是只要符合网络拥有者的要求就能使用的网络。公用网是国家电信网的主体，在我国通常是电信部门主管经营和建设的，在国外大多是由政府和私营企业建设的。

2) 专用网

专用网为一个或几个部门所拥有，它只为拥有者提供服务，这种网络不向拥有者以外的人提供服务。专用网通常是由组织和部门根据实际需要自己投资建设的。

2.1.3 几种基本的联网设备

根据网络进行网络互联所在的层次，常用的联网设备有以下几类：①物理层互联设备，即中继器(repeater)；②数据链路层互联设备，即网桥(bridge)；③网络层互联设备，即路由器(router)；④网络层以上的互联设备，统称网关(gateway)或应用网关。

1. 中继器

中继器又称转发器，是两个网络在物理层上的连接，用于连接具有相同物理层协议的局域网，是局域网互联的最简单的设备，如图 2.4 所示 。

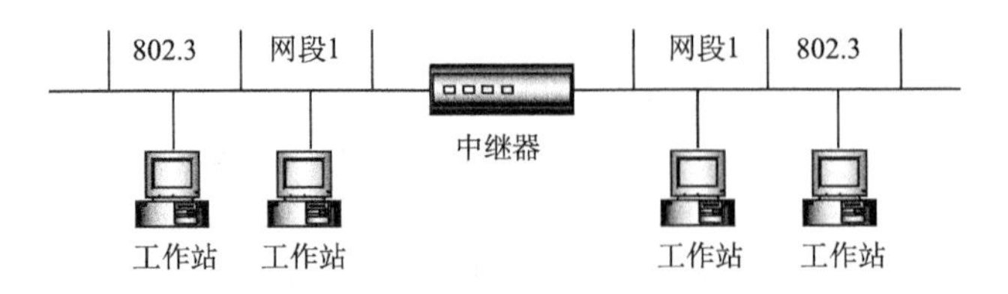

图 2.4　中继器工作示意图

2. 网桥

网桥的第一个适应场合就是对网络进行分段。当局域网上的用户日益增多，工作站数量日益增加时，局域网上的信息量也随着增加，可能会引起局域网性能的下降。在这种情况下，必须将网络进行分段，以减少每段网络上的用户量和信息量。将网络进行分段的设备就是网桥。

网桥的第二个适应场合就是互联两个相互独立而又有联系的局域网。

网桥是在数据链路层上连接两个网络，即网络的数据链路层不同而网络层相同时要用网桥连接，如图 2.5 所示。

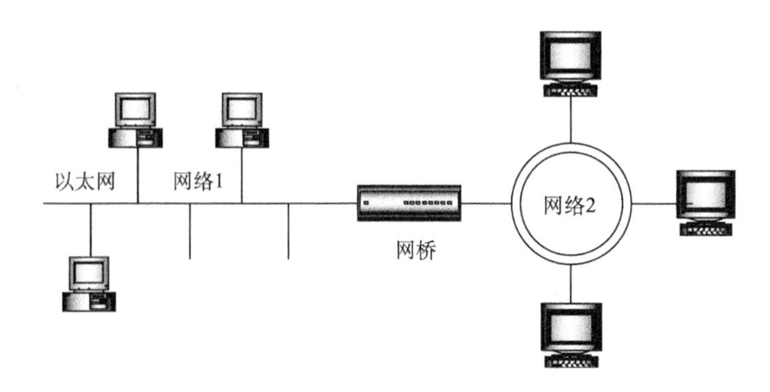

图 2.5　网桥工作示意图

3. 路由器

路由器是网络层上的连接，即不同网络与网络之间的连接。路由器的主要功能是路径选择，就是要保证把一个进行网络寻址的报文传送到正确的目的网络中。路径选择包括两种基本的活动：一是最佳路径的判定；二是网间信息包的传送，信息包的传送一般又称为“交换”。

在路由器互联的局域网中，每个局域网只要求网络层及以上高层协议相同，数据链路层与物理层的协议可以是不同的，路由器内部有一个路由表数据库与一个网络路由状态数据库，但是如果局域网高层采用了不同的协议，就要使用多协议路由器(multiprotocol router)。多协议路由器具有处理不同协议分组的能力，它要为不同类型的协议建立与维护不同的路由表，如图 2.6 所示。

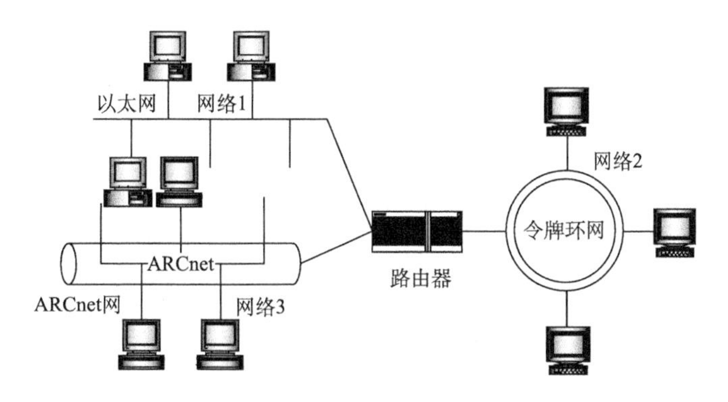

图 2.6　路由器工作原理

4. 网关

网关也称信关，它是建立在高层之上的各层次的中继系统。也就是说，网关是用于高层协议转换的网间连接器。

作为专用计算机的网关，能实现具有不同网络协议的网络之间的连接。所以，网关可以被描述为“不相同的网络系统互相连接时所用的设备或节点”。网关可以分为以下三类。

1) 协议网关

协议网关通常在使用不同协议的网络区域间做协议转换。这一转换过程可以发生在 OSI 参考模型的第 2 层、第 3 层或第 2、3 层之间。

2) 应用网关

应用网关是在不同数据格式间翻译数据的系统。典型的应用网关先接收一种格式的输入，将之翻译，然后以新的格式发送。一种应用可以有多种应用网关。例如，E-mail 可以以多种格式实现，提供 E-mail 的服务器可能需要与各种格式的邮件服务器交互，实现此功能唯一的方法是支持多个网关接口。

3) 安全网关

安全网关是各种技术有机的融合，具有重要且独特的保护作用，其范围从协议级过滤到十分复杂的应用级过滤。

2.2 TCP/IP 协议

2.2.1 TCP/IP 的产生与发展

1. TCP/IP 的产生与发展

传输控制协议/因特网互联协议(transmission control protocol/Internet protocol, TCP/IP)是基于美国国防部坚持其购买的计算机应能在某一种公共协议上进行通信的观点产生的。阿帕网(Advanced Research Projects Agency Network, ARPANET)作为其研究成果于 1969 年投入使用，ARPANET 解决了异种计算机之间互操作的基本问题，当时在美国得到了广泛的应用，并构成当今因特网的主体。ARPANET 1971 年改为 DARP，DARP 致力于研究分组交换，强调数据传输通过卫星和无线电技术完成。DARP 于 1975 年被美国国防通信局(Defense Communications Agency，DCA)接管。其间，提出了一些新的协议，这些协议构成了 TCP/IP 的基础。1978 年，TCP/IP 协议取得了网络领域的主导地位。1983 年，TCP/IP 被作为因特网的网络节点协议。TCP/IP 使各种单独的网络有一个共同的可参考的网络协议，实现了不同设备间的互操作。虽然 TCP/IP 不是 OSI 标准，但 TCP/IP 已被公认为当前的工业标准。TCP/IP 协议具有以下特点。

(1) 协议标准具有开放性，独立于特定的计算机硬件及操作系统，可以免费使用。

(2) 统一分配网络地址，使得整个 TCP/IP 设备在网络中都具有唯一 IP 地址。

(3) 实现了高层协议的标准化，能为用户提供多种可靠的服务。

2. TCP/IP 的体系结构

1) TCP/IP 体系结构

TCP/IP 的核心思想是把千差万别的物理层/数据链路层协议的物理网络，在传输层/网络层建立一个统一的虚拟“逻辑网络”，屏蔽或隔离所有物理网络的硬件差异。

2) TCP/IP 分层

TCP/IP 是由一系列协议组成的，它是一套分层的通信协议。TCP/IP 模型包括以下四个层次。

(1) 网络接口层(network interface layer)。网络接口层是 TCP/IP 协议的最底层，负责网络层与硬件设备间的联系。这一层的协议非常多，包括逻辑链路控制和媒体访问控制。

(2) 网际层(internet layer)。网际层解决的是计算机到计算机间的通信问题，它包括以下三个方面的功能。①处理来自传输层的分组发送的请求，收到请求后将分组装入 IP 数据报，填充报头，选择路径，然后将数据报发送至适当的网络接口。②处理数据报。③处理网络控制报文协议，即处理路径、流量控制、阻塞等。

(3) 传输层(transport layer)。传输层解决的是计算机程序到计算机程序之间的通信问题。计算机程序到计算机程序之间的通信就是通常所说的“端到端”的通信。传输层对信息流具有调节作用，提供可靠性传输，确保数据到达无误。

(4) 应用层(application layer)。应用层提供一组常用的应用程序给用户。在应用层，用户调节访问网络的应用程序，应用程序与传输层协议相配合发送和接收数据。每个应用程序都有自己的数据形式，它可以是一系列报文或字节流，但不管采用哪种形式，都要将数据传送给传输层，以便交换。

OSI	TCP/IP
7 应用层	应用层 (TELNET、FTP、SMTP等)
6 表示层	
5 会话层	
4 传输层	传输层(TCP、UDP)
3 网络层	网际层
2 数据链路层	网络接口层
1 物理层	

图 2.7　TCP/IP 与 OSI 体系比较

TCP/IP 协议体系与 OSI 体系结构的比较如图 2.7 所示。

2.2.2　IP 地址的原理

1. IP 地址的概念

Internet 工程任务组(Internet Engineering Task Force, IETF)——Internet 和 IP 的设计师选择了适合于机器表示的数值来标识 IP 网络和主机。因此 Internet 中的每一个网络具有自己独一无二的数值地址——它的网络地址。网络管理人员要确信网络中的每一台主机有与之对应的唯一的主机编号。

主机号码由 32 位二进制数组成，这个由 32 位二进制组成的主机号码就是主机的 IP 地址。IP 地址是因特网中识别主机的唯一标识。为了便于记忆，把 IP 地址分成 4 组，每组 8 位，组与组之间用“.”分隔开，如下。

二进制：11001010011000110110000010001100

十进制：202 .　99 .　96 .　140

缩　写：202.99.96.140

TCP/IP 网络是为大规模的互联网络设计的，不能用全部的 32 位来表示网络上主机的地址，如果这样做了，将得到一个拥有数以亿计网络设备的巨大网络，这个网络无法包含网络设备和子网。所以，需要使用 IP 地址的一部分来标识网络，剩下的部分标识其中的网络设备。IP 地址中用来标识设备所在网络的部分称为网络 ID，标识网络设备的部分称为主机 ID。这些 ID 包含在同一个 IP 地址之中。

193.1.1.	200	131.107.	2.1	75 .	3.78.　29
网络 ID	主机 ID	网络 ID	主机 ID	网络 ID	主机 ID

2. IP 地址的分类

将 IP 地址分成几类，以适应大型、中型、小型的网络。这些类的不同之处在于用于表示网络的位数与用于表示主机的位数之间的差别。IP 地址被分成五类，每一个 IP 地址包括两部分：网络地址和主机地址，五类地址对所支持的网络数和主机数有不同的组合。

1) A 类地址

0

Network ID　　Host ID

A 类地址用于主机数目非常多的网络。A 类地址的最高位为 0，接下来的 7 位完成网络 ID，剩余的 24 位二进制位代表主机 ID。A 类地址允许 126 个网络，每个网络大约 1700 万台主机；第一个八位体是 1～126。127 是一个特殊的网络 ID，用来检查 TCP/IP 协议工作状态。

2) B 类地址

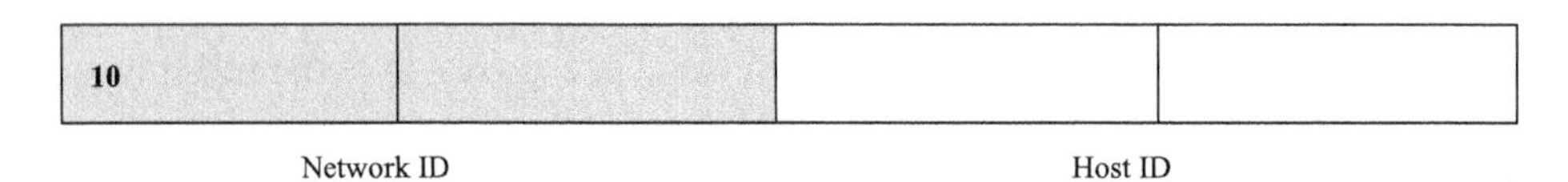

B 类地址用于中型到大型的网络。B 类地址的最高位为 10，接下来的 14 位完成网络 ID，剩余的 14 位二进制位代表主机 ID。B 类地址允许 16384 个网络，每个网络大约 65000 台主机；第一个八位体是 128～191。

3) C 类地址

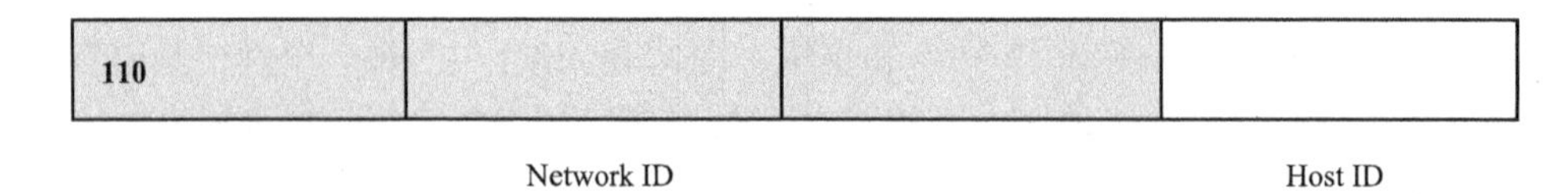

C 类地址用于小型本地网络。C 类地址的最高位为 110，接下来的 21 位完成网络 ID，剩余的 8 位二进制位代表主机 ID。C 类地址允许大约 200 万个网络，每个网络有 254 台主机；第一个八位体是 192～223。

4) D 类地址

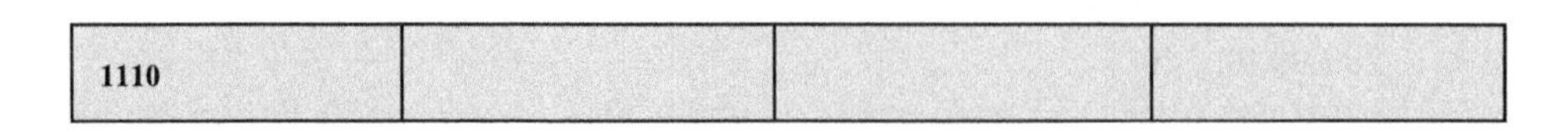

D 类地址用于多重广播组。一个多重广播组可能包括 1 台或更多主机，或根本没有。D 类地址的最高位为 1110；第一个八位体是 224～239。剩余的位可以设置主机参加特定组。在多重广播操作中没有网络或主机位，数据包将传送到网络中选定的主机子集中。只有注册了多重广播地址的主机才能接收到数据包。

5) E 类地址

E 类是一个通常不用的实验性地址，它保留作为以后使用。E 类地址的最高位通常为 11110；第一个八位体是 240～247。248～254 无规定。

2.2.3　域名系统

1. 域名的概念

因为让人记住主机的 IP 地址是很困难的，所以人们就为每台主机起了名字，主机的名字是由句点分隔开的一连串的单词组成的，这种命名方法被称为领域命名系统，简称为域名系统。例如，www.10086.cn 是中国移动通信集团公司的域名。

域名的最右部分表示区域，这部分的写法是硬性规定的，必须按照国际标准规范写，其他部分没有命名规定。Internet 上一台主机的主机名是由它所属的各级域的域名和分配给该主机的名字共同构成的。书写的时候，顶级域名放在最右面，各级名字之间用“.”隔开。

域名是有层次的。Internet 主机域名的一般格式为：四级域名.三级域名.二级域名.顶级域名(并不一定分四级)，如 www.sina.com.cn。

顶级的域名划分采用了两种模式：地理模式、组织模式。

在地理模式下，顶级域名表示国家，次级域名表示网络的属性，如表 2.1 所示。

表 2.1　地理模式下的顶级域名表

顶级域名	所表示的国家或地区	顶级域名	所表示的国家或地区	顶级域名	所表示的国家或地区
au	澳大利亚	ca	加拿大	ch	瑞士
cn	中国	cu	古巴	de	德国
dk	丹麦	es	西班牙	fr	法国
hk	中国香港	in	印度	it	意大利
jp	日本	mo	中国澳门	se	瑞典
sg	新加坡	tw	中国台湾	us	美国

在组织模式中，顶级域名表示该网络的属性，如表 2.2 所示。

表 2.2　组织模式下的顶级域名表

顶级域名	表示的网络属性	顶级域名	表示的网络属性	顶级域名	表示的网络属性
com	营利的商业实体	mil	军事机构或组织	store	商场
edu	教育机构或设施	net	网络资源或组织	wb	有关的实体
gov	非军事性政府或组织	org	非营利性组织机构	arts	文化娱乐
int	国际性机构	firm	商业或公司	arc	消遣性娱乐

主机的 IP 地址和主机的域名是等价的。对一台主机来说，它们之间的关系如同一个人的身份证号码同这个人的名字之间的关系。

域名很像一种商标，因为它是排他的、唯一的，是企业在网络中的标志。通常情况下，主机的 IP 地址和域名的对应关系都被保存在因特网的域名服务器 DNS 中。域名的注册由位于美国的国际互联网信息中心(Internet Network Information Center, InterNIC)及其设在世界各地的分支机构负责审批。

2. 地址和域名的解析

在因特网中，利用域名服务器 DNS 将域名解析成 IP 地址。域名系统由域名解析器和域名服务器组成。

1) 域名解析器

域名解析器位于客户端，其功能是与应用程序连接，负责查询域名服务器，解析从域名服务器返回的应答和把信息传给应用程序。

2) 域名服务器

域名服务器完成从域名到 IP 地址的转换，它采用 C/S 模式工作。一个域名服务器可以管理一个或多个域。通常情况下，一个域可能有多个域名服务器，这种管理方式更有利于主机之间的通信。域名服务器有以下几种类型。

(1) 主域名服务器。主域名服务器用于保存域名信息，负责存储和管理一个或多个区。域名区是按某种方式划分的一组域名的集合，一组域名为一个区。通常情况下，为了提高系统的可靠性，每个区的域名信息至少由两个主机域名服务器来保存。用于保存备份域名的域名服务器被称为备份域名服务器。

(2) 转发域名服务器。转发域名服务器的主要作用是查询。在转发域名服务器中保存有一个“转发域名服务器表”，表中记载着它的上级域名服务器。服务器接到地址映射请求时，就将请求送到上一级服务器中，而不是送到根。服务器依次在表中向上一级查询，直到查询到数据为止。如果没有查询到数据则返回查询失败信息。

图 2.8 是 DNS 查找计算机 IP 地址的基本过程。

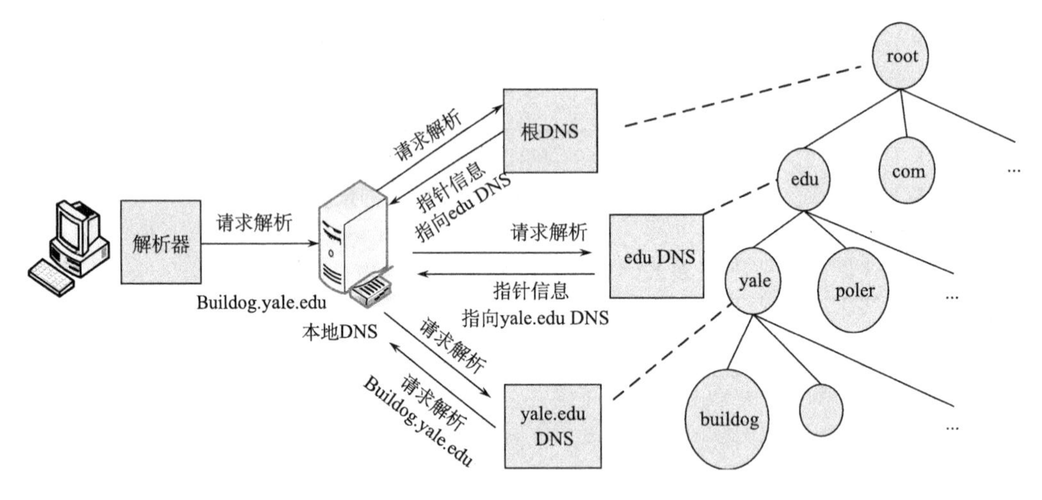

图 2.8　DNS 查找计算机 IP 地址的基本过程

2.3　关于 Web 的一些基本概念

2.3.1　WWW 的发展和起源

WWW 是 world wide web 的英文缩写，译为“万维网”或“全球信息网”，是 Internet 上一种比较年轻的服务形式。WWW 服务的基础是 Web 页面，每个服务站点都包括若干个相互关联的页面，每个 Web 页既可展示文本、图形图像和声音等多媒体信息，又可提供一种特殊的链接点。这种链接点指向一种资源，可以是另一个 Web 页面、另一个文件、另一个 Web 站点，这样可使全球范围的 WWW 服务连成一体。这就是超文本和超链接技术。从概念上说，WWW 的范畴比 Internet 小得多，它只是 Internet 服务的一种最常见的表现形式。

1989 年，位于瑞士日内瓦的欧洲核子研究组织(European Organization for Nuclear Research, 通常简称为 CERN)的科学家蒂姆·伯纳斯·李(Tim Berners Lee)首次提出了 WWW 的概念，并开始采用超文本技术设计分布式信息系统。

1990 年 11 月，第一个 WWW 软件在计算机上实现。一年后，CERN 向全世界宣布 WWW 诞生。

1994 年，Internet 上传送的 WWW 资料量首次超过 FTP 资料量，WWW 成为访问 Internet 资源最流行的方法。

WWW 的主要特点为：①使用户可在全世界范围内查询、浏览最新信息；②支持超文本和超媒体信息服务；③使用浏览器作为统一的用户接口，直观方便；④由资源地址域名和 Web 站点组成；⑤可以将 Web 站点相互链接，以提供信息查找和漫游访问服务；⑥能使用户与信息发布者或其他用户相互交流信息。

综合起来，WWW 服务的特点在于高度的集成性，它把各种类型的信息(如文本、声音、动画、录像等)和服务(如 News、FTP、Telnet、Gopher、Mail 等)无缝链接起来，提供了丰富多彩的图形接口。

Web 浏览器/服务器系统的工作模式如下。

(1) 在浏览器中输入 Web 地址，向某个 Web 服务器发出 HTTP 请求。

(2) Web 服务器收到浏览器的请求后，在 HTML 文档中找到特定的页面，并将结果传送给浏览器。

(3) 浏览器执行收到的 HTML 文档并显示其内容。

2.3.2　HTTP 协议

HTTP 协议是 WWW 的基本协议，它位于 TCP / IP 协议之上。浏览器和 Web 服务器间传送的超文本文档都是基于 HTTP 协议实现的。支持 HTTP 协议的浏览器称为 Web 浏览器。HTTP 是一种基于 C/S 模式的无状态和无连接的协议，具有如下五个主要特点。

(1) 以 C/S 模式为基础。

(2) 简单灵活。HTTP 被设计成一个非常简单的协议，使得 Web 服务器能高效地处理大量请求。客户机要连接到服务器，只需发送请求方式和统一资源定位器(uniform resource locator, URL)路径等少量信息。HTTP 规范定义了七种请求方式，其中最常用的是 Get、Head 和 Post 三种，每一种请求方式都允许客户以不同类型的消息与 Web 服务器进行通信，具有极大的灵活性。与 FTP、Telnet 等协议相比，速度快而且开销小。

(3) 元信息。使用 HTTP 可传送任意类型的资料。为使 HTTP 能传送各种类型的对象，并让客户程序进行恰当的处理，在主要资料前要加元信息，以提供所传输资料的有关信息，如数据类型、用何种语言书写等。

(4) 无连接性。这里的无连接是建立在 TCP/IP 协议之上的，与建立在用户数据报协议(user datagram protocol, UDP)之上的无连接不同，它意味着每次连接只限于处理一个请求。

(5)无状态性。一方面使得 HTTP 累赘少、系统运行效率高、服务器应答快，另一方面因无状态，协议对事务处理没有记忆能力，所以当后续事务处理需要用到前面处理的有关信息时，相应的信息就必须在协议外面保存。另外，缺少状态还意味着所需要的前面的信息必须重现。

要在 WWW 上浏览或查询信息，必须在浏览器上输入查询目标的地址，这就是 URL，也称 Web 地址，俗称“网址”。

URL 的一般格式为：

协议＋“://”＋主机域名或 IP 地址＋目录路径

其中，协议是指定服务所使用的协议的名称，一般有以下几种：

HTTP 表示与一个 WWW 服务器上超文本文件的连接；

FTP 表示与一个 FTP 服务器上文件的连接；

Gopher 表示与一个 Gopher 服务器上文件的连接；

New 表示与一个 Usenet 新闻组的连接；

Telnet 表示与一个远程主机的连接；

Wais 表示与一个 WAIS 服务器的连接；

File 表示与本地计算机上文件的连接。

2.3.3　Web 服务器

Web 服务器是一种工作于服务器端的工具软件，它接受用户通过客户端(主要是浏览器)以 HTTP 协议或其他标准协议发送的请求，并返回相应的结果。Web 服务器不但负责组织和管理静态 Web 资源信息，还能够与数据库连接，对用户的请求产生动态的响应，如各种动态网页技术等。

在 Unix 和 Linux 平台下使用最广泛的免费 HTTP 服务器是 W3C(World Wide Web Consortium)、NCSA 和 Apache 服务器，而 Windows 平台 NT/2003/2008 使用互联网信息服务(Internet information server，IIS)的 Web 服务器。选择使用 Web 服务器应考虑的本身特性因素有：性能、安全性、日志和统计、虚拟主机、代理服务器、缓冲服务和集成应用程序等，下面介绍几种常用的 Web 服务器。

1. Microsoft IIS

Microsoft 的 Web 服务器产品为 IIS，IIS 是允许在公共 Intranet 或 Internet 上发布信息的 Web 服务器。IIS 是目前最流行的 Web 服务器产品之一，很多著名的网站都建立在 IIS 平台上。IIS 提供了一个图形界面的管理工具，称为 Internet 服务管理器，可用于监视配置和控制 Internet 服务。IIS 是一种 Web 服务组件，其中包括 Web 服务器、FTP 服务器、NNTP 服务器和 SMTP 服务器，分别用于网页浏览、文件传输、新闻服务和邮件发送等方面，它使人们在网络(包括互联网和局域网)上发布信息成为一件很容易的事。它提供 Intranet Server API(ISAPI)作为扩展 Web 服务器功能的编程接口；同时，它还提供一个 Internet 数据库连接器，可以实现对数据库的查询和更新。

2. IBM WebSphere

IBM WebSphere Application Server 是一种功能完善、开放的 Web 应用程序服务器，是 IBM 电子商务计划的核心部分，它是基于 Java 的应用环境，用于建立、部署与管理 Internet

和 Intranet Web 的应用程序。这一整套产品进行了扩展，以适应 Web 应用程序服务器的需要，范围从简单到高级直到企业级。 WebSphere 针对以 Web 为中心的开发人员，他们都是在基本 HTTP 服务器和公共网关接口(common gateway interface, CGI)编程技术上成长起来的。IBM 将提供 WebSphere 产品系列，通过提供综合资源、可重复使用的组件、功能强大并易于使用的工具，以及支持 HTTP 和互联网内部对象请求代理协议(Internet inter-ORB protocal, IIOP)通信的可伸缩运行的环境，来帮助这些用户从简单的 Web 应用程序转移到电子商务世界。

3. BEA WebLogic

BEA WebLogic Server 是一种多功能、基于标准的 Web 应用服务器，为企业构建自己的应用提供了坚实的基础。各种应用开发、部署所有关键性的任务，无论是集成各种系统和数据库，还是提交服务、跨 Internet 协作，起始点都是 BEA WebLogic Server。因为它具有全面的功能、对开放标准的遵从性、多层架构、支持基于组件的开发，所以基于 Internet 的企业都选择它来开发、部署最佳应用。BEA WebLogic Server 在使应用服务器成为企业应用架构的基础方面继续处于领先地位。BEA WebLogic Server 为构建集成化的企业级应用提供了稳固的基础，它们以 Internet 的容量和速度，在联网的企业之间共享信息、提交服务，实现协作自动化。

4. Apache

Apache 仍然是世界上用得最多的 Web 服务器，市场占有率达 60%左右。它源于 NCSA HTTPd 服务器，当 NCSA WWW 服务器项目停止后，那些使用 NCSA WWW 服务器的人们开始交换用于此服务器的补丁，这也是 Apache 名称的由来。世界上很多著名的网站都是 Apache 的产物，它的成功之处主要在于它的源代码开放、有一支开放的开发队伍、支持跨平台的应用(可以运行在几乎所有的 Unix、Windows、Linux 系统平台上)，以及可移植性等方面。

5. Tomcat

Tomcat 是一个开放源代码、运行 Servlet 和 JSP Web 应用软件的基于 Java 的 Web 应用软件容器。Tomcat Server 是根据 Servlet 和 JSP 规范执行的，因此可以说 Tomcat Server 也实行了 Apache-Jakarta 规范且比绝大多数商业应用软件服务器要好。

Tomcat 是 Java Servlet 2.2 和 JavaServer Pages 1.1 技术的标准实现，是基于 Apache 许可证下开发的自由软件。Tomcat 是完全重写的 Servlet API 2.2 和 JSP 1.1 兼容的 Servlet/JSP 容器。Tomcat 使用了 JServ 的一些代码，特别是 Apache 服务适配器。随着 Catalina Servlet 引擎的出现，Tomcat 第四版号的性能得到提升，使得它成为一个值得考虑的 Servlet/JSP 容器，因此目前许多 Web 服务器都采用 Tomcat。

2.4　Web 开发技术

2.4.1　Web 脚本语言

1. VBScript

VBScript 是 Microsoft 推出的一种与 VB 类似的程序设计语言，将其用于 HTML 中，可实现与 ActiveX 控件的交互，使程序员能设计出生动活泼、交互式的 Web 主页和基于 Web 的应用程序。与 VB 不同，VBScript 不具有对用户计算机上 API、文件及文件系统上的控件直接处理或操作的能力。VBScript 最基本的功能是可以在 HTML 页面上操作、控制和处理对象，提供程序流程的控制。VBScript 能够为客户端和服务器端的操作提供支持。使用 VBScript，可以改变 HTML 只能静态显示页面内容，无法接收用户输入的问题的状况。更重要的是 VBScript 能够在服务器端运行，通过动态网页生成技术，动态生成 HTML 网页传递到浏览器客户端。

2. JavaScript

JavaScript 是一种直译式脚本语言，是一种动态类型、弱类型、基于原型的语言，内置支持类型。它的解释器被称为 JavaScript 引擎，为浏览器的一部分。它是广泛用于客户端的脚本语言，最早是在 HTML 网页上使用，用来给 HTML 网页增加动态功能。

1995 年，JavaScript 由 Netscape 公司的 Brendan Eich 在网景导航者浏览器上首次设计实现而成。因为 Netscape 与 Sun Microsystem 合作，Netscape 管理层希望它外观看起来像 Java，因此取名为 JavaScript。但实际上它的语法风格与 Self 及 Scheme 较为接近。为了取得技术优势，微软推出了 JScript，CEnvi 推出 ScriptEase，与 JavaScript 同样可在浏览器上运行。因为 JavaScript 兼容于 ECMA 标准，所以也称为 ECMAScript。

JavaScript 脚本语言具有以下特点。

(1) 脚本语言。JavaScript 是一种解释型的脚本语言，C、C++等语言先编译后执行，而 JavaScript 是在程序的运行过程中逐行进行解释。

(2) 基于对象。JavaScript 是一种基于对象的脚本语言，它不仅可以创建对象，也能使用现有的对象。

(3) 简单。JavaScript 语言采用的是弱类型的变量类型，对使用的数据类型未做出严格的要求，是基于 Java 基本语句和控制的脚本语言，其设计简单紧凑。

(4) 动态性。JavaScript 是一种采用事件驱动的脚本语言，它不需要经过 Web 服务器就可以对用户的输入做出响应。访问一个网页时，在网页中进行鼠标点击或上下移动、窗口移动等操作，JavaScript 都可直接对这些事件给出相应的响应。

(5) 跨平台性。JavaScript 脚本语言不依赖于操作系统，仅需要浏览器的支持。因此，一个 JavaScript 脚本在编写后可以带到任意机器上使用，前提是机器上的浏览器支持 JavaScript 脚本语言，目前 JavaScript 已被大多数的浏览器所支持。

不同于服务器端脚本语言，如 PHP 与 ASP，JavaScript 主要被作为客户端脚本语言在用户的浏览器上运行，不需要服务器的支持。所以，早期程序员比较青睐于 JavaScript 以减少服务器的负担，与此同时也带来另一个问题：安全性。而随着服务器功能的强大，虽然程序员更喜欢运行于服务端的脚本以保证安全，但 JavaScript 仍然以其跨平台、容易上手等优势大行其道。同时，有些特殊功能(如 AJAX)必须依赖 JavaScript 在客户端进行支持。随着引擎(如 V8)和框架(如 Node.js)的发展及其事件驱动和异步 IO 等特性，JavaScript 逐渐被用来编写服务器端程序。

2.4.2　动态网页技术

WWW 技术是建立在 Internet 基础上的应用技术，它主要由 Web 服务器、Web 浏览器及一系列协议和约定组成。Web 技术使用超文本、多媒体等技术，使人们可在网上进行信息浏览和信息发布，它不仅提供了传统的收发电子邮件、阅读电子新闻、下载免费软件、访问

Gopher 和 Wais 资源等服务，还提供了网上聊天、BBS、讨论组、网上购物等许多新的功能。要实现这些功能必须用到动态网页技术。动态网页技术主要有以下几种。

1. CGI 技术

CGI 技术是 Web 上最早出现的动态网页发布技术，它是 Web 服务器与外部程序间的标准通信接口。因为其开发较早、技术成熟，所以仍是目前开发动态网页的主要技术。

CGI 程序由程序代码和要输出的 HTML 文档内容两部分组成，可使用多种语言编写。通过 CGI 程序，Web 服务器可以完成一些本身所力不能及的工作，既可以用来建立查询程序，又可以作为数据库的接口或用作协议转换的网关。

CGI 技术存在的主要缺点：①对每一个请求（请求一个页面）CGI 都要产生一个新的进程，当进程多到某一数量后，服务器的性能将显著下降。②CGI 的编程与 HTML 语言是完全分离的，掌握和精通这些编程语言需要花费很长时间。

2. ASP 技术

动态服务器页面（active server pages，ASP）技术是 Microsoft 公司推出的 Web 应用程序开发技术，它是在 CGI 和互联网数据中心（Internet data center，IDC）的基础上发展起来的，既克服了 CGI 技术效率低、编程烦琐的缺点，又克服了 IDC 技术功能简单的不足。该技术是一种服务器端多脚本执行环境，它可将 HTML 页面、脚本命令、ASP 内建对象和 ActiveX 组件无缝地连接起来，以产生和执行交互的、动态的、高性能的 Web 服务器应用程序。

注：随着 ASP.net 的推出，ASP 已逐渐被淘汰。

3. ASP.net 技术

ASP.net 是一种建立在通用语言上的程序构架，能被用于一台 Web 服务器来建立强大的 Web 应用程序。ASP.net 提供许多比目前的 Web 开发模式强大的优势。ASP.net 是把基于通用语言的程序在服务器上运行。不像以前的 ASP 即时解释程序，而是将程序在服务器端首次运行时进行编译，这样的执行方式，比一条一条的解释性的执行方式效率高。因为 ASP.net 是基于通用语言的编译运行的程序，所以它的强大性和适应性，能使它运行在 Web 应用软件研发者的几乎全部的平台上。通用语言的基本库、消息机制、数据接口的处理都能无缝地整合到 ASP.net 的 Web 应用中。ASP.net 同时也是语言独立化的，所以，开发者能选择一种最适合的语言来编写程序。并且 ASP.net 已被刻意设计成一种能用于多处理器的研发工具，它在多处理器的环境下采用特别的无缝连接技术，使运行速度大大提高。即使当前的 ASP.net 应用软件是为一个处理器研发的，将来应用于多处理器时不必改动，都能提高其效能，这是 ASP 技术不能做到的。

4. JSP 技术

JSP（Java Server Pages）是由 Sun Microsystem 公司于 1999 年 6 月推出的基于 Java Servlet 及整个 Java 体系的 Web 开发技术。它与 ASP 技术有许多相似之处，不过两者来源于不同的技术规范组织，ASP 一般只应用于 Windows NT/2000 平台，而 JSP 则可以在 85%以上的服务器上运行，而且基于 JSP 技术的应用程序比基于 ASP 的应用程序更易于维护和管理，所以是未来最有发展前途的动态网站技术。

JSP 技术是一种开放的、跨平台的结构，以 Java 语言作为脚本语言，其连接数据库的技术是 Java 数据库连接（Java database connectivity，JDBC），通过 JDBC 驱动程序与数据库相连，可执行查询、提取资料等操作。此外，Sun Microsystem 公司还开发了 JDBC-

ODBC bridge，使 Java 程序可以访问带有开放数据库互联(open database connectivity，ODBC)驱动程序的数据库。

5. DHTML 技术

DHTML(动态 HTML)技术是 Microsoft 公司在 VB6.0 中提供的动态 Web 技术，使用它可以很方便地制作出动态、功能强大的 Web 应用程序。当 Web 浏览器向 Web 服务器请求一个 DHTML 页面时，Web 服务器将其返回，并留在浏览器端加以解释执行。下载到浏览器端的 DHTML 应用使用 RDO 或 DAO 与数据库服务器直接连接，完成数据通信，并不经过 Web 服务器。

使用 DHTML 技术开发 Web 应用程序的主要优点是：①减轻了服务器负载；②刷新少、响应快；③动态的交互作用；④改善状态管理；⑤代码的安全性。

6. PHP 技术

超文本预处理器(hypertext preprocessor，PHP)技术是近几年出现的又一种动态发布网页技术。PHP 是一种服务器内置式的 Script 语言，它的出现使得在 Unix 上快速地开发动态 Web 成为现实。与 ASP 一样，利用 PHP 可以编写基于数据库的 Web 页面，实现资料信息的动态管理。PHP 是一种 HTML 内嵌式的脚本语言(类似于 IIS 上使用的 ASP)，其大部分语法与 Java、Perl 等语言相兼容，并增加了 PHP 特有的语法结构，只需要很少的编程知识就能使用 PHP 建立起真正交互的 Web 站点，其运行网页的效率优于 CGI。PHP 与 HTML 语言具有非常好的兼容性，使用者可以直接在脚本代码中加入 HTML 标签，或者在 HTML 标签中加入脚本代码，从而更好地实现页面控制。PHP 提供了标准的数据库接口，数据库连接方便、兼容性强、扩展性强。

第3章 Web GIS 基本技术原理

3.1 Web GIS 概述

3.1.1 Web GIS 的发展

第一个分布式地理信息(distributed geographic information，DGI)应用系统原型，Xerox Map Server，激发了将地图以 Web 浏览器方式发布的发展。1993 年 11 月，挪威特罗姆瑟大学在本国建立了地图 Web 服务器。

由于 Web 站点的迅速增加，将地图与 Web 浏览器结合的思想，很快在许多国家和地区得到广泛应用。数月后，许多国家和地区建立了 Web 站点，为地图数据在 Web 浏览器上提供在线服务。1994 年 1 月，用地图为许多国家和地区的站点提供索引的虚拟旅行者(virtual tourist, VT)在 Web 上出现。目前，虚拟旅行者仍然是为许多国家和地区的站点提供地理信息索引服务的重要站点之一。几年来，Xerox Map Server 和虚拟旅行者变得相当普遍。使用这两个站点的地理信息索引服务，用户可以进入其他的站点中。例如，国际的或全球的商业活动范围，可以利用虚拟旅行者上的陆地地图显示；环境活动家可以利用虚拟旅行者上的陆地地图，标示他们感兴趣的地区，显示他们旅行的位置、路线等。这种将地图与 Web 浏览器结合的思想，以各种形式广泛地应用在 Web 站点的建立之中。这充分显示了空间信息是众多 Web 应用中最有意义的一部分。

1994 年，许多在因特网发布分布式空间数据信息的项目开始启动。这些项目，有的来自政府部门，有的来自大学，有的来自私人企业。在地理信息服务提供方面，大部分使用预先生成的栅格图像或由 GIS 生成的图像。分布式地理信息作为一种研究项目和工业应用，得以迅速发展，其中两个有影响的分布式地理信息服务应用是 NSDI 和 UCSB。

美国国家空间数据基础设施(national spatial data infrastructure, NSDI)，是由联邦地理信息委员会(Federal Geographic Data Committee, FGDC；http://www.fgdc.gov/)负责的。这一任务迫使美国所有的地理信息代理机构着手将地理信息放在因特网上，为公众提供在线服务。FGDC 为许多国家、地区、教育、私人公司及国际 GIS 生产商提供在线分布式地理信息服务。

美国加利福尼亚大学圣塔芭芭拉分校(University of California at Santa Barbara，UCSB)主持的关于数字图书馆的 Alexandria 项目，目的是建立具有空间参考信息的在线数字图书馆，让不同背景的人能定位、浏览、分析数字空间信息。它注重于基础的分布式地理信息服务研究。

1995 年，出现了活动制图引擎机。在此以前，分布式地理信息服务使用静态地图图像。有了活动制图引擎机，分布式地理信息服务就以动态地图图像浏览的形式提供。例如，由美国人口普查局开发的 TIGER 制图服务(TIGER mapping service, TMS)，使用了一般的地图生成程序，而非商用的 GIS 软件，快速生成并传输地图图像。相关的站点有：Geosystems Global 的 MapQuest、Vicinity 的 MapBlast、Etak 的 EtakGuide 和 Autodesk 的 GridNorth 等。

1996 年，进入因特网时代。因特网无疑成为社会的主要组成部分。没有因特网发展计划的任何计算机公司，注定是要被淘汰的。主要的地理信息系统软件商，都将因特网列为长期发展计划，相继推出Web服务器站和服务点，介绍它们的因特网发展计划，如ESRI、Intergraph、MapInfo、Betley、Genasys 等。

1997 年，分布式地理信息(DGI)和基于 Web 的地理信息系统(Web GIS)一词出现。一些基于 Web 浏览器的 GIS 软件如 GeoMedia、MapGuide、IMS 等商业 Web GIS 软件相继问世并不断发展。

1998 年，因特网地理信息系统(Internet GIS)一词出现。使用 Java 语言，基于分布式部件和对象技术的因特网地理信息系统相继出现并逐步发展完善。

1999 年，组件式因特网地理信息系统开始研究。例如，用 EJB 方法开发可重用的 Web GIS 服务器、用 JavaBeans 技术开发 Web GIS 客户机的应用界面，以及用与 GIS 的图形操作功能相结合的方法开发 Web GIS 组件等。

2001 年，随着 Web Service 技术的发展，面向 Service 的 Web GIS 发展迅速，以开放地理空间信息联盟(open geospatial consortium，OGC)为代表的 Open GIS 开放式服务标准也从研究成果转为商品软件平台的一部分。面向 Service 的 Web GIS 的兴起，极大地促进了地理空间信息共享的发展。

2005 年，谷歌公司进入互联网地图领域，推出了电子地图服务 Google Maps(谷歌地图)和电子地图客户端软件 Google Earth(谷歌地球)，该地图采用“多级切片”技术，极大地提高了地图响应速度与用户体验。谷歌地图一经推出，便轰动了世界，原先收费的软件变成了免费产品，以后百度与微软也相继推出了覆盖全球的互联网地图服务，使得普通用户真正地体验到互联网地图服务所带来的益处。

2011 年，中国自主研发的互联网地图服务网站“天地图”正式版上线，向社会公众提供权威、可信、统一的在线地图服务，打造互联网地理信息服务的中国品牌。各类用户可以通过“天地图”的门户网站进行基于地理位置的信息浏览、查询、搜索、量算，以及路线规划等各类应用；也可以利用服务接口调用“天地图”的地理信息服务，并利用编程接口将“天地图”的服务资源嵌入已有的各类应用系统(网站)中，并以“天地图”的服务为支撑开展各类增值服务与应用。

目前，随着 Web 应用程序复杂程度越来越高，Web 浏览者对全方位的体验要求也越来越高，这就是 Macromedia 公司所称的“体验问题”(experience matters)，它促使一种被称为富互联网应用(rich internet application，RIA)的具有高度互动性和丰富用户体验的网络应用程序的出现。AJAX 技术的出现，使得 Web GIS 有了更好的人机交互操作图形的能力，极大拓宽了 Web GIS 的应用范围和用户群。

3.1.2　Web GIS 的应用模式

在地理信息系统应用领域中，Web GIS 的应用有其自身的特点，大致可以分为以下几个层面。

(1)空间数据发布：能够以图形方式显示空间数据，相较于单纯的 FTP 方式，Web GIS 使用户更容易找到需要的数据。

(2)空间查询检索：利用浏览器提供的交互能力，进行图形及属性数据库的查询检索。

(3)空间模型服务：在服务器端提供各种空间模型的实现方法，接收用户通过浏览器输入的模型参数后，将计算结果返回。

(4) Web 资源的组织：在 Web 上存在着大量的信息，这些信息多数具有空间分布特征，如分销商数据往往包含其所在位置的属性，利用地图对这些信息进行组织和管理，并为用户提供基于空间的检索服务，无疑也可以通过 Web GIS 实现。

1. 原始数据下载

仅仅将 GIS 原始数据通过 Web 的 FTP 协议，从服务器端下载到客户端进行保存，服务器和客户机对数据不做任何处理。在提供数据服务以前，位于服务器上的 GIS 软件系统对本地的 GIS 数据进行操作，将操作结果数据形成数据文件，即磁盘数据集，保存在服务器机器的磁盘上。这是一种最原始的 Web GIS 服务类型。

工作原理：Web 浏览器发出 URL 请求；Web 服务器接到 URL 请求后，将服务器机器磁盘上的 Web 浏览器所需要的数据文件通过 Internet 传送给 Web 浏览器；Web 浏览器将数据文件在本地保存，位于客户机的 GIS 软件系统便可以使用本地 GIS 数据。

缺点：无法在线浏览；GIS 软件系统必须理解数据格式。

在 Internet 上的典型站点：http://nsdi.usgs.gov/。

2. 静态地图图像显示

静态图像显示是最简单的一种在线浏览方式。首先在服务器上使用 GIS 软件手工创建或生成地图图像；然后将地图图像包含在 HTML 文档中。

工作原理：根据请求参数发送给 Web 浏览器所需要的地图图像文件后，在屏幕上显示。然后在 Web 浏览器上在线浏览。

缺点：无法定制地图图像大小；无法进行要素查询。

3. 元数据查询

元数据记录包含一套事先定义好的字段，描述用户可能感兴趣的各种数据集合的特征。通常的元数据字段内容有主题事物(如植被、道路、管道等)、投影、坐标系、物理文件格式、信息源和信息的准确性、空间足迹(如被数据覆盖的地理区域)等。数据集合本身可能不在数据库中，但是，可以通过元数据查询获取。

通过 Web 向空间数据用户发布空间元数据，使用户能够方便、及时地了解和掌握自己所关心的空间数据情况，并通过适当的途径得到满足应用要求的空间数据。

空间数据发布的服务模式主要有两种：一是空间数据提供商通过建立自己的元数据服务器进行发布；二是通过空间数据交换中心进行发布。第一种方式空间元数据的应用用户需要事先了解众多的元数据发布的网址，在查询上也必须面对各个空间数据提供商提供的不同的查询方式，同时也不能够进行一体化查询；第二种方式是空间数据提供商将元数据注册到空间数据交换中心，或空间数据交换中心收集各个空间数据提供商数据服务器上的元数据信息，具有统一的查询界面。

空间元数据的查询可以有两种方式：一是通过空间元数据项的值来进行查询；二是通过图形界面来查询，两种方式可以结合使用。通过元数据项查询时，给定元数据项的各项条件，如按空间元数据的类型(DLG、DEM、DEG、地名、控制点)、时间、图幅号等，列出相应的空间元数据内容；通过图形界面来查询，可以在指定要查询的类型、时间的基础上，通过指定位置或范围来得到元数据结果，如按矩形查询、按行政区查询、按指定的线目标查询(如查询某一铁路 2km 范围内的所有地形图的数据情况)。以图形界面建立的空间元数据发布系统的主要实现技术是 Web GIS 技术。

客户端可以是 Web 浏览器，也可以是支持 Java Applet 的浏览器；服务器有数据仓库服务器、数据库服务器和其他注册的数据服务器。Web 浏览器发出标准的查询请求，Web 服务器接收查询请求，并将其转给服务器。服务器接收来自 Web 服务器和 Java Applet 浏览器的查询请求后，启动数据库服务器的元数据库，处理查询请求，获得元数据结果。元数据结果以 HTML 或元数据形式传给 Web 服务器。图 3.1 是在 Web 上输入元数据的查询条件界面。

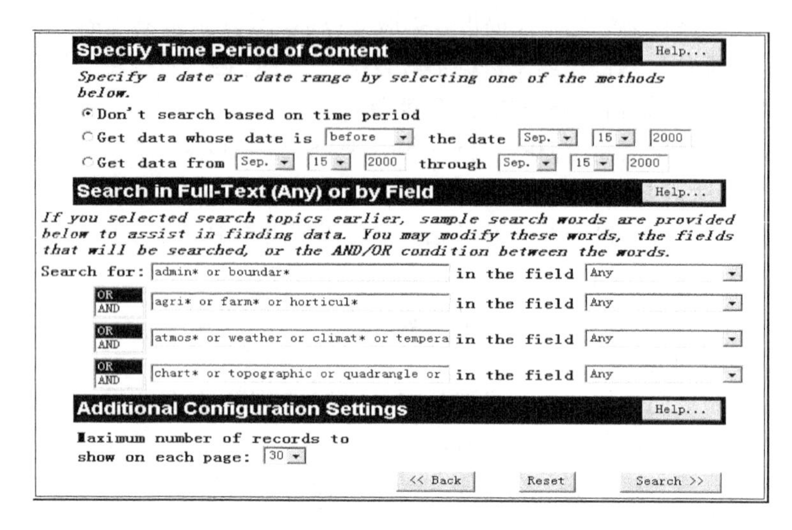

图 3.1　定义元数据查询条件

4. 动态地图浏览

动态地图浏览是产生交互式地图图像的一种方式。静态图像显示服务仅供使用者查看地图，而动态地图浏览可以使用地图为用户提供信息导航。这种交互式地图图像不是静态图像，而是根据确切的参数，如比例尺、位置、专题等，在使用过程中临时生成的(图 3.2)。

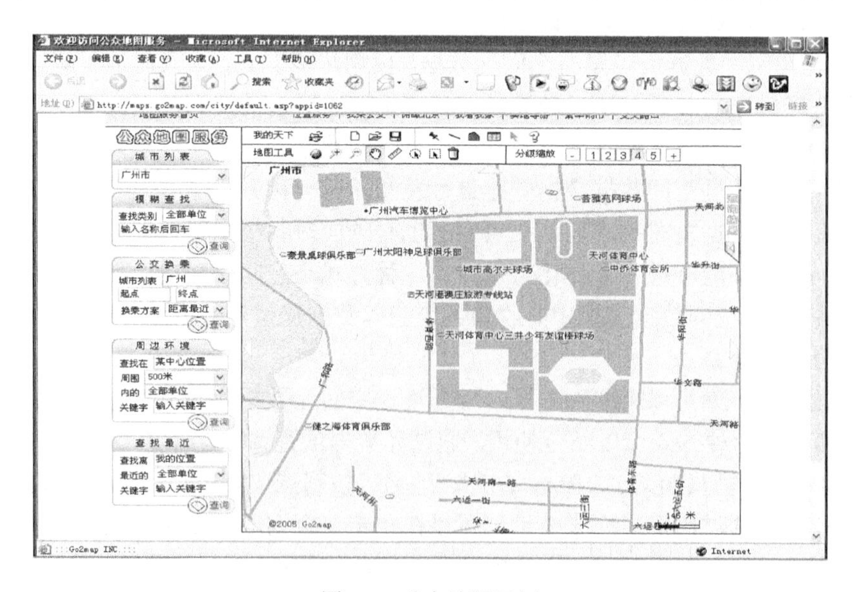

图 3.2　动态地图示例

工作原理: Web 浏览器发出 URL 请求给 Web 服务器；Web 服务器根据 URL 请求及相应的参数，启动地图生成器、GIS 接口程序、GIS 软件或制图脚本等，临时生成地图图像，并将其传给 Web 浏览器显示。

5. 数据预处理

数据预处理不是将分布式地理信息数据以原始数据格式简单下载给用户使用，而是在数据传输之前，对原始数据进行预处理。预处理包括数据的格式变换、数据的投影变换及坐标系统变换等。经过预处理之后，数据的格式、投影、坐标体系将与客户机地理信息系统软件的具体要求一致，用户可以直接使用这些预处理后的数据。

6. 数字区域空间信息管理与分发

数字区域空间信息管理与分发(spatial information management and distribution，SIMD)系统是一个综合性的基础地理信息管理与分发系统，将管理信息系统(management information system，MIS)和 GIS 相结合，实现多比例尺、多数据源、分布式、多时态、多种数据格式基础地理信息的管理和分发。

Web GIS 网上发布子系统是建立在因特网的基于地理空间元数据的 B/S 体系结构的信息查询服务系统；系统通过基于地理空间元数据和样品数据的导航式浏览，是用户通过外部网络环境了解“数字区域管理与分发服务”的政策、内容和服务的便捷窗口；是用户查询和预订地理空间数据的基于 Web 浏览器的图形化界面；是数字区域管理与分发服务的公众化信息服务平台，有利于数字区域管理与分发服务系统的增值。

SIMD 的业务流程如图 3.3 所示。

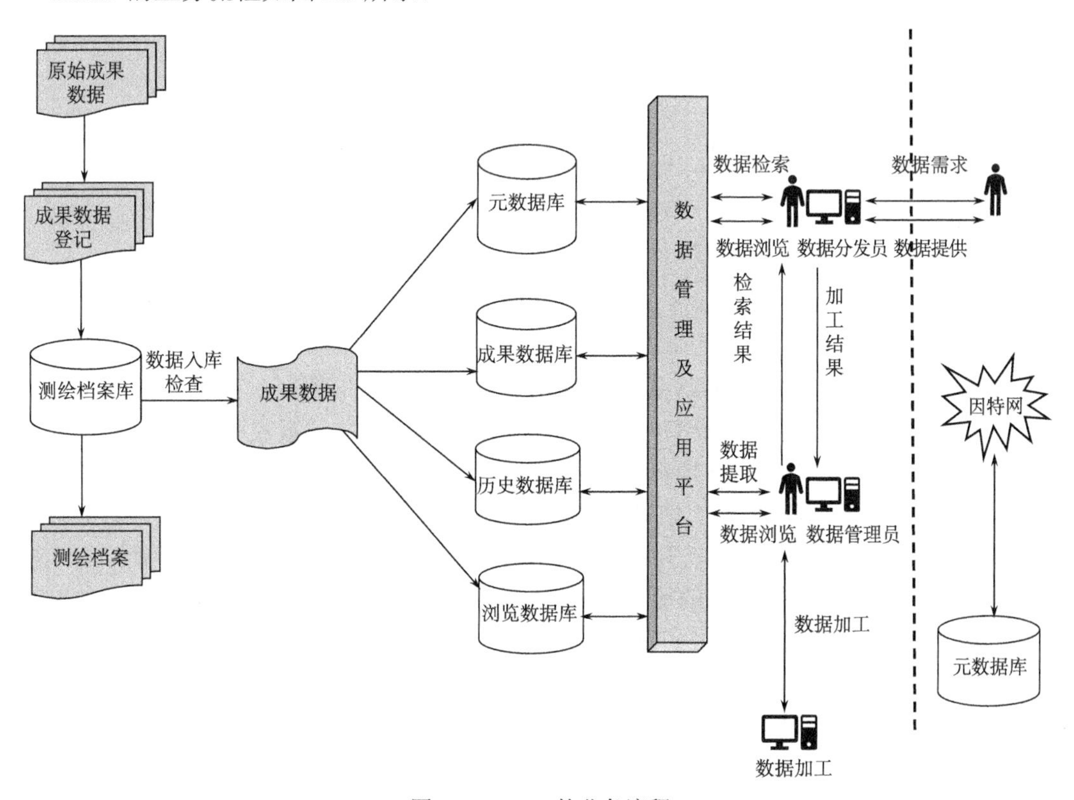

图 3.3　SIMD 的业务流程

3.2　实现 Web GIS 的基本方式

3.2.1　基于 CGI 方式

1. CGI 原理

CGI 是 Web 服务器调用外部应用程序的标准接口，是最早用于增强 Web 动态性和交换性的一种方法。一般来说，一个 CGI 接口的功能就是在超文本文件和服务器主机应用程序间传递信息。任何一种程序语言，只要能在服务器主机上利用 CGI 接口来编写应用程序，都可以称为 CGI 程序语言，如 C、Shell、Visual Basic、Fortran。

CGI 程序一般是可执行程序。编译好的 CGI 程序一般要集中放在一个目录下。具体存放的位置随操作系统的不同而不同，例如，UNIX 系统下是放在 cgi-bin 子目录下，而在 Windows 操作系统下以 IIS 作为 Web 服务器，CGI 程序都放在 cgi-win 下。最常见的形式就是利用 CGI 命令文件创建 Web 页面上的交互表格，用户访问该页面时，可以向表格中输入信息，然后提交给服务器处理，服务器将用户提交的信息交给 CGI 程序处理之后将结果返回给用户。

下面是一个使用表单的 HTML 例子：

```
<HTML>
<HEAD><TITLE>TEST CGI</TITLE></HEAD>
<FORM ACTION="/CGI_BIN/index.exe" METHOD="POST"
Please input:<INPUT TYPE="text" NAME="select">
Please select:<SELECT NAME="select">
<OPTION VALUE="1" >FIRST
<OPTION VALUE="2" >SECOND
<OPTION VALUE="3">THIRD
</SELECT><br>
<INPUT TYPE="submit" value="OK">
</FORM>
</HTML>
```

2. 基于 CGI 方式的 Web GIS 工作原理

用户通过浏览器发出 URL 及 GIS 数据操作请求；Web 服务器接收请求，并通过 CGI 脚本将用户的请求传送给 GIS 服务器；GIS 服务器接收请求，进行 GIS 数据处理，如放大、缩小、漫游、查询、分析等，将操作结果形成 GIF 或 JPEG 图像就好像给结果拍了一个“快照”一样；最后，GIS 服务器将 GIF 或 JPEG 图像，通过 CGI 脚本、Web 服务器返回给 Web 浏览器显示，达到根据用户在客户端的操作动态地显示地图的效果，如图 3.4 所示。

3. 基于 CGI 方式的 Web GIS 特点

优点：

(1)“瘦”客户端，即不需要在客户端安装任何软件。在客户端使用的是支持标准 HTML 的 Web 浏览器，操作结果以静态的 GIF 或 JPEG 图像的形式表现，客户端与平台无关。

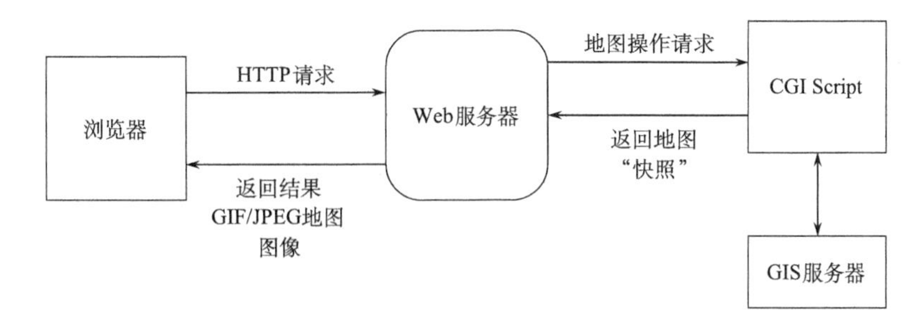

图 3.4　基于 CGI 方式的 Web GIS 工作原理

(2) CGI 方式被多种操作系统的 Web 服务器支持，因此，CGI 模式在服务器端具有跨平台的能力。

缺点：

(1) 增加了网络传输的负担。用户的每一步操作，都需要将请求通过网络传给 GIS 服务器，然后 GIS 服务器将操作结果形成图像，再通过网络返回给用户，因而网络的传输量大大增加。

(2) 服务器的负担重。所有的操作都必须由 GIS 服务器解释执行，服务器的负担很重；同时，信息(用户的请求和 GIS 服务器返回的图像)通过 CGI 脚本在浏览器和 GIS 服务器之间传输，势必影响信息的传输速度。

(3) 同步多请求问题。由于 CGI 脚本处理所有来自 Web 浏览器的输入和解释 GIS 服务器的所有输出，当有多用户同时发出请求时，系统的功能将受到影响。

(4) 静态图像。因为在浏览器上显示的是静态图像，所以用户既不能直接在客户端进行放大、缩小操作，又不能通过几何图形如点、线、面来选择显示其关心的地物。

(5) 用户界面的功能受 Web 浏览器的限制，影响 GIS 资源的有效使用。

另外，与 CGI 方式原理类似的还有 Server API 和 Java Servlet 方式。

Server API 方法是为了克服 CGI 方法的低效率问题而研制的。其基本原理与 CGI 类似，Sever API 是经过扩充改进的 CGI 工具，如 Microsoft 的 ISAPI 和 Netscape 的 NSAPI。在改进中，取代 CGI 程序运行在 Web 服务器进程空间的是动态链接库(dynamic link library，DLL)，这种方法不会在系统中产生新的进程，且其程序代码及许多资源是共用的，并不会因同时有多个请求而在系统中重复载入，所以能保持较高的响应速度。

Server API 与 CGI 相比，CGI 程序是单独可以运行的程序，而 Server API 往往依附于特定的 Web 服务器，但是 Server API 启动后会一直处于运行状态，其速度较 CGI 快。其缺点是因为 Server API 没有统一的标准，所以它在通用性方面有缺陷，并且它依附于特定的服务器和计算机平台(Windows 系列)，因此可移植性较差。

Servlet 是 Java 开发的面向 Web 服务器的小应用程序，以线程的方式执行，效率比 CGI 方式高，开放方式更灵活。因为 Servlet 采用 Java 开发，可以跨平台使用，所以是目前 Web GIS 服务端开发的主要方式。

3.2.2　基于 Plug-in 方式

1. Plug-in 原理

Plug-in 是由 NetScape 提出的标准，是一种接入浏览器程序的动态链接库(DLL)。它采用 DLL 方式，可以很好地解决其与浏览器程序间的相互调用问题。Plug-in 作为浏览器能力的一种扩展，将大部分负荷加在浏览器程序上，这样就能正确地浏览很多数据类型，在浏览器端完成矢量信息的重现。浏览器插件是指能够同浏览器交换信息的软件，第三方软件开发商可以开发插件以使浏览器支持其特定格式的数据文件。利用浏览器插件，可以将一部分服务器的功能转移到客户端。NetScape 和 Plug-in 之间通过流来交换彼此的数据。

当用户浏览到一个含有<EMBED>的网页，浏览器在特定目录下查找用于显示<EMBED>数据的插件，如使用的是 IE，则在 IE 安装目录下的 PLUGINS 子目录中。浏览器负责先创建插件的一个新的实例，并为插件提供一个显示窗口；然后，浏览器向插件传送该插件所支持的数据，插件负责显示数据、与用户交互、处理输入等；当用户离开页面，浏览器删除插件实例。

2．基于 Plug-in 方式的 Web GIS 工作原理

Web 浏览器发出 GIS 数据浏览操作请求，Web 服务器接收用户的请求，进行处理，并将用户所需要的 GIS 数据传送给 Web 浏览器；客户机端接收 Web 服务器传来的 GIS 数据，并对 GIS 数据类型进行理解；在本地系统查找与 GIS 数据相关的 Plug-in。如果找到相应的 GIS Plug-in，用它显示出 GIS 数据；如果没有，则需要安装相应的 GIS Plug-in，加载相应的 GIS Plug-in，来显示 GIS 数据。GIS 的操作如放大、缩小、漫游、查询、分析皆直接由运行于浏览器中的 GIS Plug-in 来完成，如图 3.5 所示。

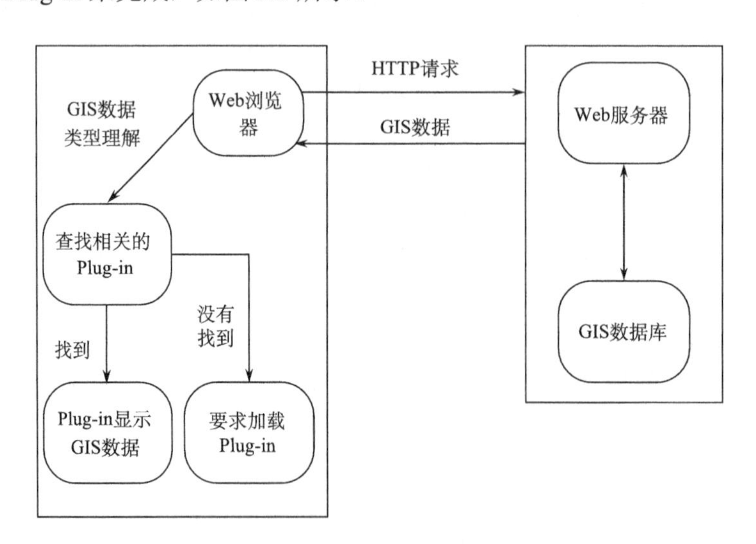

图 3.5　基于 Plug-in 模式的 Web GIS 体系结构

3．基于 Plug-in 的 Web GIS 特点

优点：

(1)无缝支持与 GIS 数据的连接。因为对每一种数据源，都需要有相应的 GIS Plug-in，所以 GIS Plug-in 能无缝支持与 GIS 数据的连接。

(2) GIS 操作速度快。所有的 GIS 操作都是在本地由 GIS Plug-in 完成，因此运行的速度快。

(3) 服务器和网络传输的负担轻。服务器仅需提供 GIS 数据服务，网络也只需将 GIS 数据一次性传输。服务器的任务很少，网络传输的负担轻。

缺点：

(1) GIS Plug-in 与平台相关。对同一 GIS 数据，不同的操作系统需要不同的 GIS Plug-in。例如，对 Unix、Windows、Macintosh 而言，需要有各自的 GIS Plug-in；对于不同的 Web 浏览器，同样需要有相对应的 GIS Plug-in。

(2) GIS Plug-in 与 GIS 数据类型相关。对 GIS 用户而言，使用的 GIS 数据类型是多种多样的，如 ArcInfo、MapInfo、AtlasGIS 等 GIS 数据格式。对于不同的 GIS 数据类型，需要有相应的 GIS Plug-in 来支持。

(3) 需要事先安装。用户如想使用，必须下载安装 GIS Plug-in 程序。如果用户准备使用多种 GIS 数据类型，必须安装多个 GIS Plug-in 程序。GIS Plug-in 程序在客户机上的数量增多，势必对管理带来压力。同时，GIS Plug-in 程序占用客户机磁盘空间。

(4) 更新困难。当 GIS Plug-in 程序提供者已经将 GIS Plug-in 升级了，必须通告用户进行软件升级。升级时，需要重新下载安装。

(5) 使用已有的 GIS 操作分析资源的能力弱，处理大型 GIS 的分析能力有限。

基于 Plug-in 的 Web GIS 地理信息系统有 Autodesk 的 MapGuide。

3.2.3　基于 ActiveX 方式

1. ActiveX 的原理

ActiveX 是 Microsoft 为适应因特网而发展的标准。ActiveX 是建立在对象链接与嵌入(object linking and embedding，OLE)标准上，为扩展 Microsoft Web 浏览器 Internet Explorer 功能而提供的公共框架。ActiveX 是用于完成具体任务和信息通信的软件模块。ActiveX 控件与 Plug-in 非常相似，是为了扩展 Web 浏览器的动态模块。所不同的是，ActiveX 能被支持 OLE 标准的任何程序语言或应用系统所使用。IE 浏览器可以作为容器，任何符合 ActiveX 的控件都可以嵌入网页中，在浏览器中显示。ActiveX 具有访问客户端本地文件系统的能力，使得 ActiveX 具有强大的功能，但存在信息安全隐患。

在因特网上，当第一次浏览含有控件的网页时，浏览器会自动下载该控件，在本机安装，以后浏览含有该控件的网页时，就不用下载了。ActiveX 控件安装的一个前提是必须经过用户的同意及确认。浏览器通过 Object 标记来定位 ActiveX 控件，例如，在网页中有

```
<Object ID=87ABED-4589-FE23-DC12-78981290ABCD
CODEBASE="http://www.123.com/test/test.ocx"
</Object>
```

2. 基于 ActiveX 方式的 Web GIS 工作原理

基于 GIS ActiveX 控件的因特网地理信息系统是依靠 GIS ActiveX 来完成 GIS 数据的处理和显示。GIS ActiveX 控件与 Web 浏览器灵活无缝地结合在一起。通常情况下，GIS ActiveX 控件包容在 HTML 代码中，并通过客户端的脚本语言调用 GIS ActiveX 的方法和属性，来完成人-机交互界面设置工作。

基于 GIS ActiveX 控件的 Web GIS 结构如图 3.6 所示。

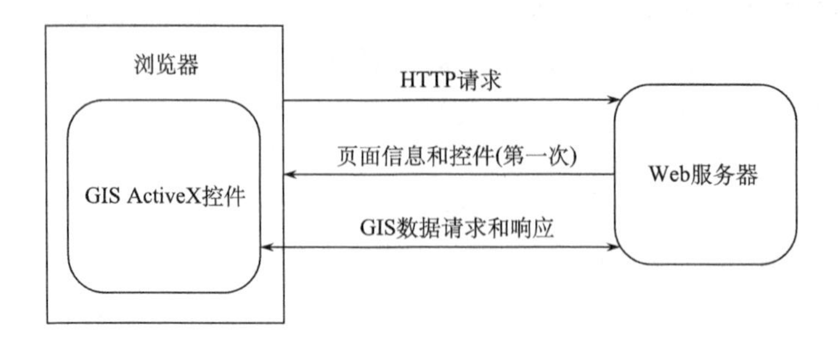

图 3.6 基于 GIS ActiveX 方式的 Web GIS 体系结构

Web 浏览器发出 GIS 数据显示操作请求；Web 服务器接收用户的请求，进行处理，并将用户所要的 GIS 数据对象和 GIS ActiveX 控件(第一次)传送给 Web 浏览器；GIS ActiveX 控件负责向 Web 服务器请求 GIS 数据，并负责对 GIS 数据进行各种操作。

3．基于 ActiveX 的 Web GIS 特点

基于 GIS ActiveX 方式的 Web GIS 的优势是：具有 GIS Plug-in 模式的所有优点。同时，ActiveX 能被支持 OLE 标准的任何程序语言或应用系统所使用，比 GIS Plug-in 模式更灵活，使用更方便。

缺点：

(1) 需要下载。占用客户端机器的磁盘空间。

(2) 与平台相关。对不同的平台，必须提供不同的 GIS ActiveX 控件。

(3) 与浏览器相关。GIS ActiveX 控件最初只使用于 Microsoft Web 浏览器，在其他浏览器上使用时，必须增加特殊的 Plug-in 予以支持。

(4) 使用已有的 GIS 操作分析资源的能力弱，处理大型的 GIS 分析能力有限。

(5) 存在信息安全隐患。

基于 GIS ActiveX 控件的因特网地理信息系统有 Intergraph 的 GeoMedia Web Map。

3.2.4 基于 Java Applet 方式

1. Java Applet 的原理

Applet 是小型的 Java 应用程序，它是专门为建立动态 Web 网页而设计的。

Applet 每次随网页一起被加载到客户端，然后，浏览器调用 Java 虚拟机，执行 Applet 程序；在网页文件中，通过<Applet>来标记 Java 的小应用程序，例如：

```
<applet code="SimpleClick.class" width=500 height=20>        </applet>
```

Applet 仅仅是被加载到客户端的内存中，用户退出 Applet 页面，Applet 就被回收了。Applet 虽然是“胖客户”端，但不占用客户端磁盘空间。Java 虚拟机对 Applet 做了些限制，使得 Applet 不能访问本地文件系统，虽然保证了系统安全，但限制了 Applet 的一些功能。

2．基于 Java Applet 方式的 Web GIS 工作原理

GIS Java Applet 是在程序运行时，从服务器下载到客户机端运行的可执行代码。GIS Java Applet 是由面向对象语言 Java 创建的，与 Web 浏览器紧密结合，以扩展 Web 浏览器的功能，完成 GIS 数据操作和 GIS 处理。GIS Java Applet 最初为驻留在 Web 服务器端的可执行代码。基于 GIS Java Applet 模式的 Web GIS 体系结构如图 3.7 所示。Web 浏览器发出 GIS 数据显示操作请求；Web 服务器接收用户的请求，进行处理，并将用户所要的 GIS 数据对象和 GIS Java Applet 传送给 Web 浏览器；客户机端接收 Web 服务器传来的 GIS 数据和 GIS Java Applet，启动 GIS Java Applet，对 GIS 数据进行处理，完成 GIS 操作。GIS Java Applet 在运行过程中，又可以向 Web 服务器发出数据服务请求；Web 服务器接收请求进行处理，将所要的 GIS 数据对象传送给 GIS Java Applet。

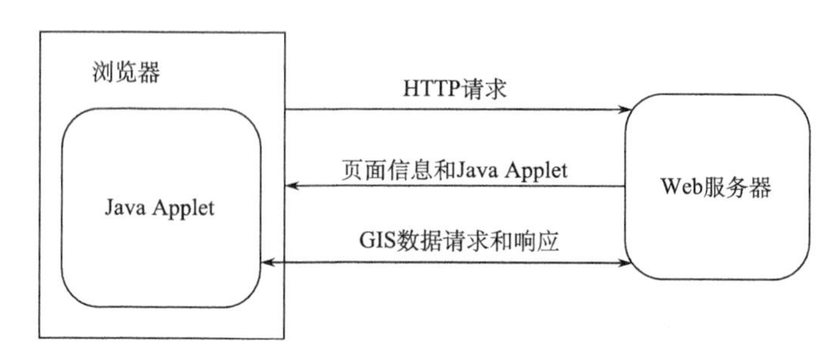

图 3.7　基于 GIS Java Applet 模式的 Web GIS 体系结构

3. 基于 Java Applet 方式的 Web GIS 特点

优点：

(1) 体系结构中立。与平台和操作系统无关；在具有 Java 虚拟机的 Web 浏览器上运行；写一次，可到处运行。

(2) 动态运行。无须在客户端预先安装。因为 GIS Java Applet 是在运行时从 Web 服务器动态下载的，所以当服务器端的 GIS Java Applet 更新后，客户机端总是可以使用最新的版本。

(3) GIS 操作速度快。所有的 GIS 操作都是在本地由 GIS Java Applet 完成的，因此运行的速度快。

(4) 服务器和网络传输的负担轻。服务器仅需提供 GIS 数据服务，网络也只需将 GIS 数据一次性传输。服务器的任务很少，网络传输的负担轻。

缺点：

(1) 使用已有的 GIS 操作分析资源的能力弱，处理大型 GIS 的分析能力有限。

(2) GIS 数据的保存、分析结果的存储和网络资源的使用能力有限。

基于 GIS Java Applet 的 Web GIS 有 ActiveMaps、Bigbook。

3.2.5　基于“栅格切片”方式

地图栅格切片是 Web GIS 中新使用的一种技术，通过地图栅格切片可以有效缩短服务器的地图生成时间和地图传送时间，提高系统响应速度。由于浏览区域发生了改变，客户端要向服务器请求更新地图数据，收到请求后地图服务器就要将新区域的地图转换图像格式，再传送给客户端。如果能控制地图服务器每次只更新有变化的区域，而不是窗口的全部区域，就可以缩短服务器的成图时间和地图传输时间，提高系统的响应速度。

1. 地图栅格切片的原理

地图的预生成一般将指定范围的地图按照指定尺寸(如 256 像素、300 像素等)和指定格式(如 JPEG、PNG 等)切成若干行及列的正方形图片，切图所获得的地图栅格切片也称瓦片。

切图之前一般需要对某一范围的原始值进行修正(一般借助经验和专业数学软件如 Matlab 进行)，使其长高比为某一便于切图的比例(如 3∶2、2∶1 等)，然后从左上角(西北)开始对此固定范围进行切图，后续的不同等级地图之间采用四叉树数据结构，第 level 级上的一张切片到第(level+1)级将裂变成 4 张，这种结构有助于切图和快速显示，但得出的地图没有固定的比例尺，比例尺随地理纵坐标变化，因此进行地理量算时不是根据比例尺而是根据地理坐标直接计算。

做缓存的地图栅格切片是具有一定地图分级的，因此所产生的地图只是在这几个分级中缩放，不再具有无级缩放的功能。

切片分级一般采用四叉树算法来实现，图 3.8 为栅格切片矩阵示例。下面以 WGS84 坐标系下的全球地图为例，阐述地图栅格切片的形成过程。

全球地图的坐标系范围为(–180，90；180，–90)，地图栅格切片时可以将全范围坐标划分为(–180，90；0，–90)和(0，90；180，–90)两张切片，假设为一级。第二级的切片按照四叉树原理，每一张切片可以分为 4 张，其经纬跨度为度。依此类推，经纬跨度依次减少，为 $180\times2^{(n-1)}$度。一张切片的经纬跨度按几何级数减少，意味着切片所对应的实际空间距离的减少，也就是说在一定 DPI(dot per inch)下的地图屏幕分辨率会随几何级数减少。

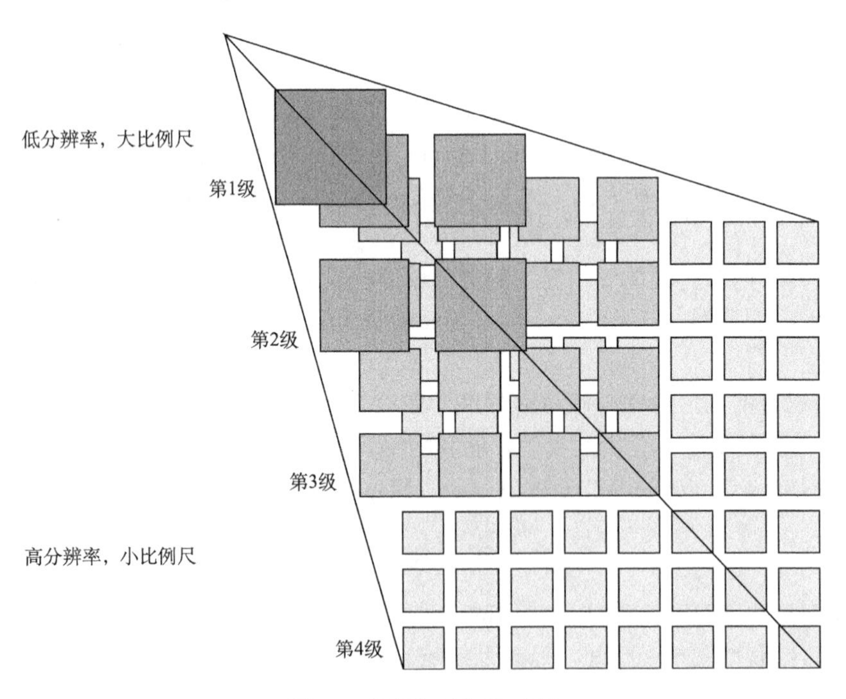

图 3.8　栅格切片矩阵示例

2. 基于地图栅格切片的 Web GIS 原理

基于地图栅格切片的 Web GIS 工作流程如下。

(1)服务器端预先将要发布的地图生成多级地图栅格切片。

(2)客户端提出浏览地图的地理范围。

(3)服务器收到请求的查询范围后，自动计算出应该用哪一级的切片进行地图显示的服务。

(4)浏览器(如 IE)的多线程功能能同时下载多个切片。当地图窗口发生移动、缩放等地理范围变化时，便同时下载多个新的地图栅格切片来拼合成一幅完整的地图图片。

3. 基于地图栅格切片的 Web GIS 特点

优点：

(1)与平台和操作系统无关，具有很好的跨平台能力。

(2)预先生成切片，减轻了服务器的负担。

(3)能充分利用浏览器客户端缓存和多线程技术，提高响应效率。

(4)能处理海量的 GIS 数据。

缺点：

(1)需要编写大量的客户端 JavaScript 代码。

(2)地图表现比较有限，无法进行图层控制。

(3)空间分析有限，无法实现较高级的 GIS 功能，适合于大众应用开发，很多专业应用的功能无法实现。

3.2.6 几种方式的比较

Web GIS 的构造模式，CGI 方式、Plug-in 方式、GIS Java Applet 方式、GIS ActiveX 控件方式、地图栅格切片方式，在执行能力、相互作用、可移动性和安全等方面表现出各自的差异。表 3.1 是 Web GIS 的不同构造模式的特征。

表 3.1 Web GIS 的不同构造模式的特征

		基于 CGI	基于 Plug-in	Java Applet	ActiveX 控件	栅格切片方式
执行能力	客户端	很好	好	好	好	很好
	服务器	差到好	好	很好	很好	很好
	网络	差	好	好	好	好
	总体	一般	好	好到很好	好到很好	很好
相互作用	用户界面	差	很好	很好	很好	最好
	功能支持能力	一般	很好	很好	很好	一般
	本地数据支持能力	否	是	否	是	否
可移动性		很好	差	很好	一般	好
安全性		很好	一般	很好	一般	好

1. 执行能力

执行能力表现在客户端、服务器、网络三个方面。衡量执行能力的主要标准是数据信息吞吐量和反应时间。数据信息吞吐量由单位时间内完成工作的总量来衡量；反应时间为从用户发出请求开始到接收到系统反应的时间差，包括客户端处理时间、网络传输时间和服务器处理时间。Web GIS 整体执行能力取决于这三个部分中最慢的。客户端、服务器、网络的执行能力由工作量和执行速度决定。

客户端工作量由在客户端的处理总量决定。客户端的执行速度依赖于硬件和运行数据程序量的大小。基于 CGI 模式的 Web GIS 在客户端处理的操作很少，因而客户端执行能力很好；基于 Plug-in 方式、Java Applet 方式和 ActiveX 控件方式的 Web GIS 在客户端处理的操作多，执行速度慢。与 Java Applet 模式和 ActiveX 控件模式相比，Plug-in 启动时间较长。基于栅格切片方式因为能充分利用浏览器多线程下载的特性，所以客户端响应最快，用户体验最好，成为目前最流行的 Web GIS 构造模式。

与客户端类似，服务器的工作量由在客户端的处理总量决定。服务器的执行速度依赖于硬件和软件配置及软件设计。在服务器端，基于 CGI 模式的 Web GIS 的服务器的负担很重，因为所有的 GIS 操作都是在服务器上执行。基于 Plug-in 方式、Java Applet 方式和 ActiveX 控件方式的 Web GIS 在服务器端执行的 GIS 操作很少，服务器的负担很轻。

Web GIS 网络执行效率依赖于网络的速度和通信软件的效率。影响网络执行的三个主要因素为网络速度、网络终端之间的网络软件和网络流量。网络速度在不断地提高。基于 CGI 方式的 Web GIS 网络的传输负担重；基于客户端的 Web GIS 网络的传输负担轻；Java Applet 由字节码组成，代码少，容易在网络上传输。

从总体效果看，基于 CGI 方式的 Web GIS 执行能力一般；基于 Plug-in 方式、Java Applet 方式和 ActiveX 控件方式的 Web GIS 的执行能力好。基于 Java Applet 方式和 ActiveX 控件方式的 Web GIS 甚至可以具有很好的执行能力。

2. 相互作用能力

相互作用能力由用户界面、功能支持能力和本地数据支持能力来决定。基于 CGI 方式的 Web GIS 虽然能有效使用已有的 GIS 软件功能，但客户端依赖于 HTML, 用户界面功能较差，GIS 功能支持能力受到限制；同时，不可能具有本地数据支持能力。相反，基于 Plug-in 方式、Java Applet 方式和 ActiveX 控件方式的 Web GIS，具有很好的用户界面和 GIS 功能支持能力。基于 Plug-in 模式和 ActiveX 控件模式的 Web GIS 具有本地数据支持能力；基于 Java Applet 方式的 Web GIS，在图形和地图创建、显示方面比 HTML 更加灵活，但不具有本地数据支持能力。基于栅格切片方式的响应速度最快，用户体验最好。

3. 可移动性

在可移动性方面，基于 CGI 方式和 Java Applet 方式的 Web GIS 客户端与平台无关，Internet 上所有用户都可以使用，具有很好的可移动性。而基于 Plug-in 方式和 ActiveX 控件方式的 Web GIS 客户端与平台相关，可移动性受到限制。

4. 安全性

在安全性方面，基于 CGI 方式的 Web GIS 没有代码在客户端上运行，很安全。Java Applet 是以字节码动态下载并在客户机上运行的，相对安全。Java 有自己的安全框架，不允许用户在客户端上使用 Java Applet 创建、修改、删除本地文件或文件目录，也不允许在客户端上使用 Java Applet 直接读取本地文件。所以，不可能有软件病毒通过 Java Applet 来摧毁客户端的本地内存和文件系统。基于 Java Applet 方式的 Web GIS 安全性很好。而基于 Plug-in 方式和 ActiveX 控件方式的 Web GIS 是以二进制码在客户机上运行，因此，用户有可能从 Web 上下载运行未知软件，使客户端的系统崩溃。Plug-in 和 ActiveX 控件有权获得客户端的平台权限，将给客户端系统带来威胁。

3.3　矢量切片技术原理

3.3.1　矢量切片简介

矢量切片和 3.2.5 中的栅格切片是一样的思路，以金字塔的方式切割矢量数据，只不过切割的不是栅格图片，而是矢量数据的描述性文件。目前矢量切片主要有以下三种格式：GeoJSON、TopoJSON 和 Mapbox Vector Tile(MVT)。

矢量切片技术继承了矢量数据和切片地图的双重优势，有如下优点。

(1)相对于栅格切片，更灵活、更细粒度的数据划分，达到要素级别。

(2)数据信息接近无损，但体积更小，请求指定地物的信息，可直接在客户端获取，无需再次请求服务器。

(3)样式可改变和定制(重点)，矢量切片可以在客户端或者服务器端渲染，可以按照用户赋予的样式渲染。

(4)相对于原始矢量数据，更小巧，采用了重新编码，并进行了切分，只返回请求区域和相应级别的数据。

(5)数据更新快，或者说是实时的，当数据库中的空间数据变化后，再次请求的数据是改变后的，在客户端渲染后即是最新的情况。

(6)更灵活，可以只是返回每个专题数据的图层，而不是像栅格切片把很多专题数据渲染在一个底图中。

3.3.2　矢量切片原理

本节主要以 Mapbox Vector Tile 切片格式来讲解矢量切片原理。

1. 矢量切片数据组织

矢量切片数据组织可分为两个层次：①地图表达范围内的切片数据集组织模型；②单个切片内要素的组织模型。

1)切片数据集组织模型

矢量切片数据集的组织模型可参考栅格切片金字塔模型；可通过自定义矢量切片的大地坐标系、投影方式和切片编号方案实现任意精度、任意空间位置与矢量切片的对应关系。为了与目前的栅格切片相关服务规范(如 OGC、WMTS 等)相兼容及便于将矢量切片转换为栅格切片，矢量切片一般采用与栅格切片相同的投影方式和切片编号方式。以 Mapbox 矢量切片为例，其默认的大地坐标系为 WGS84，投影方式为 Web 墨卡托(Web Mercator)，切片编号采用 Google 切片方案。因此，Mapbox 矢量切片的大地坐标系、投影坐标系、像素坐标系和切片坐标系与栅格切片一致，如图 3.9 所示。各缩放级别下切片的数量和单个切片代表的大小如表 3.2 所示。

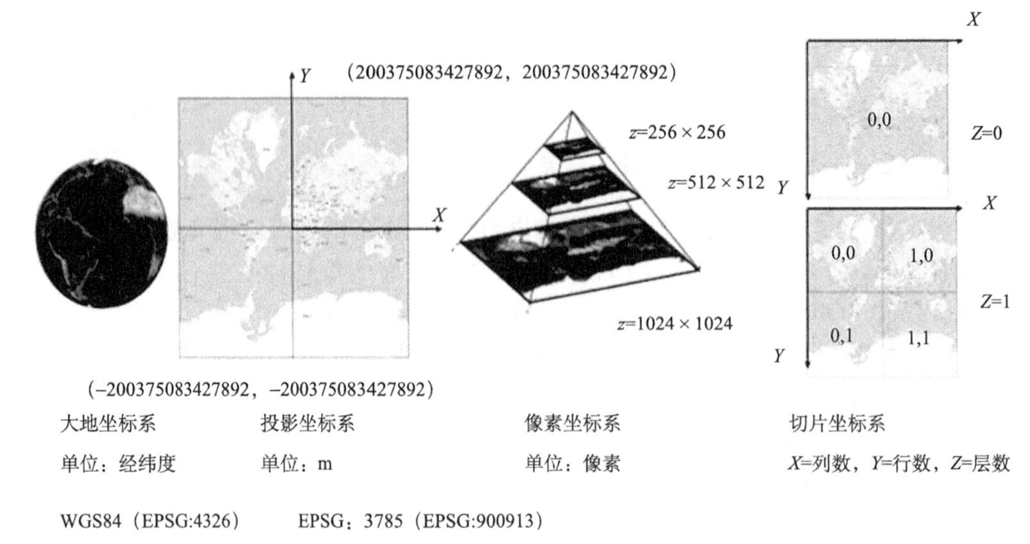

图 3.9　矢量切片地图的坐标系统

表 3.2　各缩放级别下切片的数量和单个切片的大小对照表

缩放级别	切片金字塔数量	切片大小	切片大小
0	1×1=1	360° ×170.1022°	40075016.6855784m×40075016.6855784m
1	2×2 =4	180° × 85.0511°	20037508.3427892m× 20037508.3427892m
2	4×4 =16	90° × 42.5256°	10018754.1713946m×10018754.1713946m
⋮	⋮	⋮	⋮
n	$2n\times2n=2^{2n}$	$(360/2n)°\times(170.1022/2n)°$	$(40075016.6855784/2n)\,\text{m}\times(40075016.6855784/2n)\,\text{m}$

2) 单个切片内要素的组织模型

单个矢量切片在逻辑上可以通过图层组织要素信息。每个图层所包含要素的几何信息和属性信息在逻辑上分开存储。以 Mapbox 矢量切片为例，其逻辑存储结构如图 3.10 所示。几何要素分为点、线、面和未知要素类。其中，未知要素类是 Mapbox 特意设置的一种要素类型，解码器可以尝试解码未知的要素类型，也可以选择忽略这种要素类型的要素。元数据信息又分为图层属性和要素属性。每块矢量切片至少包含一个图层，每个图层至少包含一个要素。

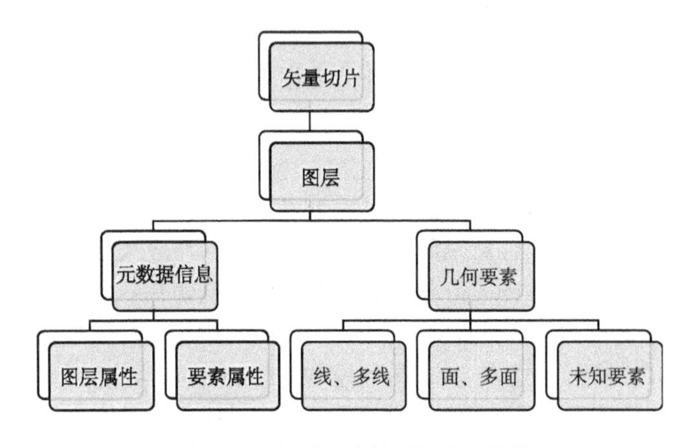

图 3.10　矢量切片的逻辑存储结构

矢量切片的物理模型是切片属性信息和位置信息在存储过程中的具体表现形式。描述矢量切片属性信息和几何位置信息的文件常用的有 GeoJSON(.json)、TopoJSON(.topojson)和 Google Protocol Buffers(.PBF)。其中，GeoJSON 是一种基于 JavaScript 对象表示法的地理空间信息数据交换格式，易于阅读、通用性强，大多数软件可以直接打开，但存储地理数据较多时易产生冗余信息。TopoJSON 是在 GeoJSON 基础上对共享边界几何要素拓扑编码，减少冗余信息的一种优化数据格式，被 Mapzen 推荐作为矢量切片的存储格式。Google Protocol Buffers 是一种轻便高效的结构化数据存储格式，Mapbox 矢量切片采用 PBF 格式组织单个切片内要素的信息。为了便于矢量切片数据集的网络传输和数据库存储，可以将矢量切片数据集打包生成矢量切片包，常用的有 ArcGIS 矢量切片包(. vtpk)格式和可存储到 SQLite 数据库的 MBTiles 格式等。

2. 矢量切片的编码规则

以 Mapbox 矢量切片为例，它采用 Google Protocol Buffers 进行编码，相比 GeoJSON 格式的矢量切片文件体积更小，解析速度更快。

1) 几何编码信息

GeoJSON 格式的矢量切片文件记录要素几何信息一般采用原始经纬度坐标。PBF 格式的矢量切片存储几何信息所用坐标系定义为以切片左上角为原点，X 方向向右为正，Y 方向向下为正，坐标值以格网数为单位。单个矢量切片默认的格网数为 4096×4096，即使 4K(屏幕分辨率为 4096 像素×2160 像素)的高清屏上只显示一张矢量切片也不会出现类似于栅格切片的锯齿效果。屏幕分辨率提高，可以相应地提高切片格网数量，以精确记录切片内要素的几何位置信息。

假定一张矢量切片格网数定义为 20×20，切片的左上角是坐标原点(0,0)，如图 3.11 所示。该切片内的一条线要素的 3 个顶点坐标分别为 1(2，2)、2(2,10)、3(10,10)。首先将线要素的几何信息转换为指令集表达，然后将指令转换为 32 位无符号整数存储到 PBF 文件中。

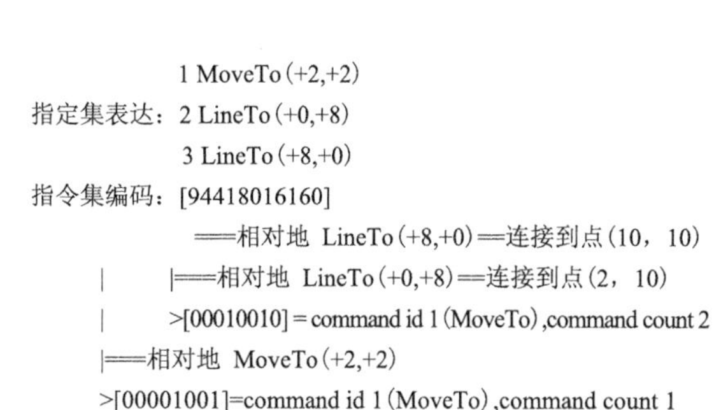

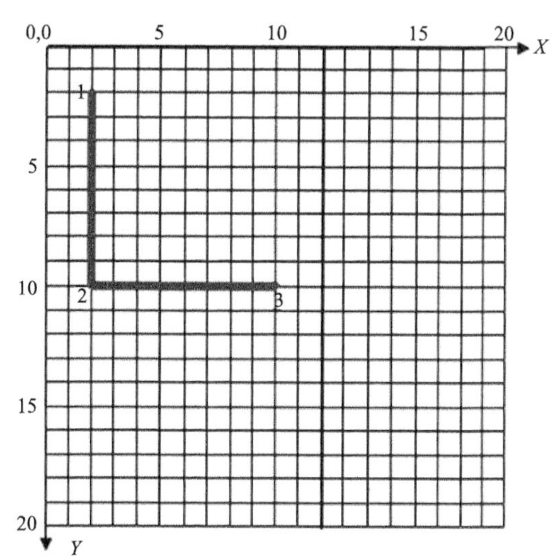

图 3.11　矢量切片的几何信息编码

2) 属性信息编码

PBF 格式的矢量切片要素属性被编码为 tag 字段中的一对整数。如表 3.3 所示，左侧为原始 GeoJSON 格式表达两个要素的属性信息格式，右侧为 PBF 格式。要素 1 的属性字段“hello”，属性值为“world”，在 PBF 格式中用一对整数“0,0”表示，第一个整数表示 key

在其所属图层的 keys 列表中的索引号(以 0 开始)；第二个整数表示 value 在其所属图层的 values 列表中的索引号(以 0 开始)。通过比较可以发现，存储大量的重复字段名称和属性值的要素信息时，PBF 格式能够很好地避免重复信息的产生。

表 3.3　矢量切片的属性信息编码

GeoJSON 格式	PBF 格式
{	Layers{
"type":"FeatureCollection",	version:2
"features":[{	name:"points"
"geometry":{...}.	features:{
"type":"Feature",	id:1
"properties":{	tags:0
"hello":"world",	tags:0
"h":"world",	tags:1
"count":1.23	tags:0
}	tags:2
},	tags:1
{	type:Point
"geometry":{...},	geometry:...
"type":"Feature",	}
"properties":{	features{
"hello","again",	id:2
"count":2	tags:0
}	tags:2
}]	tags:2
}	tags:3
	types:Point
	geometry:..
	}
	keys:"hello"
	keys:"h"
	keys:"count"
	values:{
	String_value:"world"
	}
	values:{
	double_value:1.23
	}
	values:{
	String_value:"again"
	}
	values:{
	int_values:2
	}
	extent:4096
	}

3. 矢量切片数据的裁剪

已有的矢量要素被切片，在构建过程中必然会涉及矢量图形的裁剪，核心在于切片范围内点、线、面要素的坐标信息的分割。对于矢量对象的裁剪，最基本的是点要素的裁剪，因为点是构成线要素和面要素的基本单位；最重要的是线要素的裁剪，因为无论面要素如何复杂，都要归结到以线要素的裁剪方式去处理。

1) 点要素的裁剪

点要素由一对坐标 (x, y) 构成。点要素的裁剪是比较容易的，只需要判断该点是否位于当前矢量切片范围之内，若在将该点写入矢量切片即可。对于恰好处于切片边界上的点要素，可以对保存边界点要素的切片边界做出相应的规定，如规定只保存处于切片上边界和左边界的点要素，这样可以保证点要素只被存储一次。

2) 线要素的裁剪

线要素的裁剪略复杂一些，线要素与矢量切片间的关系可以分为无交点、有一个交点、有两个交点和线要素与矢量切片多次相交 4 种情况，如图 3.12(a) 所示。

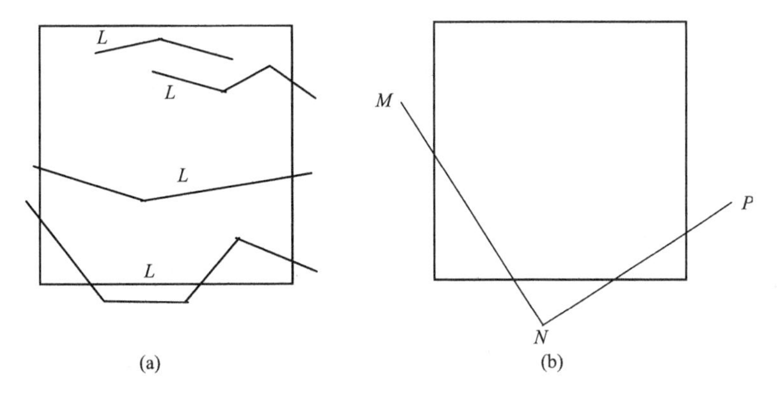

图 3.12 线要素裁剪

对于线要素的裁剪，不能单纯以点的位置来判断线要素与裁剪窗口是否相交，因为这种做法可能会错误地判断线要素与裁剪窗口的位置关系。如图 3.12(b) 所示，虽然线要素上的端点都处于窗口之外，但线要素与裁剪窗口是存在交点的。可以使用以下两个步骤来判断线要素与矢量切片的位置关系。

(1) 线要素的起点位于切片范围内或位于切片边界上，且下一点在矢量切片范围内。若之后的所有点都处于切片范围内，则此线要素在切片范围内；若线要素的起点在切片范围内，之后的某点处于切片范围之外，则记录该点与上一个点构成的线段和切片的交点 M，将 M 与之前的点对象一并写入对应的切片中，且线要素的起点变为交点 M，继续进行步骤(2)。

(2) 线要素的起点位于切片范围外或位于切片边界上，且下一点在矢量切片范围外。若之后每一点与前一点构成的线段与切片边界均没有交点，则该线要素位于切片之外；若之后某点与上一个点构成的线段与切片边界相交于一点，则用该交点将该线要素分为两条，以交点作为起点，跳入步骤(1) 继续执行。

若之后某点与上一个点构成的线段与切片边界相交于两点 M 和 N，则用这两个交点将线要素分为三段，将线段 MN 写入矢量切片，以 N 作为线要素的起点继续执行步骤(2)。重复以上两个步骤，可以完成对线要素的裁剪。在裁剪过程中会生成许多源文件中不存在的交点，对于这种状况，可以参照对点要素进行裁剪过程中的处理办法，只保存特定边界上的点，这样可以确保每个点只保存一次。如果这样处理的话，在线要素合并过程中就不容易判断处于两张切片中的线要素到底是属于同一个线要素还是多段线要素。所以本书的做法是保留这些新生成的节点，在合并过程中再去掉多余的端点。其实这些重复的交点并不会对渲染结果产生影响。

3) 面要素的裁剪

面要素与矢量切片范围之间的关系主要有四种，如图 3.13 所示。其裁剪过程更加复杂，需要对面要素的顶点逐个进行处理，然后重新构造面，存入相应的矢量切片中。具体步骤如下。

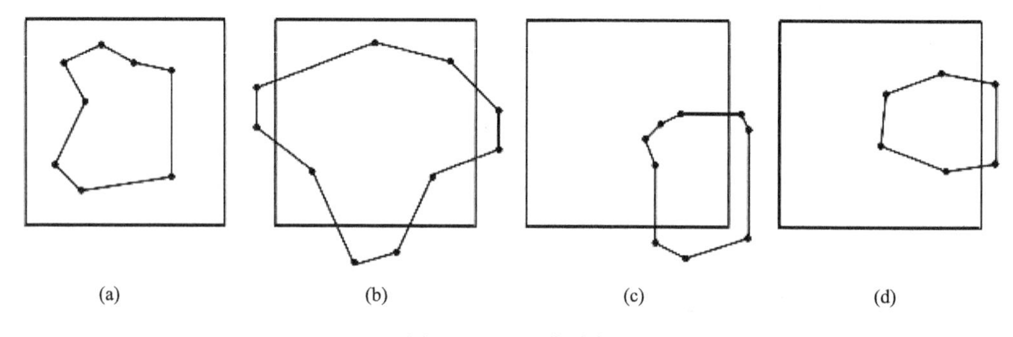

图 3.13　面要素裁剪

(1) 若面要素的所有顶点 $P(n)$ 均位于切片范围之内，则将所有顶点记录入切片，执行步骤(6)，否则执行步骤(2)。

(2) 若某点 $P(i)$ 位于切片范围内，$P(i+1)$ 处于切片范围之外，计算出线段 $P(i)P(i+1)$ 与边界的出点 M，记录 $P(i)$、交点 M 及其所在边，然后执行步骤(3)。

(3) 若 $P(i)$ 位于矢量切片范围之外，$P(i+1)$ 位于切片范围之内，计算出线段 $P(i)P(i+1)$ 与边界的入点 N，记录 N 及所在边，如果上一个记录点为出点，且 M 和 N 处于不同的切片边界，则 M、N 为新增节点，然后执行步骤(4)。

(4) 若 $P(i)$ 和 $P(i+1)$ 均处于切片范围之外，对下一点继续执行步骤(4)。直到出现点 $P(i+1)$ 处于切片范围之内，执行步骤(3)。

(5) 若 $P(i)$ 和 $P(i+1)$ 均处于切片范围之内，对下一点继续执行步骤(5)。直到出现点 $P(i+1)$ 处于切片范围之外，执行步骤(2)。

(6) 所有点计算完毕，构建新的面对象，裁剪完毕。

在对面要素的裁剪过程中需要注意以下两个问题。

首先，在裁剪过程中可能出现如图 3.13(c) 和图 3.13(d) 所示的两种情况，两者的区别就在于出点 M 和入点 N 存在于不同的切片边界上，若两者出现在同一条边界上则不需要做任何处理，否则在将裁剪数据写入矢量切片的过程中，需要记录切片的顶点作为新增节点，以维持数据在客户端渲染的完整性。但是这种情况下无法确定是在哪个方向上新增节点，也就是图 3.14 出现的情况。

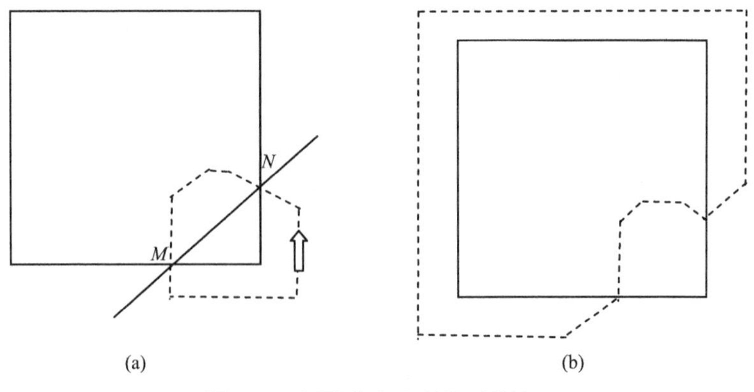

图 3.14　新增节点出现的两种情况

对于这个问题，可以在裁剪时记录面要素边界顶点的遍历方向，若在遍历过程中是逆时针旋转，则有向线段 *MN* 右侧的切片顶点就是需要添加的节点；若顺时针遍历各顶点，则 *MN* 左侧的切片顶点就是需要增加的节点。

其次，在裁剪过程中添加了额外的顶点，这些顶点在进行线要素的裁切时也存在，但是线要素新添加的节点并不影响显示效果，且想要消除这些节点并不困难。而面要素则不同，当切片上的面要素显示到客户端时，新添加的节点会形成多余的线段，是会影响显示效果的。如果不添加这些顶点，面要素在渲染过程中会有歧义出现，不知道应该渲染哪部分内容。所以这些多余的节点是必须保留的，只能在切片合并的过程中予以消除。

4.　矢量切片数据的合并

合并的过程是十分重要的，因为在矢量切片的切割过程中，矢量要素的完整性被破坏，如果不预先合并，直接绘制矢量数据的话，会出现许多原始数据中不存在的新增节点和切片边界线。合并的过程就是要重建矢量要素在可视区域的完整性，并且保证可视区域的地理要素是合理、无歧义的。下面分别对点、线、面要素的合并方法做简要介绍。

1) 点要素的合并

点要素的数据结构比较简单，它与矢量切片的关系仅有被包含与位于矢量切片边界两种，仅需要将矢量切片中的点要素信息复制到合并区域中即可。如果需要将切片内的点要素分层组织，那就需要将显示区域内同一 layer 值的点要素合并在一起，达到分层组织的目的。在点要素的合并过程中是不需要考虑顺序的。

2) 线要素的合并

线要素的合并是基于矢量切片内唯一的要素 ID 来实现的。将矢量切片内两个要素 ID 相同的线要素信息按顺序复制到合并区域中即可，在合并过程中可能出现如图 3.15 所示的两种情况。

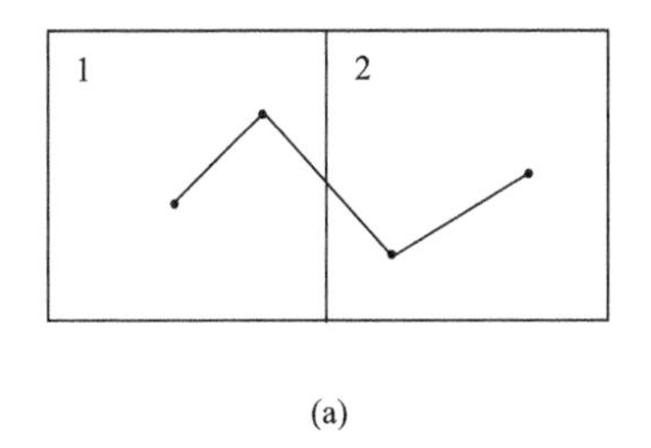

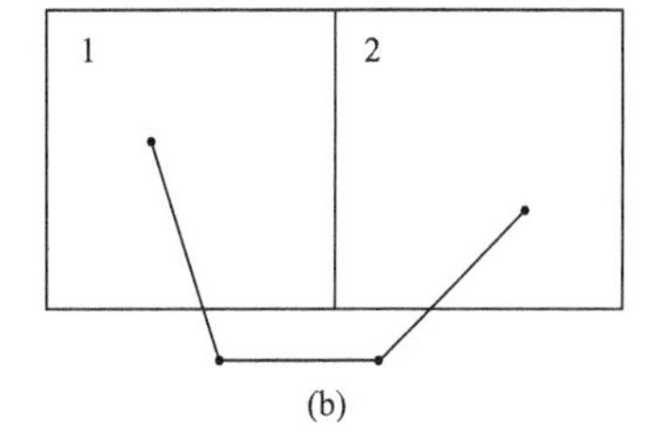

图 3.15　线要素合并的两种情况

在图 3.15(a)所示的这种情况中，被分割的线要素具有相同的要素 ID，并且在相邻的两个矢量切片边界线中存在两个(或 4 个)相同位置的点，则在合并区域中，geometry 的 type 属性要设置为 line string 类型。在图 3.15(b)所示的这种情况中，被分割的线要素虽然具有相同的要素 ID，但是在相邻的矢量切片中并不存在相同位置的点，在合并区域中，geometry 的 type 属性要设置为 multi line string 类型。

最后解决线要素切割过程中生成的新节点问题。在线要素裁剪过程中，分布于不同切片的同一条线要素会产生两个新的节点，这些节点不影响显示效果，而且在线要素的合并中发挥着至关重要的作用。但是在一些情况下，这些新节点可能会对分析等操作造成影响，所以合并之后需要删除多余的两个节点。可能会存在特殊的情况，在原始数据中切片边界恰好存在一个顶点，则在两张矢量切片的边界中，这样位置相同的点应该有 4 个，在这种情况下，需要删除多余的 3 个顶点，只保留原本存在的顶点。

3) 面要素的合并

面要素的合并与线要素的合并方法基本一致，同样是基于切片内唯一的要素 ID 来进行的，只是面要素的合并还存在内部填充的问题，所以考虑的情况还要更复杂一些。主要原因就是在面要素裁剪过程中产生的多余节点，这些多余的节点在面要素渲染过程中会形成边界线，破坏面要素的完整性，影响显示效果，如图 3.16 所示。

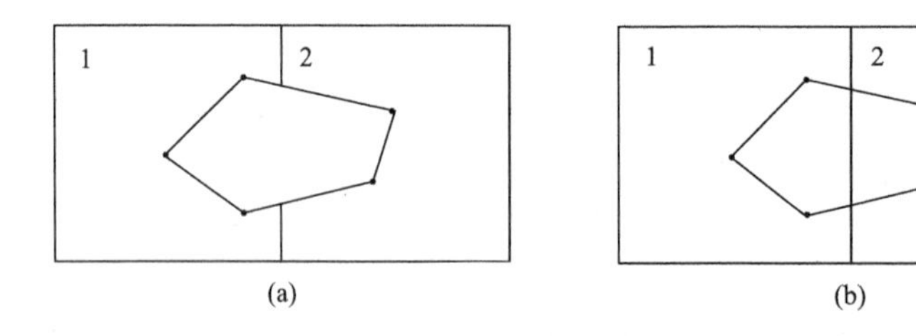

图 3.16　多余边界线对面要素完整性的破坏

如果不存储边界线，在裁剪面要素时，不考虑面要素在切片内的完整性，只在合并之后对面要素进行绘制同样是不可行的。因为面要素往往不能全部显示在可视区域内，在只有部分切片数据的情况下，程序无法判断究竟应该对哪一部分进行着色，这就会引起对面要素填充过程的歧义，如图 3.17 所示。

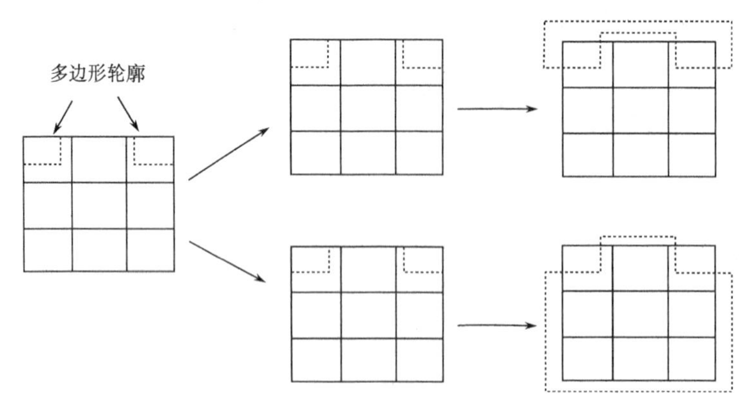

图 3.17　无边界存储引起的绘制歧义现象

由此可见，边界线的存储是十分必要的，只能在合并过程中通过其他方法来消除歧义。一种做法是，在切割过程中，记录原始数据的面要素与矢量切片切割网格相交的轮廓线，而对于切片边界和切片顶点的记录使用不同的标识方式。在绘制过程中，对于记录的面要素轮廓线采取有色绘制，对于切片边界线采取透明绘制，只对面要素内部进行颜色填充。这样在视觉效果上，多余的边界线就“消失”了，但是这种做法破坏了面要素的完整性，简单来讲就是使 polygon 变成了 multipolygon，且这种做法需要分段记录轮廓线与网格相交的部分，加大了处理的难度，使切片结构变得更加复杂。

另一种做法是：①在面要素合并过程中，通过相同的要素 ID 来确定合并的面要素对象。②对于切片边界上的相同位置点，如果该要素的类型是 polygon，则采取与线要素相同的处理方法去除该边界线，如果要素的类型是 multipolygon，则保留该边界线，因为这本来就是一个多面要素，只是恰好相接于边界线的位置。③对于处于切片顶点的多余节点，采取直接去掉除屏幕边界所在切片的之外的节点，然后合并的策略。这种方式是非常简单有效的。因为存储切片顶点作为新节点的做法在消除绘制歧义出现的同时，也是为了在要素的一部分显示在屏幕上的时候，维持多边形内部的形状。而面要素在存储过程中只是一系列类型为 polygon 或 multipolygon 的有序点集合，去掉中间多余的、处在切片顶点的节点，并不会影响面要素的绘制，因为删除节点的前提是，该节点不属于与屏幕边界相交的切片。

5. 矢量切片的渲染

目前，在 Web 浏览器中，采用 HTML5 的 Canvas 进行图形的渲染，HTML5 Canvas 元素是依赖分辨率、以屏幕坐标为参考的矩形位图画布，是专门为客户端矢量图形的绘制显示设计的。Canvas 基于 JavaScript 进行图形的绘制，通过 Canvas API 提供的函数库在 Canvas 中绘制网页所需要的多样式、多风格的高质量矢量图形，并且提供了如添加图片、文字、线条、动画、色彩及滤镜效果等功能。每一个 Canvas 元素都有一个上下文(context)绘图环境，可以在其中绘制任意需要的图形。目前，主流浏览器都已支持 Canvas 元素，其中某些浏览器的版本不仅支持 2D Canvas 绘制环境，还支持 3D Canvas。

通过 Canvas 元素进行绘图的方法很简单，只需在 HTML 页面中创建一个<Canvas></Canvas>元素，例如：

```
<Canvas id= " myCanvas " width= " 500px " height= " 300px " > </Canvas>
```

创建一个 ID 为 " myCanvas "，宽度为 500px，高度为 300px 的画布，为了能够在 JavaScript 中引用元素，设置 Canvas 元素的 ID 是很有必要的。由于 Canvas 元素本身并不具有绘图的能力，在 Canvas 元素中绘制图形需要通过 JavaScript 来进行。

矢量图形的绘制主要是对点要素、线要素和面要素的绘制。HTML5 Canvas API 拥有丰富的函数库，能够使得 JavaScript 在 Web 网页中绘制任意图形。下面对 Canvas 中的一些基本绘制方法进行介绍。

(1) 绘制矩形：使用 fillRect() 方法便可绘制一个填充颜色的矩形(默认颜色为黑色)，fillRect() 方法是 Canvas API 中一个最基本的方法。调用 fillRect() 方法时需要输入 4 个参数，第一个是基于原点的 x 坐标位置，第二个是基于原点的 y 坐标位置，第三个是宽度，第四个是高度。若要绘制线框矩形，可使用 strokeRect() 方法，其参数设置与 fillRect() 方法一致。

(2) 绘制路径：矩形是唯一一个通过直接调用 API 的方法便可绘制的图形，而路径绘制(Path)可以使用路径方法，绘制线条、连续的曲线及复合图形等。一个简单的路径可以利用

beginPath()开始路径绘制，moveTo()移动路径的绘制起点，lineTo()从 moveTo()定义的点开始绘制连续的路径或者从前一次的 lineTo()终点开始绘制，closePath()连接终点和初始点并关闭路径绘制。

(3)删除画布区域的图形：若要删除已经绘制的画布区域的图形，使用 clearRect()方法便可，其原理是使参数指定的矩形区域背景变为透明。clearRect()方法包括 4 个参数，其设置与 fillRect()方法一致。

(4)样式的设置：Canvas API 中提供了许多样式属性设置的方法，如使用频繁的 fillStyle 和 strokeStyle 属性。fillStyle 用于设置图形的填充属性，strokeStyle 用于设置图形的边框属性，这两种方法支持 CSS 颜色值，意味着可以使用 RGB、RGBA、HSI、颜色名称及十六进制颜色值来实现图形的颜色设置。

HTML5 Canvas 使得客户端无需依赖第三方插件便可进行地图的绘制渲染，功能强大、图形表现力强，极大地提高了客户端对于图形显示渲染的能力和用户的体验。

矢量切片在客户端的显示渲染过程中不仅需要对矢量要素进行绘制，还需要实现切片的拼接、图层控制、矢量几何要素抽稀、切片缓存等工作，这样才能使客户端浏览器能够高效地显示完整的地图，在此不再详叙。

3.3.3　栅格切片与矢量切片的比较

栅格切片一般是预生成的数据量较大的静态点阵图，因此不支持对栅格切片进一步处理，如缩放、客户端渲染、再次投影等。因为客户端不需要而且不能对栅格切片进行二次处理，所以栅格切片对客户端性能、硬件要求不高，且空间地图数据以栅格切片形式传输到客户端可以保证空间地图数据的安全性。

矢量切片一般是由矢量数据组成的数据块，所以客户端可以对矢量切片进一步处理，如客户端可以定制渲染、对矢量切片的数据进行二次投影、添加标签属性、缓存矢量切片以提高渲染速度、数据分析等。因为客户端需要对矢量切片进行渲染，所以矢量切片对客户端性能、硬件等要求较高。因为矢量切片对于客户端是可见的和可操作的，所以矢量切片对于空间地图数据的安全性是一种破坏。二者的对比如表 3.4 所示。

表 3.4　栅格切片与矢量切片比较

比较指标	栅格切片	矢量切片
无级缩放	不支持，离散缩放级别	支持
客户端灵活显示	不支持	支持，客户端可定制渲染规则
在底图上完美显示	一般情况下不支持，栅格切片通常作为底图	支持
是否可以添加标签	不可以	可以
交互性	差	良好
数据大小	较大	较小
客户端是否需要进行额外处理	不需要，对客户端的性能、硬件要求不高	需要，对客户端性能、硬件要求较高
客户端对切片进行再次投影	不支持	支持
原始地图数据是否安全	安全	不安全
传输带宽要求	较大	较小

3.4　Web GIS 空间数据组织

3.4.1　Web GIS 空间数据特点

基于 Web GIS 的地理信息具有分布式、多源、异构、异质和特定用户显示界面的特点，具体表现在如下几个方面。

1．地理信息本身就具有地域分布特征

地理信息涉及两个方面的分布。第一是平面上的分布，相当于地图的二维分布。例如，一幅中国地图，包含了全国的省、直辖市、自治区和特别行政区。按照 Web 超链接的概念，将中国地图作为主页(或称为主图)，它包含了国家和各省、直辖市、自治区和特别行政区的重要的基本信息。将地图上各省、直辖市、自治区和特别行政区空间位置作为超链接的关键字，通过关联的网络地址，连接到各省、直辖市、自治区和特别行政区的网页，用户可以查询到下一级地图网址的信息。这样一直向下查找，可以查询到某个乡镇一级的信息。这是从地图平面上，由粗到细，通过超链接，检索和查询不同地方、不同级别的信息。第二是垂直方向的分布。基于同一种比例尺的地图，可能有不同层次的地理信息。例如，一个城市地理信息系统，它包含房地产管理和地下管线等多层地理信息。而不同层次的地理信息可能由不同的部门进行数据采集和维护，所以它们的数据库服务器也可能是分布式地设在不同的部门，具有不同的网络地址。

2．地理信息存储方式不同，表现出异质的特点

例如，在一个地下管线信息系统中，基础地形数据如等高线采用 Oracle 8i Spatial Data Option(SDO)存储，航空影像数据采用 SQL Server 的 BLOB 字段存储，管线信息采用 Sybase 存储，文本信息采用文件方式管理。地理信息存储格式不同，表现出多源的特点。因为地理信息的存储缺乏标准，所以地理信息存储的格式迥然不同。例如，ArcInfo 使用的是 E00 数据格式，MapInfo 使用的是 MIF/MID 数据格式，AutoDesk 使用的是 DXF 数据格式。

3．中间件应用服务平台不同

部署 Web GIS 的平台不同，包含操作系统平台和硬件平台的不同。操作系统平台可能为 Sun Solaris 操作系统、Linux 操作系统和 Windows 操作系统。

4．Web GIS 的客户端不同，支持的地理信息格式不同

Web GIS 的 PC 机客户端，主要有三种类型：专用的地理信息浏览器、通用浏览器加上地理信息显示插件和通用浏览器。专用的地理信息浏览器的客户应用程序可以从远程通过网络访问数据库服务器、应用服务器和 Web 服务器的地理信息资源，并且把本地的空间数据融合在一起，如 ESRI 的 ArcExplorer；通用浏览器加上地理信息显示插件类型通常是在 NetScape、Internet Explorer 和 Mosaic 等 WWW 浏览器的基础上加上特定的地理信息的显示插件，使用 HTTP 协议从远程 Web 服务器上取得空间数据并且通过地理信息插件显示和操纵地理数据，如 MapInfo 的 MapXtreme for Java Edition 3.1；通用浏览器是指如 NetScape、Internet Explorer 和 Mosaic 等在内的 WWW 浏览器，通常只显示栅格和影像数据，如 MapInfo Proserver。

把这些分布式、不同存储方式、不同存储格式和不同客户表现的信息叠加在同一个或多个分布式地理信息服务下进行解析、处理和生成结果，实际上是一个分布式、多源、异构和异质空间数据在分布式地理信息应用服务中间件中的组织、管理、共享访问问题。对于一个特定的分布式地理信息服务，其数据流程表现出分布式存储、集中式处理和不同格式分发的特点。

3.4.2　Web GIS 地理信息空间数据服务流程

Web GIS 地理信息服务中的信息流通常要经过以下三个角色：数据提供商、Web GIS 服务提供商和服务消费者。数据提供商提供最原始的空间或与空间位置有关的数据，如以 E00 格式或 MapInfo 格式保存的交通数据或气象数据等；分布式地理信息服务提供商对从数据提供商获得的原始数据进行组织与处理，把原始数据转化成消费者能够理解的知识；服务消费者能够识别服务提供者提供的知识，如我的位置、如何到达、统计信息和专题信息等。

如图 3.18 所示，Web GIS 地理信息服务空间数据流程可以分解为以下几个步骤。

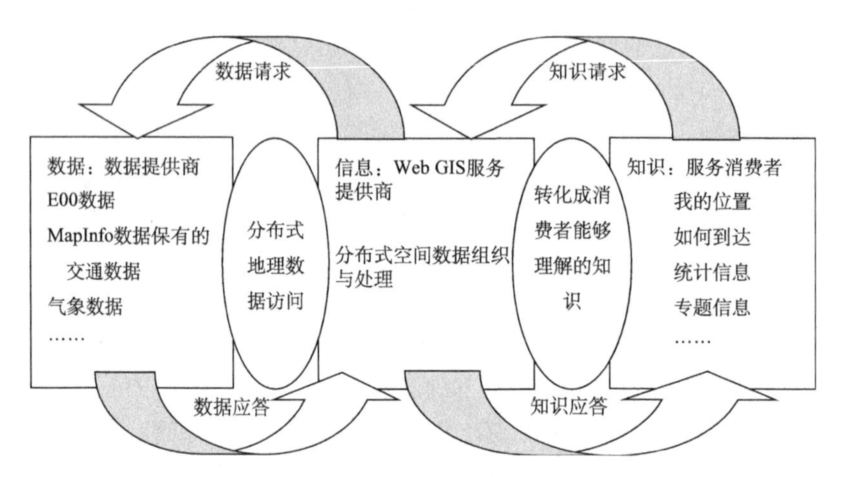

图 3.18　Web GIS 地理信息服务空间数据流程

(1) 服务消费者向分布式地理信息服务提供商发出特定的知识请求。

(2) 分布式地理信息服务提供商处理请求，对请求进行分类，把数据请求转发给数据提供商。

(3) 数据提供商处理数据请求，把数据发送给分布式地理信息服务提供商。

(4) 分布式地理信息服务提供商把数据根据用户的请求处理后，形成知识响应提供给消费者。

(5) 消费者根据响应做进一步的处理。

如此，周而复始，完成一个业务。

3.4.3　XML 与 JSON

1. XML 概述

1) XML

可扩展标识语言(eXtensible Markup-Language，XML)，是当代最热门的网络技术之一，被称为“第二代 Web 语言”“下一代网络应用的基石”。自从它被提出来，几乎得到了业界所有大公司的支持，丝毫不逊于当年 HTML 被提出时的热度。

XML 是 1986 年国际标准化组织(ISO)公布的一个名为标准通用标识语言(standard

generalized markup language, SGML）的子集。它是由成立于 1994 年 10 月的 W3C 开发研制的。1998 年 2 月，W3C 正式公布了 XML 的 Recommendation 1.0 版语法标准。XML 继承了 SGML 的扩展性、文件自我描述特性，以及强大的文件结构化功能，却摒除了 SGML 过于庞大复杂及不易普及化的缺点。

XML 和 SGML 一样，是一种“元语言”（meta-language）。换言之，XML 是一种用来定义其他语言的语法系统，这正是 XML 功能强大的主要原因。XML 并非像 HTML 那样，提供了一组事先已经定义好了的标签，而是提供了一个标准，利用这个标准，用户可以根据实际需要定义自己新的标记语言，并为这个标记语言规定它特有的一套标签。所以 XML 可以作为派生其他标记语言的元语言。另外，HTML 侧重于如何表现信息，而 XML 侧重于如何结构化地描述信息。在 Internet 上，服务器与服务器之间、服务器与浏览器之间有大量的数据需要交换，特别是在电子商务中。这些被交换的数据，都被要求对数据的内容和表现方式有所说明。

在 Internet 世界 XML 的用途主要有两个：一是作为元标记语言，定义各种实例标记语言标准；二是作为标准交换语言，担负起描述交换数据的作用。而 ArcXML 就是 XML 派生的用在 ArcIMS 软件中的标记语言，它有自己定义的一组标签。

2）HTML 与 XML 对比

HTML 与 XML 最大的不同在于使用标签的灵活性。HTML 已经建立了上百个标签集允许用户用来显示图形和文本。通过 JavaScript 使用动态 HTML 语言还可以建立更加复杂的网页。尽管如此，HTML 语言本身还是具有很大的限制性，未能满足对一些新功能的需求。网站程序员不能自己定义标签，而只能使用由国际万维网协会承认的标准标签，或在某一浏览器软件中使用该软件自己定义的标签。当然，像 Internet Explorer 和 Netscape Navigator 这样的浏览器可以有它们自己定义的标签，但正是这一点直接威胁到了 HTML 语言的通用性——对其他各种类型浏览器识别标签并进行显示的能力。而 XML 语言正可以解决这些问题。与 HTML 相比，XML 具有以下几点技术优势，如表 3.5 所示。

表 3.5　HTML 与 XML 对比

HTML	XML
不具有扩展性	是元标识语言，可用于定义新的标识语言
侧重于如何表现信息	侧重于如何结构化地描述信息
不要求标记的嵌套、配对等，不要求标识之间具有一定的顺序	严格要求嵌套、配对，并遵循 DTD* 的树形结构
难以阅读、维护	结构清晰，便于阅读、维护
内容描述与显示方式整合为一体	内容描述与显示方式相分离
不具有保值性	具有保值性
已有大量的编辑，浏览工具	编辑，浏览工具尚不成熟

*文档定义类型（document type definition, DTD）

（1）XML 同 HTML 都来自 SGML。但 HTML 是一种固定格式的超文本标识语言，因格式固定、标识有限，故难以扩展。而 XML 保留了 SGML 的可扩展功能，可以定义其他语言，同时，XML 的标识用户可以自己定义。

(2) XML 提供了一个直接“处理”Web 数据的通用方法，而 HTML 只是 Web“显示”数据的通用方法。

(3) XML 着重描述的是 Web 页面的“内容”，而 HTML 着重描述页面“显示格式”。

(4) XML 使机器能交谈(能自动处理信息)，HTML 方便了人与人的交流(只是网络初级阶段)。

(5) XML 具有良好的交互性，它可以在客户机上进行数据操作，不需与服务器交互，极大地减轻了服务器的负担。

(6) HTML 不支持深层的结构描述，而 XML 的文件结构嵌套可以复杂到任何程度。

有了 XML 语言，程序员可以使用一种简单易懂的层次结构，定义一系列标签及其功能。因为 XML 语言并不是在浏览器中解释的，所以不受浏览器类型的限制。因此可以说，HTML 语言定义的是如何显示内容，而 XML 语言定义的是内容本身。

3) XML 的作用

(1) XML 把数据从 HTML 分离。如果需要在 HTML 文档中显示动态数据，那么每当数据改变时将花费大量的时间来编辑 HTML。通过 XML，数据能够存储在独立的 XML 文件中，这样就可以专注于使用 HTML 进行布局和显示，并确保修改底层数据不再需要对 HTML 进行任何的改变。通过使用几行 JavaScript，就可以读取一个外部 XML 文件，然后更新 HTML 中的数据内容。

(2) XML 简化数据共享。在真实的世界中，计算机系统和数据使用不兼容的格式来存储数据。XML 数据以纯文本格式进行存储，因此提供了一种独立于软件和硬件的数据存储方法。这让创建不同应用程序可以共享的数据变得更加容易。

(3) XML 简化数据传输。对开发人员来说，一项最费时的挑战一直是在因特网上的不兼容系统之间交换数据，用 XML 交换数据降低了这种复杂性。通过 XML，可以在不兼容的系统之间轻松地交换数据。

(4) XML 简化平台的变更。升级到新的系统(硬件或软件平台)，总是非常费时的，必须转换大量的数据，不兼容的数据经常会丢失。XML 数据以文本格式存储，这使得 XML 在不损失数据的情况下，更容易扩展或升级到新的操作系统、新应用程序或新的浏览器。

(5) XML 使数据更有用。由于 XML 独立于硬件、软件及应用程序，XML 使数据更可用，也更有用。不同的应用程序都能够访问数据，不仅仅在 HTML 页中，也可以从 XML 数据源中进行访问。通过 XML，数据可供各种阅读设备使用(手持的计算机、语音设备、新闻阅读器等)，还可以供盲人或其他残障人士使用。

(6) XML 用于创建新的 Internet 语言。很多新的 Internet 语言是通过 XML 创建的，如 XHTM、WAP、RSS、SMIL 等。

4) XML 的标准体系

XML 标准体系是由 W3C 组织制定，已形成一个标准系列，包括三类：XML 核心标准、XML 处理标准、XML 应用标准，如图 3.19 所示。其中，核心标准包括 XML 文档标准和 XML 文档支撑标准，XML 处理标准主要用于开发人员对 XML 文档进行处理。

2. XML 文档结构

XML 文档形成了一种树结构，它从“根部”开始，然后扩展到“枝叶”。一个 XML 文档的实例如下。

```xml
<?xml version="1.0" encoding="UTF-8"?>
<note xmlns:xsd="http://www.w3.org/2001/XMLSchema">
<to>George</to>
<from>John</from>
<heading>Reminder</heading>
<body>Don't forget the meeting!</body>
</note>
```

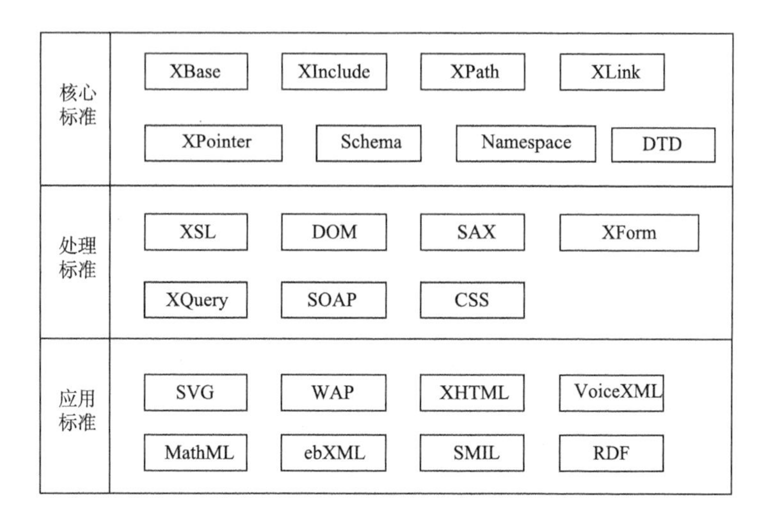

图 3.19　XML 体系结构

第一行是 XML 声明。它定义 XML 的版本(1.0)和所使用的编码 UTF-8，下一行描述文档的根元素 note，接下来 4 行描述根的 4 个子元素(to、from、heading 及 body)，最后一行定义根元素的结尾。

xmlns:xsd=http://www.w3.org/2001/XMLSchema 定义了命名空间 namespace，XML 命名空间属性被放置于元素的开始标签之中，并使用以下语法：

xmlns:namespace-prefix="namespaceURI"

在 XML 中，元素名是由开发者定义的，当两个不同的文档使用相同的元素名时，就会发生命名冲突，使用命名空间就能解决这个问题。当命名空间被定义在元素的开始标签中时，所有带有相同前缀的子元素都会与同一个命名空间相关联。

注释：用于标示命名空间的地址不会被解析器用于查找信息，其唯一的作用是赋予命名空间一个唯一的名称。不过，很多公司常常会作为指针来使用命名空间指向实际存在的网页，这个网页包含关于命名空间的信息。

XML 文档必须包含根元素。该元素是所有其他元素的父元素。XML 文档中的元素形成了一棵文档树，如图 3.20 所示。这棵树从根部开始，扩展到树的最底端。所有元素均可拥有子元素，父、子及同胞等术语用于描述元素之间的关系，父元素拥有子元素。相同层级上的子元素成为同胞(兄弟或姐妹)。所有元素均可拥有文本内容和属性(类似在 HTML 中)。

对应的 XML 文档如下：

```xml
<bookstore>
```

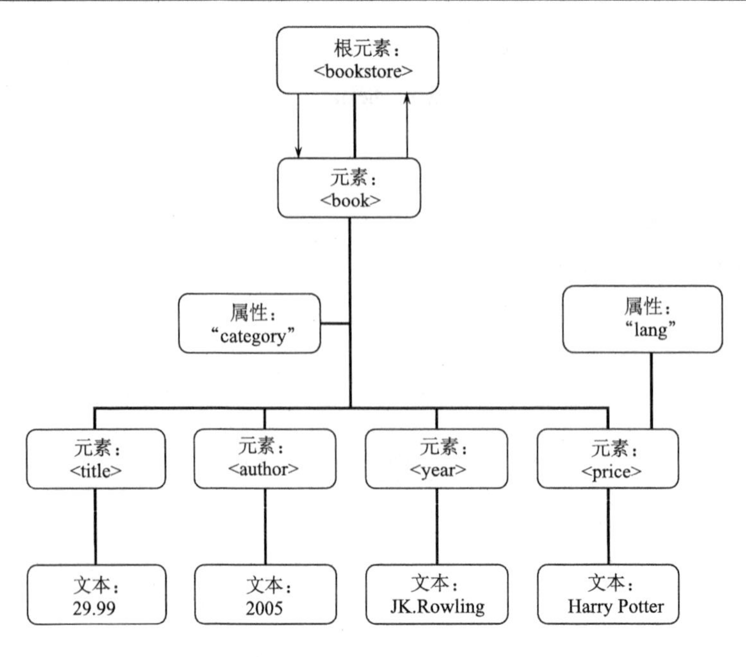

图 3.20　XML 文档树结构

```
<book category="COOKING">
  <title lang="en">Everyday Italian</title>
 <author>Giada De Laurentiis</author>
  <year>2005</year>
  <price>30.00</price>
</book>
<book category="CHILDREN">
  <title lang="en">Harry Potter</title>
  <author>J K. Rowling</author>
  <year>2005</year>
  <price>29.99</price>
</book>
<book category="WEB">
  <title lang="en">Learning XML</title>
  <author>Erik T. Ray</author>
  <year>2003</year>
  <price>39.95</price>
</book>
</bookstore>
```

3. DTD 和 Schema

1) DTD

文档定义类型(document type definition，DTD)，所描述的是使用其词汇的文档的语法，帮助作者创建结构正确的文档，DTD 中记录着所要求的 XML 语法。DTD 实际上可以看做一个或多个 XML 文件的模板，这些 XML 文件中的元素、元素的属性、元素的排列方式、元素能够包含的内容等，都必须符合 DTD 中的定义。

通过 DTD，每一个 XML 文件均可携带一个自身格式的描述，应用程序可以使用某个标准的 DTD 来验证外部接收到的数据，还可以使用 DTD 来验证自身的数据。例如，可以使用 XMLWriter 来验证 XML 文档是否符合 DTD 定义。

但 DTD 的语法相当复杂，且不符合 XML 文件的标准，不太直观。W3C 定义了 Schema 来替代 DTD，Schema 与 DTD 相比最大的好处是 Schema 本身也是 XML 文档。

2) Schema

XML Schema 是基于 XML 的 DTD 替代者，XML Schema 描述 XML 文档的结构，XML Schema 语言也称作 XML Schema 定义(XML Schema definition，XSD)。

Schema 定义可出现在文档中的元素；定义可出现在文档中的属性；定义哪个元素是子元素；定义子元素的次序；定义子元素的数目；定义元素是否为空，或者是否可包含文本；定义元素和属性的数据类型；定义元素和属性的默认值及固定值。

Schema 可针对未来的需求进行扩展；Schema 更完善，功能更强大；Schema 基于 XML 编写；Schema 支持数据类型；Schema 支持命名空间。

关于 XML Schema 的详细介绍，可到 www.w3c.org 网站上查看相关文档。

下面这个例子是一个基本的 XML Schema 文件，定义了 XML 文档。

```
<?xml version="1.0">
< Schema xmlns：xsd ="http://www.w3.org/200/10/XMLSchema"     version="1.0">
<element name="Name" type="xsd:string" />
<element name="Address" type="AddressType">
<complexType name="AddressType">
 <sequence>
       <element name="Street" type="xsd:string" />
       <element name="City" type="xsd:string" />
       <element name="Zip" type="xsd:decimal" />
 </sequence>
 <attribute name="Province" type="xsd:string" use="fixed" value="广东" />
</complexType>
</Schema>
```

Schema xmlns 定义了用到的元素和数据类型，来自命名空间 http://www.w3c.org/2001/XMLSchema。元素的数据类型使用前缀：xsd，这也是 W3C 组织定义的一个命名空间。这一段 Schema 文本定义了两个元素，一个简单类型元素“Name”和一个复杂类型元素“Address”。“Address”由三个简单类型元素“Streer”“City”“Zip”和一个属性“Province”组成，根据这段 Schema，下面这段 XML 文档符合其定义：

```
<?xml version="1.0" encoding="gb2312"?>
<Name> 刘欢 </Name>
<Address Province="广东">
```

```
    <Street> 新港西路 <Street>
    <City> 广州市 </City>
    <Zip> 510275 </Zip>
</Address>
```

4. XPath

XPath 是一种在 XML 文档中查找信息的语言。XPath 用于在 XML 文档中通过元素和属性进行导航，找到所需要的信息。

最常见的 XPath 表达式是路径表达式(XPath 这一名称的另一来源)。路径表达式是从一个 XML 节点(当前的上下文节点)到另一个节点、或一组节点的书面步骤顺序。这些步骤以“ / ”字符分开，每一步有三个构成成分：轴描述(用最直接的方式接近目标节点)、节点测试(用于筛选节点位置和名称)、节点描述(用于筛选节点的属性和子节点特征)。

最简单的 XPath 如/A/B/C。

这里选择所有符合规矩的 C 节点，C 节点必须是 B 的子节点(B/C)，同时 B 节点必须是 A 的子节点(A/B)，而 A 是这个 XML 文档的根节点(/A)。这种描述法类似于磁盘中文件路径的统一资源标识符(uniform resource identifier，URI),从盘符开始顺着一级一级的目录最终找到文件。

以下面的文档为例：

```
<?xml version="1.0" encoding="gb2312"?>
<products>
<product SKU="7123734">
    <name>Big Metal Pot</name>
    <price>19.95</price>
</product>
<product SKU="752585">
    <name>Plate</name>
    <price>12.95</price>
</product>
<product SKU="4182476">
    <name>Spoon</name>
    <price>4.95</price>
</product>
</products>
```

例如：可用下面的 XPath 表达式来获取 XML 文档的内容：

获取产品的种类："/products/product";

获得所有产品中价格超过 5 美元的产品："/products/product[./price > 5]";

获取所有的 SKUs ："/products/product/@sku"。

5. XML 开发接口

XML 是按一定语法规则组织的文档，为了便于 XML 的计算机处理，有关研究机构已制订了 XML 的应用程序开发接口标准，其中，最常见的是 DOM 和 SAX。

1) DOM

文档对象模型(document object model，DOM)是由 W3C 在 1998 年 10 月 1 日发布的处理 XML 文档的应用编程接口(API)，它实际上是定义了文档的逻辑结构及对文件进行访问和操作的方法。DOM 将一个 XML 文档转换成用户程序中的一个对象集合，然后就可以任意处理该对象集合。从本质上讲，DOM 是 XML 文档的一个结构化的视图。DOM 将一个 XML 文档看成一棵节点树，每一个节点代表一个可以和它交互的对象，这一机制也称为“随机访问”协议。因此，用户可以在任何时间访问数据的任何一部分，进行浏览、检索、修改、删除、插入新数据等操作，同时，DOM 还提供对 XML 文档的装载和序列化操作。虽然 DOM 是操作和访问 XML 文档非常方便的方法，但它是有代价的，它需要在实际运行处理前对整个 XML 文档进行分析，而把整个 XML 文档转换需要占据很大的内存空间，尤其是当 XML 文档很大的时候。

2) SAX

XML 简单应用程序接口(simple API for XML，SAX)是非营利的程序员组建议的 XML API 标准。它的创建是独立于 XML 团体的，它没有 DOM 那么多的特征，因为 SAX 设计的目的就是仅仅提供为处理大型文档而进行优化的标准解析器接口。这一 API 是事件驱动的，又称“顺序访问”协议。每当它看到一个新的 XML 标记(或遇到一个错误，或想告诉用户什么事)时就用一个 SAX 解析器注册用户的句柄，激活用户的回调方法。SAX 的这种处理文档的方法使其很适合处理大型文档，以及与文档结构无关的任务，如 XML 文档的节点数、提取特定节点内容等。

目前，许多软件厂商纷纷加入基于 DOM 或 SAP 的 XML 解析器的开发中，并推出了各自的 XML 解析器，如 IBM 公司的 XML4J，Oracle 公司的 EXPAT，Sun 公司的 JAXP、JDOM 及 Microsoft 公司的 MSXML 等。应用程序开发者可以使用各种高级语言如 VB、VC、Java 调用解析器提供的标准接口完成对 XML 文档的操作。

6. JSON

JS 对象标记(JavaScript object notation，JSON)是一种轻量级的数据交换格式。它是基于 ECMAScript(W3C 制定的 JS 规范)的一个子集，采用完全独立于编程语言的文本格式来存储和表示数据。简洁和清晰的层次结构使得 JSON 成为理想的数据交换语言，易于阅读和编写，也易于机器解析和生成，并有效地提升网络传输效率。

1) JSON 语法规则

在 JS 语言中，一切都是对象。因此，任何支持的类型都可以通过 JSON 来表示，如字符串、数字、对象、数组等。其中对象和数组是比较特殊且常用的两种类型：①对象表示为键值对；②数据由逗号分隔；③花括号保存对象；④方括号保存数组。

对象在 JS 中是使用花括号{ }包裹起来的内容，数据结构为 {key1：value1, key2：value2, …} 的键值对。在面向对象的语言中，key 为对象的属性，value 为对应的值。键名可以使用整数和字符串来表示。值可以是任意类型。

JSON 键值对是用来保存 JS 对象的一种方式，与 JS 对象的写法也大同小异，键值对组合中的键名写在前面并用双引号 "" 包裹，使用冒号 : 分隔，然后紧接着值用双引号 "" 包裹。

{"firstName": "John"}

等价于这条 JavaScript 语句：

{firstName = "John"}

JSON 是 JS 对象的字符串表示法，它使用文本表示一个 JS 对象的信息，本质是一个字符串。例如：

var obj = {a: 'Hello', b: 'World'}; //这是一个对象，注意键名也是可以使用引号包裹的

var json = '{"a": "Hello", "b": "World"}'; //这是一个 JSON 字符串，本质是一个字符串

JSON 和 JS 对象可以互转。要实现从对象转换为 JSON 字符串，使用 JSON.stringify()方法：

var json = JSON.stringify({a: 'Hello', b: 'World'}); //结果是 '{"a": "Hello", "b": "World"}'

要实现从 JSON 转换为对象，使用 JSON.parse()方法：

var obj = JSON.parse('{"a": "Hello", "b": "World"}'); //结果是 {a: 'Hello', b: 'World'}

2) JSON 数组表达

数组在 JS 中是方括号 [ ] 包裹起来的内容，数据结构为 ["java", "javascript", "vb", …] 的索引。在 JS 中，数组是一种比较特殊的数据类型，它也可以像对象那样使用键值对，但还是索引使用得多。同样，值的类型可以是任意类型。例如:

```
{
"people":[ { "firstName": "Brett",
                "lastName":"McLaughlin"
           },
           { "firstName":"Jason",
             "lastName":"Hunter"
       }
     ]
}
```

在这个示例中，只有一个名为 people 的变量，值是包含两个条目的数组，每个条目是一个人的记录，其中包含名和姓。上面的示例演示如何用括号将记录组合成一个值。当然，可以使用相同的语法表示更多的值(每个值包含多个记录)。

在处理 JSON 格式的数据时，没有需要遵守的预定义的约束。所以，在同样的数据结构中，可以改变表示数据的方式，也可以使用不同方式表示同一事物。

3) JSON 与 XML 比较

(1)可读性。JSON 与 XML 的可读性各有特点，一个是简易的语法，一个是规范的标签形式。XML 的可读性比 JSON 略好一些。

(2)编码难度。XML 具有丰富的编码工具，如 DOM4J、JDOM 等，JSON 也提供有相应的工具。无工具的情况下，相信熟练的开发人员一样能很快地写出想要的 XML 文档和 JSON 字符串，不过，XML 文档要多很多结构上的字符。

(3)解析方式。XML 的解析方式有两种，一种是通过文档模型解析，也就是通过父标签索引出一组标记。例如，xmlData.getElementsByTagName("tagName")，但是这要在预先知道文档结构的情况下使用，无法进行通用的封装。另一种是遍历节点(document 及 childNodes)，这个可以通过递归来实现，不过解析出来的数据仍旧是形式各异，往往也不能满足预先的要求。

JSON 同样如此。在 JavaScript 内，JSON 要优越于 XML。

除了上述区别之外，JSON 和 XML 另外一个很大的区别在于有效数据率。JSON 作为数据包格式传输时具有更高的效率，这是因为 JSON 不像 XML 那样需要严格的闭合标签，这就让有效数据量与总数据包的比大大提升，从而减小同等数据流量情况下网络的传输压力。

下面分别是 XML 和 JSON 的示例，两者表达的是同样的事务，很明显，JSON 的数据量要小于 XML。

```
<?xml version="1.0" encoding="gb2312"?>
<results total_computers = "2">
    <computer>
        <Manfacturer>Dell</Manufacturer>
        <Model>Latitude</Model>
        <Price>1650</Price>
    </computer>
    <computer>
        <Manfacturer>Dell</Manufacturer>
        <Model>Inspiron</Model>
        <Price>1850</Price>
    </computer>
</results>

{"results" : {
        "total_computers" : "2",
        "computer": [
         {
              "Manufacturer" : "Dell",
              "Model" : "Latitude",
              "Price" : "1650"
         }
         {
              "Manufacturer" : "Dell",
              "Model" : "Inspiron",
              "Price" : "1850"
         }
        ]
    }
}
```

3.4.4　基于 GeoJSON 的空间对象表达

1. GeoJSON 简介

GeoJSON 是一种对各种地理数据结构进行编码的格式。GeoJSON 对象可以表示几何、要素或者要素集合。GeoJSON 支持以下几何类型：点、线、面、多点、多线、多面和几何集合。GeoJSON 里的要素包含一个几何对象和其他属性，要素集合表示一系列特征。

一个完整的 GeoJSON 数据结构总是一个(JSON 术语里的)对象。在 GeoJSON 里，对象由名/值对(也称作成员的集合)组成。对每个成员来说，名字总是字符串。成员的值要么是字符串、数字、对象、数组，要么是文本常量"true","false"和"null"中的一个。数组由上面所说的元素组成。下面是一个要素集合的例子：

```
{ "type": "FeatureCollection",
  "features": [
    { "type": "Feature",
      "geometry": {"type": "Point", "coordinates": [102.0, 0.5]},
      "properties": {"prop0": "value0"}
      },
    { "type": "Feature",
      "geometry": {
        "type": "LineString",
        "coordinates": [
          [102.0, 0.0], [103.0, 1.0], [104.0, 0.0], [105.0, 1.0]
          ]
        },
      "properties": {
        "prop0": "value0",
        "prop1": 0.0
        }
      },
    { "type": "Feature",
       "geometry": {
         "type": "Polygon",
         "coordinates": [
           [ [100.0, 0.0], [101.0, 0.0], [101.0, 1.0],
             [100.0, 1.0], [100.0, 0.0] ]
           ]
       },
       "properties": {
         "prop0": "value0",
         "prop1": {"this": "that"}
         }
       }
    ]
  }
```

2. GeoJSON 对象

GeoJSON 总是由一个单独的对象组成。这个对象(指的是下面的 GeoJSON 对象)表示几何、要素或者要素集合。

GeoJSON 对象可能有任何数目成员(名/值对)。

GeoJSON 对象必须有一个名字为"type"的成员，这个成员的值是由 GeoJSON 对象的类型所确定的字符串。

type 成员的值必须是下面之一："Point", "MultiPoint", "LineString", "MultiLineString", "Polygon", "MultiPolygon", "GeometryCollection", "Feature", 或者 "FeatureCollection"。

GeoJSON 对象可能有一个可选的"crs"成员，它的值必须是一个坐标参考系统的对象。

GeoJSON 对象可能有一个"bbox"成员，它的值必须是边界框数组。

1) 几何对象

几何是一种 GeoJSON 对象，这时 type 成员的值是下面字符串之一："Point", "MultiPoint", "LineString", "MultiLineString", "Polygon", "MultiPolygon", 或者"GeometryCollection"。

除了“GeometryCollection”外的其他任何类型的 GeoJSON 几何对象必须有一个名字为"coordinates"的成员。coordinates 成员的值总是数组，这个数组里的元素的结构由几何类型来确定。

(1) 位置。位置是基本的几何结构。几何对象的"coordinates"成员由一个位置(几何点)、位置数组(线或者几何多点)、位置数组的数组(面、多线)或者位置的多维数组(多面)组成。

位置由数字数组表示，必须至少两个元素，可以有更多元素。元素的顺序必须遵从 x,y,z 顺序(投影坐标参考系统中坐标的东向、北向、高度或者地理坐标参考系统中的坐标长度、纬度、高度)。任何数目的其他元素是允许的。

(2) 点。对类型"Point"来说，"coordinates"成员必须是一个单独的位置，如

```
{ "type": "Point", "coordinates": [100.0, 0.0] }
```

(3) 多点。对类型"MultiPoint"来说，"coordinates"成员必须是位置数组，如

```
{ "type": "MultiPoint",
  "coordinates": [ [100.0, 0.0], [101.0, 1.0] ]
  }
```

(4) 折线。对类型"LineString"来说，"coordinates"成员必须是两个或者多个位置的数组。

线性环是具有 4 个或者更多位置的封闭的线。第一个和最后一个位置是相等的(它们表示相同的点)。虽然线性环没有鲜明地作为 GeoJSON 几何类型，但在面几何类型定义里有提到，如

```
{ "type": "LineString",
  "coordinates": [ [100.0, 0.0], [101.0, 1.0] ]  }
```

(5) 多线。对类型“MultiLineString"来说，"coordinates"成员必须是一个线坐标数组的数组，如

```
{ "type": "MultiLineString",
  "coordinates": [
       [ [100.0, 0.0], [101.0, 1.0] ],
       [ [102.0, 2.0], [103.0, 3.0] ]
```

```
  ]
}
```

(6)面。对类型"Polygon"来说，"coordinates"成员必须是一个线性环坐标数组的数组。对拥有多个环的的面来说，第一个环必须是外部环，其他的必须是内部环或者孔。

没有孔的，如

```
{ "type": "Polygon",
  "coordinates": [
    [ [100.0, 0.0], [101.0, 0.0], [101.0, 1.0], [100.0, 1.0], [100.0, 0.0] ]
    ]
}
```

有孔的，如

```
{ "type": "Polygon",
  "coordinates": [
    [ [100.0, 0.0], [101.0, 0.0], [101.0, 1.0], [100.0, 1.0], [100.0, 0.0] ],
    [ [100.2, 0.2], [100.8, 0.2], [100.8, 0.8], [100.2, 0.8], [100.2, 0.2] ]
    ]
}
```

(7)多面。对类型"MultiPolygon"来说，"coordinates"成员必须是面坐标数组的数组，如

```
{ "type": "MultiPolygon",
  "coordinates": [
    [[[102.0, 2.0], [103.0, 2.0], [103.0, 3.0], [102.0, 3.0], [102.0, 2.0]]],
    [[[100.0, 0.0], [101.0, 0.0], [101.0, 1.0], [100.0, 1.0], [100.0, 0.0]],
     [[100.2, 0.2], [100.8, 0.2], [100.8, 0.8], [100.2, 0.8], [100.2, 0.2]]]
    ]
  }
```

(8)几何集合。类型为"GeometryCollection"的 GeoJSON 对象是一个集合对象，它表示几何对象的集合。几何集合必须有一个名字为"geometries"的成员。与"geometries"相对应的值是一个数组。这个数组中的每个元素都是一个 GeoJSON 几何对象，如

```
{ "type": "GeometryCollection",
  "geometries": [
    { "type": "Point",
      "coordinates": [100.0, 0.0]
      },
    { "type": "LineString",
      "coordinates": [ [101.0, 0.0], [102.0, 1.0] ]
      }
  ]
}
```

2) 要素对象

类型为"Feature"的 GeoJSON 对象是要素对象。

要素对象必须有一个名字为"geometry"的成员，这个几何成员的值是上面定义的几何对象或者 JSON 的 null 值。

要素对象必须有一个名字为"properties"的成员，这个属性成员的值是一个对象(任何 JSON 对象或者 JSON 的 null 值)。

如果要素是常用的标识符，那么这个标识符应当包含名字为"id"的特征对象成员。

3) 要素集合对象

类型为"FeatureCollection"的 GeoJSON 对象是要素集合对象。

类型为"FeatureCollection"的对象必须有一个名字为"features"的成员，与"features"相对应的值是一个数组。这个数组中的每个元素都是上面定义的要素对象。

3. 坐标参考系统对象

GeoJSON 对象的坐标参考系统(coordinate reference system，CRS)是由它的"crs"成员(指的是下面的 CRS 对象)来确定的。如果对象没有"crs"成员，那么它的父对象或者祖父对象的"crs"成员可能被获取作为它的 CRS；如果这样还没有获得"crs"成员，那么默认的 CRS 将应用到 GeoJSON 对象。

默认的 CRS 是地理坐标参考系统，使用的是 WGS84 数据，长度和高度的单位是十进制标示。

名字为"crs"成员的值必须是 JSON 对象(指的是下面的 CRS 对象)或者 JSON 的 null 值。如果 CRS 的值为 null,那么就假设没有 CRS。

"crs"成员应当位于(特征集合、特征、几何的顺序的)层级结构里 GeoJSON 对象的最顶级，而且在子对象或者孙子对象里不应该重复或者覆盖。

非空的 CRS 对象有两个强制拥有的对象:"type"和"properties"。type 成员的值必须是字符串，这个字符串说明了 CRS 对象的类型。properties 成员的值必须是对象。

CRS 应不能更改坐标顺序。

1) 名字 CRS

CRS 对象可以通过名字来表明坐标参考系统。在这种情况下，它的"type"成员的值必须是字符串"name"。它的"properties"成员的值必须是包含"name"成员的对象，这个"name"成员的值必须是标识坐标参考系统的字符串。例如，"urn:ogc:def:crs:OGC:1.3:CRS84"的 OGC、CRS 的统一资源名称(uniform resource name，URN)应当优先于旧的标识符如"EPSG:4326"得到选用：

```
"crs": {
  "type": "name",
  "properties": {
    "name": "urn:ogc:def:crs:OGC:1.3:CRS84"
    }
  }
```

2）连接 CRS

CRS 对象也可以连接到互联网上的 CRS 参数。在这种情况下，它的"type"成员的值必须是字符串"link"，它的"properties"成员的值必须是一个连接对象。

连接对象有一个必需的成员"href"和一个可选的成员"type"。必需的"href"成员的值必须是解引用的 URI（统一资源标识）。

可选的"type"成员的值必须是字符串，而且这个字符串暗示了所提供的 URI 里用来表示 CRS 参数的格式。建议值是"proj4","ogcwkt","esriwkt"，不过可以使用其他值：

```
"crs": {
  "type": "link",
  "properties": {
    "href": "http://example.com/crs/42",
    "type": "proj4"
    }
  }
```

4. 边界框

为了包含几何、要素或者要素集合的坐标范围信息，GeoJSON 对象可能有一个名字为"bbox"的成员。"bbox"成员的值必须是 $2\times n$ 数组，其中，n 是所包含几何对象的维数，并且所有坐标轴的最低值后面跟着最高值。"bbox"的坐标轴的顺序遵循几何坐标轴的顺序。除此之外，"bbox"的坐标参考系统假设匹配它所在 GeoJSON 对象的坐标参考系统。

下面是一个要素对象上的"bbox"成员的例子：

```
{ "type": "Feature",
  "bbox": [-180.0, -90.0, 180.0, 90.0],
  "geometry": {
    "type": "Polygon",
    "coordinates": [[
      [-180.0, 10.0], [20.0, 90.0], [180.0, -5.0], [-30.0, -90.0]
      ]]
    }
  ...
  }
```

3.4.5 基于 GML 的异构 Web GIS 空间数据组织

1. GML 概述

XML 能针对特定的应用定义自己的标记语言，这一特征使得 XML 可以在各个专业领域的信息交换中一展身手，为不同的系统、厂商提供各具特色的独立解决方案。地理标记语言（geography markup language，GML）就是 XML 在地理信息系统中的应用。

OGC 于 1999 年 12 月 13 日提出了 GML 的征求意见版（RFC）；2000 年 5 月 20 日正式推出 GML1.0 版本的规范，2001 年 2 月 20 日推出 GML2.0 版本的规范，从而为基于 Web 的地理信息的发展奠定了基础；2002 年 4 月 25 日正式推出 GML2.11 版本的规范，2002 年 8 月 6

日推出 GML3.0 版本的规范。2003 年 2 月 5 日，OGC 宣布批准通过和发布 GML 3.0 版本，GML3.0 用 XML 定义了数据编码，使地理数据和属性数据能够在不同的系统之间自由移动。新发布的 GML3.0 具有模块化特点，即用户能够选择必要的部分使用，简化和缩小了执行的尺寸。GML3.0 新增加的内容包括支持复杂的几何实体、空间参照系统、拓扑、元数据、栅格数据等多个方面。GML3.0 不论在空间数据编码和传输方面，还是在地理对象的描述方面，都对地理信息 Web 服务起到了关键的作用。

1) GML3.0 的设计目的

(1) 为数据的存储和传输(特别在 Internet 环境下)提供一种编码空间信息的方式。

(2) 高扩展性，可以满足从空间描述到空间分析等不同空间任务的需求。

(3) 以一种渐进的、模块化的方式建立 Web GIS 的基础。

(4) 对几何信息进行高效地编码。

(5) 提供一种易于理解的编码方式，以对 Internet 简单特征模型中定义的空间信息和空间关系进行编码。

(6) 可以在数据表述中实现空间信息与非空间信息的分离。

(7) 能够容易地集成空间数据和非空间数据，特别是以 XML 编码的非空间数据。

(8) 能够容易地将空间(几何)元素连接到其他空间和非空间元素。

(9) 提供了一系列通用的地理模型对象，使独立开发的应用之间可以互操作。

GML 通过提供一个基本的几何标签集(所有支持 GML 的系统使用同样的几何标签)、一个通用的数据模型(OpenGIS 简单特征模型)和一个创建及共享应用模式的机制在不同系统之间实现地理信息的互操作。

2) GML3.0 的核心模式

(1) 要素模式(Feature Schema)。地理要素包含一系列的空间与非空间属性。要素模式 feature.xsd 为创建 GML 要素和要素集合提供了一个框架。它定义了抽象和具体的要素元素及类型，与以前版本相比，增加了一些新的要素类型和属性，如 BoundedFeatureType、Feature ArrayProperType、EnvelopeWithTimePeriodType 等，并通过<include>元素引入了几何模式 geometryBasic2d.xsd 和时态模式 temporal.xsd 中的定义和声明。

(2) 几何模式(Geometry Schema)。GML2.0 定义的几何模式支持的几何基元仅有 Point、LineString、Box、Polygon，以及相应的聚合类：MultiPoint、MultiLineString、MultiPolygon。GML3.0 支持包括 point、curve、surface 及 solid 在内的三维几何模型，在其几何模式中增加了许多新的类型，包括 Arc、Circle、CubicSpline、Ring、OrientableCurve、OrientableSurface 及 Solid，还有聚合类型(如 MultiPoint、MultiCurve、MultiSurface、MultiSolid) 和复合类型(如 CompositeCurve、CompositeSurface、CompositeSolid) 等。

(3) 拓扑模式(Topology Schema)。空间拓扑是 GML3.0 新增的内容，它使用拓扑基元 Node、Edge、TopeSolid 及这些基元之间的关系描述来构建拓扑关系，拓扑基元通常用来表达几何基元 Point、Curve、Surface、Solid。拓扑基元之间的连接关系主要有：边的公共结点、面的公共边及三维实体的公共面等。GML3.0 在拓扑模式 topology.xsd 中对相关的拓扑类型和属性进行了定义，并通过<include>元素引入了复合几何模式 geometryComplexes.xsd 中的定义和声明。

3) GML3.0 应用模式与核心模式的关系

GML 核心模式定义了构建地理要素的基本组件，而没有也不可能提供具体要素如道路、河流、建筑物等的定义，它提供一种机制让用户在自己的应用模式中定义这些具体的地理要素。GML 应用模式与常用核心模式之间及核心模式内部的关系如图 3.21 所示。

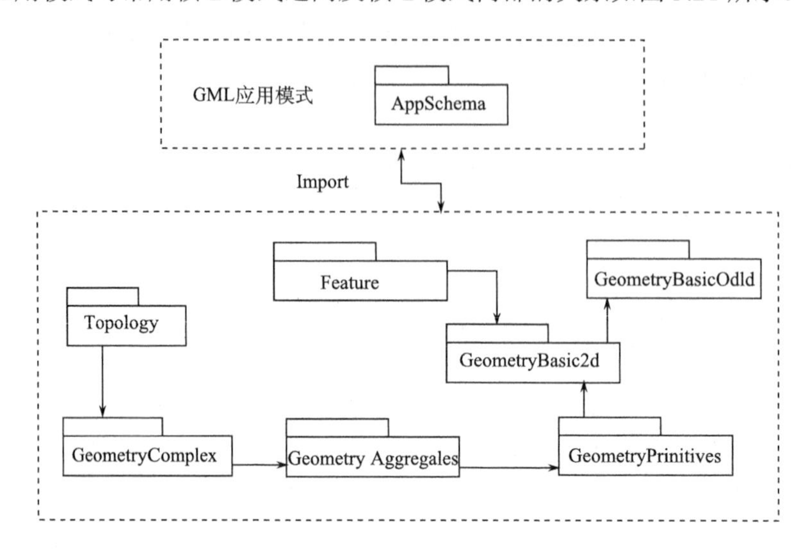

图 3.21　GML 核心模式

用户可以在核心模式的基础上进行扩展，建立自己的应用模式，以满足自己的要求。以下是一个水井的例子：

```
<Well>
   <WellName>W1</WellName>
  <depth>5<depth>
  <style>rainwater</style>
  <gml:location>
   <gml:Point>
   <gml:coord><gml:x>3.5</gml:x>
      <gml:y>4.1</gml:y>
   </gml:coord>
   </gml:Point>
   </gml:location>
</Well>
```

GML 模型是基于 OpenGIS 的抽象规范。在抽象规范中，定义一个地理要素(feature)作为现实世界现象(如果它与地球位置相关)的一个抽象，这样现实世界便可以通过一系列地理特征来描述。地理特征中包含几何属性(geometry)。OpenGIS 的抽象规范对地理特征模型和几何模型进行了定义，具体内容见 OGC 相关文档。

2. 异构 Web GIS 空间数据组织

Web GIS 的蓬勃发展，顺应了社会对地理空间信息进入网络、实现共享的迫切需求。然而，在目前的网络环境下，空间地理信息要真正达成共享，首先必须解决地理信息数据来源复杂、管理多样、数据格式不兼容的问题。在 Web 上，海量的数据分散在不同的站点上，以不同的形式存在，有文件系统、数据库系统。基于传统模式实现查询、检索、集成数据的应用系统将十分困难，而利用 GML，基于客户机、GIS 应用服务器和数据库服务器的三层网络 GIS 构造模式，通过设计 GML 数据转换中间件来充当数据连接器，则只要客户端配备 GML 数据解析器，就可以从互联网络的任何位置读取数据，从而真正实现异构 Web GIS 系统和异构数据库间的信息交换。图 3.22 是基于 GML 的异构 Web GIS 数据组织框架图。

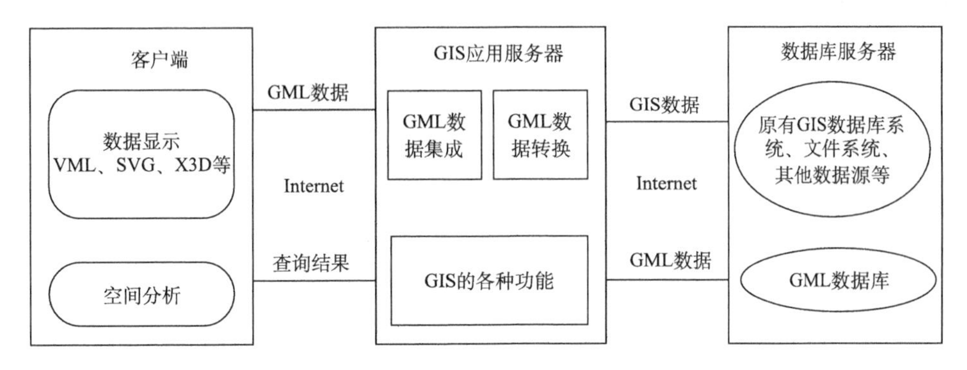

图 3.22　基于 GML 的异构 Web GIS 数据组织框架图

GIS 应用服务器在接收用户数据请求后，进行 GML 数据获取、转换和集成工作，根据用户请求的内容，向分布在网络节点的数据库申请图形和属性数据。如果申请到的是一般 GIS 矢量数据，就将其转换成为符合规范的 GML 格式；如果宿主数据库支持 GML 的存储，则只需要向数据库传递客户端的数据请求，在归纳和整理数据库的响应数据后，统一向客户端浏览器分发。

内容和形式分离是 GML 的重要特征之一，GML 只注重地理数据内容的表达，而不负责数据的图形解释。为了把接收到的 GML 数据可视化，客户端需要将其转换成一种可以在浏览器中被显示的格式，如 SVG、VML、X3D、VRML 等，或由客户端直接解释 GML 的内容，显示出图形。

GML 是基于 XML 的，因此可以直接通过 HTTP 协议在 Web 上传递。由于 GML 是以 ASCII 码文本的形式来描述地理信息，与二进制文件相比，占用的空间较大，在网络上传输的时候就会需要较多的带宽占用。当数据量不是很大时，可以直接使用 GML 文件传输，而当空间数据量很大时，可以考虑使用 Java 自带的 GZIP 包进行压缩和解压缩操作，可以有效地减少网络通信量，提高系统的响应速度。

作为应用于网络环境下的地理空间数据的通用接口，GML 遵循数据互操作模式，可以维护商业地理信息软件专有格式的优点及其所保护的商业利益，也利于数据的交换与传输。为在现有网络上以矢量方式进行传输、交换、集成 Web GIS 的海量地理空间数据，提供了一种十分有效的解决途径。

(1) GML 是一个开放的框架结构，可以对其进行扩展和继承来完成数据编码。

(2) GML 具有自描述性，可描述性很强，这有益于保持数据的完整性。

(3)因为 GML 是由国际组织 OGC 提出的开放标准，现已被很多大公司支持，所以其易于被各种地理信息系统接受。

(4)GML 可以描述不同地理信息系统的数据，因为其结构简单，且易于操作。

(5)GML 采用开放的基于 XML 文本格式，可用 Web 最基本的 HTTP 协议传送，这样易于数据的远程动态集成。

(6)GML 可以与非空间数据集成。二进制数据与其他数据的集成是非常困难的，对于二进制数据，必须了解其文件结构和数据库设计才能对其进行修改，而 GML 的改变是十分容易的，所以数据组织也就相当容易。

第 4 章 Web GIS 技术应用方法

本章内容主要包括：SVG 在 Web GIS 的应用、Geo VRML 在 Web GIS 中的应用、WebGL 应用、基于 Web Service 的开放式 GIS、面向地图服务的 Open API、面向地学应用的 Sensor Web 服务。

4.1 SVG 在 WebGIS 中的应用

可升级的矢量图像(scalable vector graphics，SVG)，是一种基于 XML 标准的图形图像描述语言。SVG 的产生有其客观必然性。20 世纪 90 年代末，由于因特网的迅速发展，网上传统的栅格图像(如 GIF、JPEG、PNG)已经很难满足人们的需要，为此，各知名厂商都纷纷推出了各自的 Web 图像解决方案。例如，Macromedia 公司所推出的互动式矢量动画格式 SWF 等。国际 W3C 组织成立了 SVG 工作组并于 1992 年 2 月 11 日完成了第一个工作草案，到 2000 年 8 月 W3C 正式发布 SVG 推荐规范。由于该规范在图形、图像描述方面的卓越表现，再加上 W3C 的特殊地位，该规范一经推出就在业界引起强烈反响，并得到许多厂商的支持。

4.1.1 SVG 基础知识

1. SVG 浏览器插件

要实现 SVG 图像的显示，必须要在客户端安装 SVG 浏览器。Adobe 研发的 SVG Viewer 功能强大，显示效果好，是网络上使用最多的。当前最新的版本是 3.0，可以在 Adobe 的网站(http://www.adobe.com)上下载，为了确保中文正确显示，可下载简体中文版本。目前，一些新开发的浏览器已直接支持 SVG，如 FireFox，就不再需要安装 SVG 浏览器插件了。

2. 在网页中嵌入 SVG

将 SVG 图形对象嵌入网页中，使用如下基本的 HTML 代码来实现：

```
<embed width="640" height="560" type="image/svg-xml" id="svgmapctrl"pluginspage="http://www. adobe.com/svg/viewer/install/" src="../../default.svg" > </embed>
```

其中，embed 标签指定为一个嵌入的对象，width、height 分别指定该对象的宽度、高度，type 指定类型为 image/svg-xml，src 指定为 SVG 数据文件的 URL 地址，指定这样的标签并在浏览器中打开，浏览器便会调用 SVG Viewer 在指定区域进行显示。需要注意的是，SVG 目前不支持 GB 编码，在使用中文字符时，应使用 UTF-8 编码。

下面是一个 SVG 文件的例子：

```
<?xml version="1.0"?>
<svg width="7.5cm" height="5cm" viewBox="0 0 200 120">
<title>Example filters01.svg - introducing filter effects</title>
<defs>
  <filter id="MyFilter">
    <feGaussianBlur in="SourceAlpha" stdDeviation="4" result="blur"/>
```

```
<feOffset in="blur" dx="4" dy="4" result="offsetBlur"/>
<feSpecularLighting in="blur" surfaceScale="5" specularConstant="1" specularExponent="10" style="lighting-color:white" result="specOut">
    <fePointLight x="-5000" y="-10000" z="20000"/>
  </feSpecularLighting>
  <feComposite in="specOut" in2="SourceAlpha" operator="in" result="specOut"/>
<feComposite in="SourceGraphic" in2="specOut" operator="arithmetic" k1="0" k2="1" k3="1" k4="0" result="litPaint"/>
<feMerge>
    <feMergeNode in="offsetBlur"/>
    <feMergeNode in="litPaint"/>
  </feMerge>
 </filter>
</defs>
<rect x="1" y="1" width="198" height="118" style="fill:#888888; stroke:blue"/>
<g style="filter:url(#MyFilter)">
  <g>
   <path style="fill:none; stroke:#D90000; stroke-width:10" d="M50,90 C0,90 0,30 50,30 L150,30 C200,30 200,90 150,90 z" />
   <path style="fill:#D90000" d="M60,80 C30,80 30,40 60,40 L140,40 C170,40 170,80 140,80 z" />
   <g style="fill:#FFFFFF; stroke:black; font-size:45; font-family:Verdana">
    <text x="52" y="76">SVG</text>
   </g>
  </g>
</g>
</svg>
```

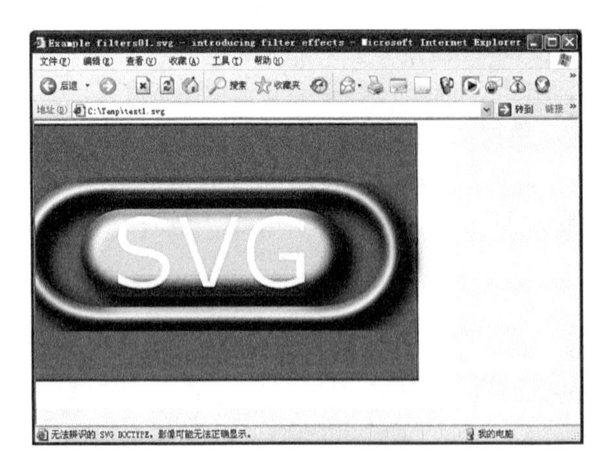

图 4.1　SVG 示例

将上述文本保存为以 svg 为后缀的文件，然后在浏览器中打开，就会得到如图 4.1 所示的效果。

3. SVG 图形对象

矢量图形是用点和线来描述的，可以大大减小文件长度，提高传输效率。更重要的是，它将对图形效果的显示由服务器端移到客户端，可以充分利用客户端的资源，减轻服务器的负担。SVG 规定了 17 类 80 多种元素，涉及基本图形、文字、图像的显示，图形元素动画、超链接、颜色渐变、透明效果、滤镜效果、剪辑处理、蒙板、合成及模式填充等方面。

SVG 中有专门用于矢量图形描述的标记，包括矩形<rect>、圆<circle>、椭圆<ellipse>、直线<line>、折线<polyline>和多边形<polygon>。此外，SVG 还支持图形绘制中常用的、由贝塞尔曲线定义的路径描述和操作，其元素标记为<path>，可以对相应路径进行勾勒、填充、裁剪和合成等一系列操作。

4. 对动画的支持

目前，Web 上播放的动画多为 GIF 格式，它也存在着与网上传输图像格式相同的问题，即修改在服务器端实现，而不是在客户端实现。SVG 中提供了专门的动画元素，可以描述一个图形图像元素的实时变化。

SVG 中用标记<animatemotion>描述元素的放缩、旋转、偏斜等变换效果，用<animatecolor>描述元素颜色的改变，还可以用<animate>描述元素的淡入淡出效果。

5. SVG 的事件简介

SVG 提供了丰富的消息触发及事件响应函数，获取用户消息，如在地图上移动、点击鼠标等。事件的响应能定义到整个文件对象中，也能定义在单个图像对象上。

如要给某个路径(path)定义鼠标移动事件，则

```
<path onmousemove ="mousemoved(evt)"/>
```

onmousemove 指定事件触发的条件(即鼠标在 path 上移动时)，mousemoved 为要触发的响应函数，evt 表示事件本身，能通过 evt 获取与当前事件相关的信息，用户能在 script 中定义响应函数，进行相应的处理。同样，SVG 也提供丰富的状态事件，如数据装载完毕，就能触发 onload 事件，做一些初始化的处理。

4.1.2　SVG 在 Web 应用中的优势

1. 基于 XML 格式，易于 Web 发布、传输，跨平台

SVG 兼容 XML、HTML4、XHTML 等语言并符合 CSS、XSL、DOM 等规范，这就意味着 SVG 将是可扩展、可样式化、可脚本化和易于集成的。SVG 可以很好地跨平台工作，解决外部输出、色彩、带宽等相关问题。XML 具有数据来源的多样性及多种应用的灵活性、柔韧性和适应性。XML 可以对不同来源的结构化的数据进行合并、集成，客户获得 XML 数据后，可以用以开发多种形式的 Web 应用系统。利用扩展样式表转换语言(extensible style sheet language transformations，XSLT)技术，可以非常容易地将各种 XML 数据转换为 SVG 的图像格式，正因为 XML 标准的开放性，SVG 才在 Web 应用中具有天然的优势。

2. 交互性强，支持各种先进的网页交互技术

SVG 支持同步多媒体集成语言(synchronized multimedia integration language，SMIL)，使用户可以自由地同 SVG 中的元素完成一些交互的动作，从而完成既定的目标。这一点在目前单独依靠图片是完成不了的，需要由网页中的脚本语句来实现。

SVG 图像能对用户动作做出不同响应，如高亮、声效、特效、动画等，SVG 图像中的命令语句可以自由地和脚本程序，如 JavaScript 或 XML 进行交互，完全通过代码来实现。SVG 图像可以方便地由程序语言来动态地生成，如用 JavaScript、Perl、Java，甚至是 XSLT，这对于一些数据库制表是非常实用的，图像可以根据数据库中的关系量实时地改变。除了具备当前网页所具有的一些交互手段外，SVG 还在很多方面加强或引入了先进的交互方式，它

完全支持 DOM，并为各种图元留有相应的 DOM 接口，因而 SVG 及 SVG 中的图元完全可以通过脚本语言接受外部事件的驱动来实现对自身或其他图元的控制；SVG 支持 XLink 和 XPointer，可以在 SVG 文档及其他文档之间制作超级链接。

3. SVG 是一种文本描述格式，可以很容易地查询和升级复杂数据

作为基于文本的格式，SVG 图像中的文字可以被网络搜索引擎所搜寻(这样可以制作自由的图像搜索引擎)，或被用户浏览器查找和编辑；这种基于文本的格式的另一个好处是可以进行二次修改，因此 SVG 是一种可升级的图像文件格式。SVG 的这一特性非常适合表述复杂而海量的空间数据，这不仅是因为它的存储容量小、结构性强，更重要的是它可以方便地对这些空间数据进行维护与升级。SVG 基于对象与组合对象，结构性强，数据具有直观可读性，容易对系统进行维护与升级。SVG 既可以对空间数据进行查询，又可以对属性数据进行查询。SVG 支持的是一种精确查询，实现简单、查询效率高，是栅格图像中模式识别所进行的复杂的概似查询所无法比拟的。

4. 数据量少，传输效率高

与传统图形图像格式相比，SVG 文档的文件尺寸非常小，这源自于 SVG 与 SMIL1.0 规范的部分结合，也是 SVG 相关的设计机构和人员共同努力的结果。SVG 压缩文件尺寸的技术主要包括：SVG 制作人员可以使用滤镜效果通过客户端图形操作来构造图形，另外，当同一个图形在一个文档中多次出现时可以使用符号来替代。SVG 浏览器可以使用 HTTP 1.1 的数据压缩功能及采用逐级渲染的方法来大幅降低用户浏览和交互的时间。高效的 SVG 词汇表大大缩减了图像文件的尺寸，从而减少了下载时间。

5. 能获得更广泛的硬件支持

因为图像在不同分辨率的屏幕上显示效果不同，且放缩后会出现锯齿和模糊效果，所以无法满足网页浏览的质量要求。而 SVG 对较低分辨率的便携式计算机到较高分辨率的台式机，再到高分辨率的打印机，都能提供良好的视觉效果，这将大大提高 Web 应用，也是矢量技术所带来的技术上的突破。

4.1.3　基于 SVG 的 Web GIS

SVG 是一种完全开放的二维矢量数据格式，并得到众多国际知名软件厂商(尤其是 Microsoft 和 Netscape 公司)的支持，因此，在 Web GIS 研究中，若将地理空间数据编码成 SVG 格式来进行空间数据存储、传输和表现，则会有效地消除针对现有专有空间数据格式所产生的数据传播中的问题。对于众多的非专业用户，一方面可方便地通过各种通用的 SVG 创作、编辑工具来组织，并发布自己的空间信息资源，从而使地理信息资源和其他网上资源一样，被整个社会方便地共享，以充分发挥其应有的价值；另一方面，由于 SVG 中的图形元素具有动画功能，据此可以产生动画地图，使展现在客户端用户面前的地图更具有表现力。可见，将 SVG 用于 Web GIS 具有非常重要的意义。

1. 空间数据在 SVG 文档中的组织

地理空间数据用来描述地理空间现象，一般可分为空间几何数据和属性数据。因为空间几何数据比较复杂，所以在传统的 GIS 中，空间几何数据以文件的形式进行存储，且采用拓扑数据模型或空间实体模型进行组织。两种模型的区别主要在于对复杂空间对象及空间对象之间关系的描述：在拓扑数据模型中，复杂地理空间对象是通过对节点的引用而形成的，其优点是多个不同的对象可以共用相同的节点，从而可以节省存储空间；同时因为地理空间对象间的拓扑关系是显式地存储在“特征表”中，所以可方便地进行各种空间分析；这种数据模型的最大缺点是，维护拓扑关系的开销较大。而在实体模型中，每个地理空间实体对象都是自包含的，即空间对象的节点是直接存储在实体对象内部的，这样虽然会造成因公共节点的重复存储而产生数据冗余，但它无需维护实体间的拓扑关系。

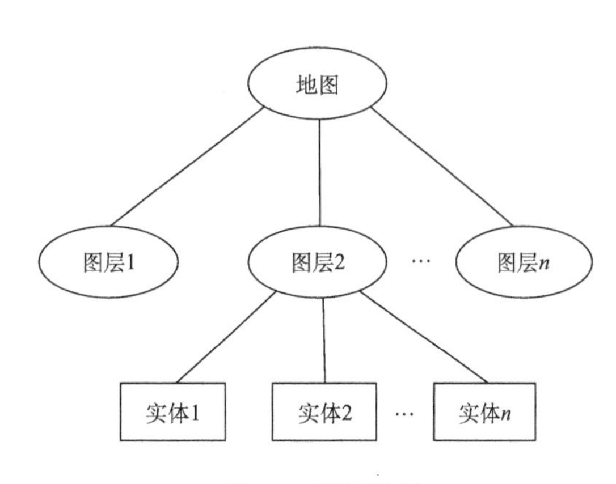

图 4.2　图层组织

由于 SVG 目前仅支持一些基本的图形元素，为了能够有效地通过 SVG 来对地理空间数据进行描述，就必须将空间几何数据按空间实体模型来进行组织。具体实施时，可采用如图 4.2 所示的层次组织方法，即将现实世界中的要素分为简单要素与复杂要素两大类，其中简单要素还可根据其几何特征进一步分为点状要素、线状要素、面状要素等 3 种要素类型，而复杂要素则由多个简单要素构成。另外，各地理实体由目标标识码、描述该地理实体的几何数据和属性数据组成。一般，若干地理实体可以作为一个图层，一个图层可以包含不同类型的地理实体，而若干图层则可组成一幅地图。

2. 基于 SVG 图元的空间数据表达

SVG 提供了丰富的图形对象，包括<line>、<path>、<circle>、<text>、< image>等元素，满足了 GIS 系统的需要。GIS 空间数据都可以利用这些图形对象实现。

1) 点状要素

对于点的实现，在 SVG 中可采取四种办法：①通过元素<rect>绘制填充颜色的小矩形；②通过元素<circle>绘制填充颜色的小圆形；③通过元素<ellipse>绘制填充颜色的小椭圆；④用 def 元素或 symbol 元素定义相应的点符，之后通过 use 元素引用相应的符号来表示。

2) 线状要素

直线的实现：用表示直线的<line>元素和用表示路径的<path>元素实现。折线的实现：用表示折线的<polygon>元素实现，也可以用<polyline>元素绘制。曲线的实现：用路径元素<path>可以创建三种类型的曲线，即椭圆曲线、三次贝塞尔曲线和二次贝塞尔曲线。

3) 面状要素

当路径<path>是一条闭合的路径时就构成了多边形，用其 fill 属性指定一定的颜色对其填充而实现 GIS 中的面。也可以用<polygon>和其 points 属性实现，<polygon>绘制的是封闭图形，通过 fill 属性对其填充成面。

4) 注记文本

SVG 中可用文本元素<text>创建文本，任何可以在形状或路径上执行的操作都可以在文本上执行，例如，可实现路径上的文字，即将文本沿某一路径排列。要实现这一点，需要创建一个链接到预定义的路径信息的<textPath>元素。一个不足之处是 SVG 不执行自动换行，如果文本比允许空间长，则可用<tspan>简单地将它切断。

5) 栅格图像的实现

在 SVG 中可用< image>元素直接实现对栅格图像的引用。

6) 图层管理

SVG 提供一种非常好的管理图层的方法，即通过元素<g>来实现。在 SVG 中，<g>元素代表组(group)，用来将一批特征类似的元素定义成一个集合，它可以包含任何可视化元素，同时<g>元素可以自定义其内部的<g>元素，也就是<g>内可以嵌套<g>。对于空间数据的图层管理，这是一种非常简单、有效的方法。例如，可以将点数据嵌套在<g id="point">和</g>中，用关键字"point"来表示这些点数据，弧段数据可以嵌套在<g id= "arc">和</g>中，标记这些数据使用关键字"arc"，面数据也可以做类似的处理。

<g>元素和<rect>等基本图形元素一样，可以加样式表进行修饰，不同之处在于，<g>元素对整个嵌套在其中的图形元素都可进行修饰，如配色等。

下面是“学校”图层的一个例子：

```
〈g id="school"〉
  〈desc〉Layerschool〈/desc〉
    〈circle id="sch1" name="中山大学" tele = "68924771" code= "100037" cx="20" cy="30"  r="2"/〉
    〈circleid="sch4" name="广州大学" tele= 68924777"code="100037"cx="40"  cy="20"r="2"/〉
    〈circleid="sch4" name="华南师范大学" tele= 68924777"code="100037"cx="40"  cy="20"r="2"/〉
   〈circleid="sch5" name="广州工业大学" tele= "68924788" code="100037" cx="25" cy="35" r= "2"/〉
〈/g〉
```

图 4.3 是利用 SVG 建立的中山大学网上电子地图。

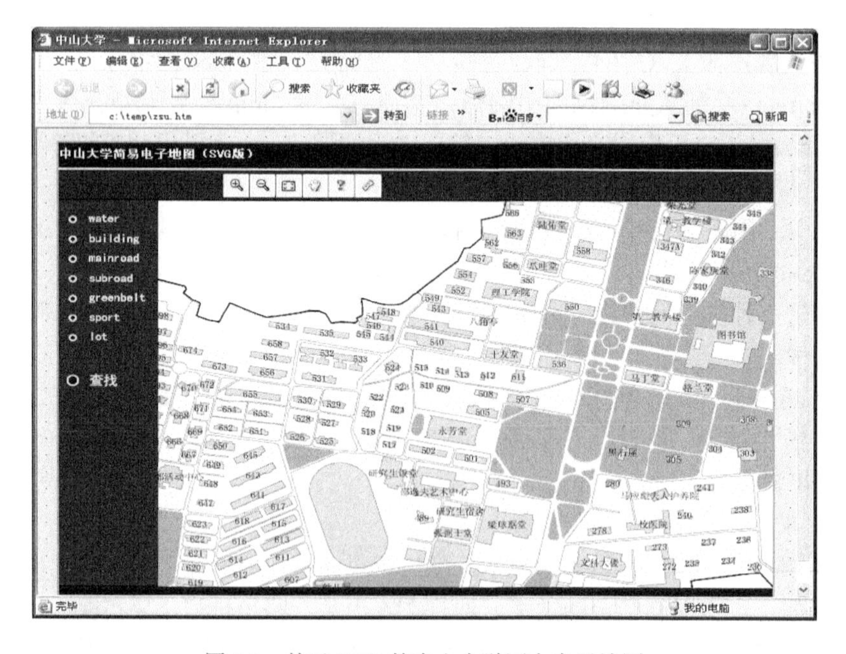

图 4.3　基于 SVG 的中山大学网上电子地图

3. 属性数据的编码

对于属性数据，可以采用内嵌法和外联法两种编码方法。

内嵌法：是指将所关联的属性数据放在同一地物分组元素中。因为 SVG 并未提供对属性数据的描述标记，但 SVG 是可扩展的，所以可自定义一个标记属性数据的元素对属性数据进行编码，各属性项作为该元素的子元素依次列出。

外联法：是指属性数据通过地物标志号存储在外部数据库中。通过地物标志号可确定与该类地物所对应的属性关系表和其在属性表中的记录号。这样，直接通过超链接将属性数据页面与几何数据联系起来。地物属性数据的特点，使其便于采用关系数据库进行存储，而发展成熟的关系数据库又提供了完备的数据索引及信息查询手段。

当属性数据量不大时，可以将属性数据存放于各脚本文件中和图像文件一并下载到客户端，这样对属性信息的查询是在客户端完成，不需要与后台的数据库打交道，从而提高响应时间。当属性数据量较大时，则可以通过服务器端的 ASP 或 JSP 程序访问数据库来返回属性查询结果。此外，也可直接通过超链接，将属性数据页面(通过 JSP 或 ASP 技术动态生成)与图形数据联系起来。

4. 基本的地图操作功能实现

在客户端安装 Adobe 公司的 SVG 插件，在客户端使用 SVG 技术，结合 JavaScript 脚本语言实现基本的 Web GIS 功能，包括地图平移、放大、缩小、图层的管理、地图的交互性显示及对图层属性的查询等。

1) 地图的平移

地图向左平移功能的实现，与其他平移方法代码类似，主要是利用 currentPosition 变量的增加和减少进行操作。

```
function hori_move(evt){
    viewBox=SVGRoot.getAttribute('viewBox');
   var viewVals=viewBox.split(' ');
  currentPosition=parseFloat(viewVals[0]);
  if(goLeft==true){//地图向左移动
    if(currentPosition<0. 1){
      currentPosition=currentPosition+0.1;
}
goLeft=false;
}
viewVals[1]=currentPosition;
SVGRoot.setAttribute('viewBox',viewVals.join(' '));
}
```

2) 地图的缩放

地图放大/缩小的实现代码，主要利用 currentScale 变量进行图形的扩大和缩小变化。

```
function zoomIn(){
    if(SVGRoot.currentScale<5){      //地图放大
    SVGRoot.currentScale=SVGRoot.currentScale*1.5;
```

```
        }
    }
        function zoomOut () {
            if(SVGRoot.currentScale>0.3) {      //地图缩小
            SVGRoot.currentScale=SVGRoot.currentScale*0.5;
        }
    }
```

3) 图层操作

SVG 中的一个图层存储在一个组<g>中，每个组都有一个唯一标志 ID 属性。根据这个 ID 属性就可以通过 JavaScript 控制不同图层的显示和隐藏，并且 SVG 图形支持事件编程，可以很容易地实现对 onclick () 或 onmouseover () 等事件的编程。

图层的隐藏和显示功能主要是利用 setAttribute 函数对 visibility 参数赋予 hidden 属性或 visible 属性。部分实现代码如下：

```
function vis_hid(id) {          //显示或隐藏图层获得所选图层对象
    var SVGstyle=SVGDoc.getElementById(id);
    if(SVGstyle.getAttribute("visibility")=="visible") {
        SVGstyle.setAttribute("visibility", "hidden");  //隐藏该图层
    }
    else {
        SVGstyle.setAttribute("visibility", "visible");  //显示该图层
    }
}
```

4) 查询功能

这里假设对要素编号进行查询，查询要素的属性字段主要根据要素的 ID 号，利用 getElementById () 函数进行查询；利用 getAttribute () 函数得到要素的属性字段内容。

```
//从表单中获得要查询的 ID 号
function showattrib(value) {
    //获得符合 ID 号内容的对象
    var SVGid=SVGRoot.getElementById(value)
    var new_window=window.open("","query" ,"height=133, width=450");
    //显示该对象的 describe 字段内容
    new_window.document.writeln(SVGid.getAttribute("describe"));
    new_window.focus();
}
```

5. 基于 SVG 的 Web GIS 体系结构

基于 SVG 的 Web GIS 体系结构如图 4.4 所示。

在这个体系结构下，有一种简单的应用模式，即事先利用一些工具把 GIS 数据转换成 SVG 文档，供客户调用显示。ESRI，自 ArcInfo9.0 开始已提供了将地图数据直接转换成 SVG 文档的功能。

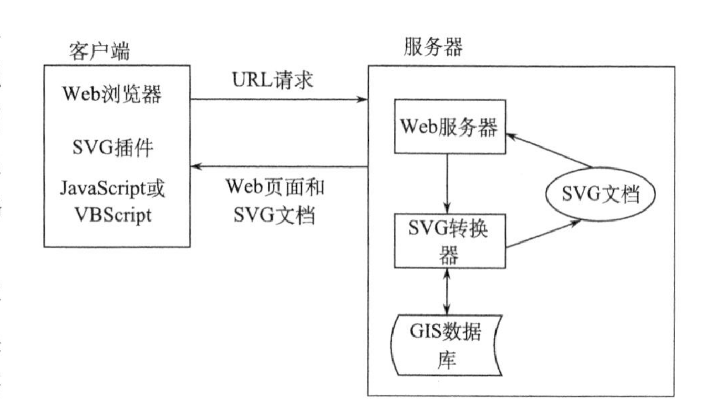

图 4.4　基于 SVG 的 Web GIS 体系结构

另一种较复杂的模式，是根据客户所请求的数据，通过 SVG 文档转换器，在 GIS 数据库中提取数据并动态地转换成 SVG 文档，通过 Web 服务器传给客户端。因为目前主流浏览器如 IE 等还不直接支持 SVG，所以需要 SVG 插件，如 Adobe 的 SVG 插件。尽管 SVG 插件具有很强的图形表现能力，能够满足一般图像操作的需要，但对于地图的显示和操作，其功能就显得很不够，例如，插件没有直接提供地图图层的显示控制、地图的滚动、属性数据的显示等 GIS 中的必备功能，为此，还需要对其功能进行扩充。一般 SVG 插件提供了 DOM 接口，因此为功能的扩充奠定了良好的基础。具体实施时，就是在 SVG 文档的宿主页面中，通过脚本语言(VBScript、JavaScript)来操作 SVG 文档的 DOM 树，以实现如图形漫游、属性信息查询、图层显示控制等功能。

4.2　GeoVRML 在 Web GIS 中的应用

4.2.1　VRML 概述

虚拟现实建模语言(virtual reality modeling language，VRML)，是 20 世纪 90 年代中期的一门新兴语言，通过它可以创建一个虚拟现实的、可交互的场景，在电子商务、教育、工程技术、建筑、娱乐、艺术等领域都得到广泛应用。虚拟现实作为一种全新的人机接口技术，必须研究用户和计算机之间的协调关系。VRML 以因特网作为应用平台，最有希望成为构筑虚拟现实应用的基本构架。

1. VRML 的发展历史

1994 年 5 月，Mark Pesc 和 Tony Parsi 在日内瓦举行的万维网第一届国际会议上介绍了他们开发的可在 Web 上运行的虚拟现实界面。虚拟现实标记语言(virtual reality markup language)由惠普公司提出，后来，虚拟现实标记语言被改为虚拟现实建模语言。

1994 年 10 月在芝加哥举行的第二届万维网会议上公布了 VRML1.0 的规范草案。该方案是一个经过修改的 Open Inventor 3D 文件格式的子集，附加一些处理网络的相应功能和措施，主要是生成静态的 3D 场景功能，以及与 HTML 链接相关的一些功能和措施。

1995 年秋，硅图公司(Silicon Graphics Inc，SGI)推出了 WebSpace Author，这是一种 Web 创作工具，可在场景内交互性地摆放物体，并改进了场景中的一些功能，还可用于发表 VRML。

1996 年初，VRML 委员会审定了若干个 VRML2.0 版本的建议方案，同年 3 月，VRML 结构组(VRML Architecture Group，VGA)决定将 SGI、Sony 等公司的 Moving Worlds 方案改

造成为 VRML2.0，并于 1996 年 8 月在新奥尔良的 SIGGRAPH'96 会议上公布。

1996 年 8 月，依据 SGI 公司提出的“The Moving worlds VRML2.0”草案，制定出了 VRML2.0 规范。VRML2.0 一方面稳定了 VRML1.0 版的基础，另一方面将 VRML 的静态世界改变成动态世界，并强化了互动功能。VRML2.0 在 VRML1.0 基础上增加了动画、传感器、事件、行为、脚本等多重使用者功能，其理想在于建立一个使用者可以彼此互动的空间。

1997 年 12 月，VRML 作为国际标准正式发布，1998 年 1 月正式获得国际标准化组织 ISO 批准（国际标准号 ISO/IEC14772-1:1997），简称 VRML97。VRML97 只是在 VRML2.0 基础进行上进行了少量的修正，意味着 VRML 已经成为虚拟现实行业的国际标准。

1999 年年底，VRML 的又一种编码方案 X3D 草案发布。X3D 整合正在发展的 XML、Java、流技术等先进技术，包括了更强大、更高效的 3D 计算能力、渲染质量和传输速度，以及对数据流强有力的控制，多种多样的交互形式。

2000 年 6 月，世界 Web3D 协会发布了 VRML2000 国际标准（草案），2000 年 9 月又发布了 VRML2000 国际标准（草案修订版）。

2002 年 7 月 23 日，Web3D 联盟发布了可扩展 3D（X3D）标准草案并且配套推出了软件开发工具供人们下载和对这个标准提出意见。这项技术是虚拟现实建模语言（VRML）的后续产品，是用 XML 语言表述的。X3D 基于许多重要厂商的支持，可以与 MPEG-4 兼容，同时也与 VRML 97 及其之前的标准兼容。它把 VRML 的功能封装到一个轻型的、可扩展的核心之中，开发者可以根据自己的需求，扩展其功能。X3D 标准的发布，为 Web3D 图形的发展提供了广阔的前景。

2. VRML 的功能

VRML 是一种三维造型和渲染的图形描述性语言，它把“虚拟世界”看做一个场景，将场景中的一切看做对象，对每一个对象的描述就构成了 wrl 文件（VRML 文件的扩展名）。VRML 的目的是在网页上实现三维动画效果及基于三维对象的用户交互。它同 HTML 语言一样，也是一种 ASCII 的描述语言，也支持超链接。VRML 改变了原来 WWW 上单调、交互性差的弱点，创建了一个可进入、可参与的世界。VRML 的功能如下。

1）*存在感*

存在感又称临场感，指用户感到自己就是主角存在于虚拟环境中的真实程度。

2）*交互性*

交互性指用户对虚拟环境内物体可操作程度和用户从虚拟环境中得到的反馈的自然程度。

3）*立体感的视觉效果*

VRML 创建的虚拟现实场景是模拟现实中的，必有现实的立体感，而不再是一般的二维图片。特别是随着浏览者的移动，VRML 场景中的物体属性，如光照、方位等也随之改变，从各方面达到立体感的视觉效果。

4）*立体感的听觉效果*

VRML 不但可以通过三维图形在视觉上表达立体效果，还可以通过 3D 声音让人感受周围环境的声音，就如现实中听到的一样，而不再是简单的 2D 声音。

5）*动态显示与网络无关*

VRML 是面向网络的，它是为网络而生的，并随网络而发展，它在网上传输的不是一幅幅视频图像，而只是容量有限的 wrl 文件，即只传送描述场景的模型，而动画的生成放在本地。

6) 脚本功能

VRML 提供脚本语言编程的能力，编写的语言一般为 Java，也可以使用其他的 CGI 程序；另外硅图公司还发展了一种类似 Java 的 VRMLScript 语言。

7) 全球资讯网参考点

VRML 可以将 Internet 上的其他 VRML 文件加入所建立的虚拟世界，就如同编写 HTML 时可以借用网络上其他地方的文档一样，当需要显示时，再分别由网络下载，不必等所有对象下载完毕后，才能执行 VRML 文件。

8) 超链接功能

可以在 VRML 文件中加入所要链接网站的 URL 地址，就可以让某个对象有超链接的功能，点击后即可链接到特定区域，或网络中的特定文件。

3. VRML 文件开发工具和浏览器简介

1) 开发工具

VRML 同 HTML 一样是一种 ASCII 码描述性语言，所以可以用一般文本编辑器编写 VRML 文件。现在已有多款专为 VRML 文件编辑而设计的开发工具，比较常见的是 VrmlPad。

VrmlPad 是 ParallelGraphics 公司出品的 VRML 开发工具，该工具有以下特点。

(1) 可以编辑本地和远程文件。

(2) 支持高级查找、书签等，支持取消和重复操作、分色显示、自动侦错等功能。

(3) 采用树形结构显示场景。

(4) 支持在浏览器中预览。

(5) 有强大的发布向导。

(6) 支持对实体材质的可视化设定。

(7) VrmlPad 环境中可以处理和执行其他语言编写的外部应用程序。

(8) 提供了文件列表功能，便于用户管理目录。

图 4.5 是 VrmlPad 的工作界面。

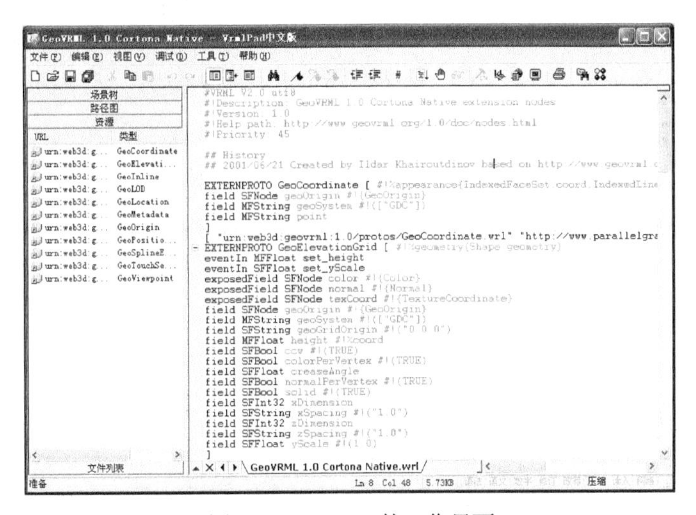

图 4.5　VrmlPad 的工作界面

VrmlPad 编辑器目前的版本是 3.0 版，可以从 http://vrmlpad.parallelgraphics.com 下载。此外 VRML 的开发工具还有 Internet 3D Space Builder、3ds max、Cosmos World 等。

2) 浏览器

当写完一个 VRML 文件后，需要通过支持 VRML 标准的浏览器来浏览，目前比较常见的有 Microsoft VRML 浏览器、Cosmos 浏览器和 Cortona 浏览器。这些浏览器可以以插件的形式嵌入 Web 浏览器中，与网页界面集成到一起，并能通过 URL 在因特网上直接访问 VRML 文件，因此 VRML 常用于在 Web 上进行虚拟现实的演示。图 4.6 是 Cortona 浏览器的运行界面。

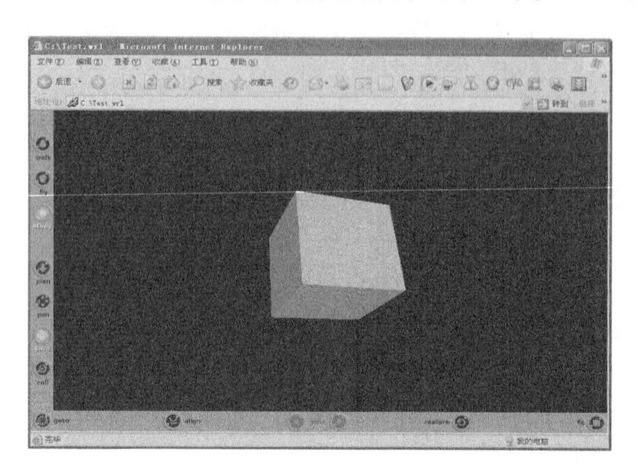

图 4.6　Cortona 浏览器的运行界面

4.2.2　GeoVRML 的特点

GeoVRML 是 VRML 的一个扩展分支，主要是针对网络地理虚拟三维的建模语言。GeoVRML 本质上是对 VRML97 标准的扩充，在继承了 VRML 众多优点的基础上，又具有自己的特性，主要包括以下几个方面。

1. 支持多种坐标系统和参考椭球

每个 VRML 场景都使用一个简单的笛卡儿坐标系并且起始坐标在 $(x,y,z)=(0,0,0)$，Y 轴的正方向与 VRML97 标准是一样的。然而，大多数的地理信息使用的是地理学上的各种坐标系，这些坐标系都是基于地球是一个椭圆体来制定的，典型的是经纬度坐标系。空间投影的目的就是将椭球体影射到简单的类似圆锥面或者柱面的表面上去。在已经出现的许多空间坐标投影转换中，GeoVRML 采用了综合环境数据表示和交换标准(synthetic environment data representation and interchange specification，SEDRIS)，它提供了空间地理信息的存储和交换的方法。借助于 GeoVRML 提供的 GoeTransform 的强大功能，GeoVRML 支持多种常见的坐标系及多达 21 种参考椭球体。用户只要在 GeoVRML 的文件中指定坐标系及椭球体的代号，GeoVRML 就可以识别相应的数据。GeoVRML 通过两步走的方法建立各种地理坐标系与屏幕坐标系的转换关系。空间直角坐标系与屏幕坐标系的转换关系比较简单，首先利用 GoeTransform API 将所有支持的地理坐标系转换成空间直角坐标系，然后将空间直角坐标系转换成屏幕坐标系。

2. 全面提高数据精度

VRML 标准在制定之初只是为了满足计算机专业三维可视化的需要，该领域涉及的三维场景一般较小(最常见的就是 1600 像素×1280 像素)并且限于一个局部范围，所以在 VRML 世界中一切坐标系均是简单的局部笛卡儿坐标系，存储它们的数值仅仅需要单精度浮点型，数据的管理机制也相对简单。但是，对于范围涵盖整个地球的模型来说，单精度浮点型数据根本就不能满足需要。由于地球的赤道半径有 6378137m(WGS84 坐标系)，导致人们无法使用单精度浮点型数来表达小于 0.76m(6378137/8385607=0.76)的长度。随着 GPS 的广泛使用、未来 GPS 收发器的进一步广泛使用、差分 GPS 的发展，事实上任何人现在都可以获得 1m 左右的坐标。因此，使用精度更高的数据类型对于地理信息领域来说是绝对必要的。GeoVRML 扩展所有的数值类型为 64 位双精度型，提高精度指标到毫米级。这样也就能避免数据重叠、视点抖动等一系列问题。

3. 三维建模功能进一步增强

为了加强对复杂模型的支持，GeoVRML 新增加了 GeoCoordinate(描述对象的地理坐标)、GeoElevationGrid(建立 DTM 模型)、GeoLocation(将标准的 VRML 模型精确植入场景)等 10 个节点。合理地使用这些节点，可以简便、迅速地实现数据的三维可视化。

4. 浏览模式的增强

针对 VRML 插件固定用户运动步长的缺点，GoeVRML 实现了基于高程的浏览模式，即根据用户当前视点的高程值确定运动步长。这样，大大方便了用户对整个场景的控制。另外，GeoVRML 还有源代码开放、与高级语言(Java、C++等)可以进行通信等特点。

4.2.3　基于 GeoVRML 的 Web VRGIS

1. 系统特点

将 GeoVRML 应用于 Web GIS，具有以下特点。

1)配置灵活

VRML 运行于客户端的浏览器，它可以解释从服务器传来的任何 VRML 文件，而不管 VRML 文件是如何产生的。VRML 文件可以由任意具有三维功能的 GIS 软件通过转化自己的空间数据格式得到，所以服务器配置非常灵活。

2)开发成本低

GeoVRML 作为一种标记语言，语法结构简单，使用起来比较方便。由于嵌入 WWW 浏览器的 VRML 浏览器可以完成所有场景可视化、多媒体集成、漫游、缩放、旋转、切换视点、事件捕获等功能，开发人员可以不必考虑这部分功能的编程。VRML 浏览器可以免费得到，而且产品很多。

3)部署方便

GeoVRML 浏览器可以嵌入任意具有提供 Plug-in 功能的 WWW 浏览器，如 Internet Explorer。

4)技术不断创新

VRML 是在 SGI、Sony 等国际知名公司的推动下，发展为互联网上的虚拟现实标准，之后，又得到了 Microsoft、IBM、Sun 等公司的支持，使得 VRML 技术不断完善。

5）网络带宽要求低

基于 GeoVRML 的 VRGIS 客户端的 VRML 浏览器可以完成所有的场景控制工作，所以很多功能可以在客户端执行，而不用到服务器去请求。只有涉及空间数据存储、索引等工作才需要向服务器请求。这就大大降低了网络通信量，使 Web VRGIS 成为可能。

2. 地理要素的 GeoVRML 模拟

在 GIS 中，用点、线、面、体来表示基本的地理要素，而在 VRML 中定义了多种类型的几何节点，可以充分利用这些几何节点来模拟基本的 GIS 地理要素，达到对地理现象的三维模拟。

1）PointSet 节点和 Sphere 节点

零维空间对象，即点对象可以用 VRML 的 PointSet 节点表示，但是 PointSet 定义的点没有半径；用 PointSet 得到的点不能随着场景的放大而放大，也不能根据节点的属性制作专题地图。另一种方法是使用 VRML 的 Sphere 节点，Sphere 的中心就是点的坐标。在同一层的点实体可以用 Sphere 的不同半径或点的不同颜色制作专题地图。

2）IndexLineSet 节点和 Extrusion 节点

一维空间对象，即线对象可以用 IndexLineSet 节点和 Extrusion 节点来表示。IndexLineSet 定义的线没有粗细。Extrusion 节点的中心线可以表示线对象，节点的横截面可以根据实际需要选择圆、正方形、三角形等；改变 Extrusion 的横截面，就可根据线对象的属性信息制作该层的专题地图。

3）IndexFaceSet 节点

IndexFaceSet 节点是表示多边形的最好方式；IndexFaceSet 各顶点的坐标对应多边形的顶点坐标；IndexFaceSet 本身可以随 VRML 场景缩放而缩放；IndexFaceSet 可以用不同的纹理区分不同属性值，制作专题地图。

Box 节点表示方盒、Cone 表示圆锥、Cylinder 表示圆柱。这些节点可以表示比较规则的地理要素，如建筑物等。

4）GeoCoordinate 节点

该节点扩展了 VRML 标准节点 Coordinate，用于指定在地理空间坐标系下的一系列点的坐标，也就是地理数据可直接进入 VRML 世界，而坐标系之间的相互转换则在节点的物理定义内用 Java 完成。GeoCoordinate 节点在 VRML 世界中的使用方法同标准节点 Coordinate 一样，可在标准节点 IndexedFaCeset、IndexedLineset 和 PointSet 中嵌套使用。

5）GeoElevationGrid 节点

该节点扩展了 VRML 标准节点 ElevationGrid，用其指定在地理空间坐标系下的一固定地表曲面（或平面）栅格格网点的海拔，可以采用 GeoElevationGrid 节点来模拟地形。GeoElevationGrid 节点创建了一个具有不同高度的矩形网络，特别适用于建造地形模型，这个模型主要以一串描述网格的每个交点上的表面高度的值来定义。

6）GeoLocation 节点

GeoLocation 节点提供了对于任何 VRML 模型的一种地理位置参考能力。也就是说，就一般 VRML 模型而言，它们作为一个子节点被包含在一个节点中，并指定其在地球上的位置，这个节点就是一个编组节点，也可以被认为是变换节点。不同的是 GeoLocation 节点指定的是一种绝对位置，而不是相对位置，因而开发者不能在多个 GeoLocation 节点相互套入。

7) GeoLOD 节点

该节点扩展了 VRML 标准节点 LOD，用其实现基于网络的地形数据多分辨率表达，其通过对一空间地理目标使用一组节点表达类似四叉树结构的两个细节层，并且在细节层次之间通过有效的下载和卸载来实现。GeoLOD 节点可以使浏览器自动地在不同的物体造型描述之间切换。显示哪一细节层次是根据用户之间的距离决定的。距离是在 LOD 节点的局部坐标系中测定的，是指从视点到 LOD 节点 center 之间的距离。如果此距离小于 range 域的第一个值，则 LOD 的第一细节层将被画出；如果此距离在 range 域的第一个和第二个值之间，则画出第二细节层，依次类推。

在大型三维地形场景显示中，为了提高显示效率，一般采用层次细节(level of detail, LOD)技术。层次细节的基本原理是：利用透视投影的特性——距离当前观察视点越远的物体，其在成像平面上的投影面积越小，那么对远处的物体在绘制阶段可用较少的等效绘制元素来表现它。这里提到的“物体”是指具有一定逻辑意义的绘制元素组，而“等效”是指两者的透视投影基本相同或差异很小。可以建立不同分辨率的地形数据，通过 VRML 的 GeoLOD 节点来提高三维地形的显示效率。

8) GeoMetadata 节点

GeoMetadata 节点是用来说明无数 GeoVRML 节点的元数据，它的功能和 VRML 中的 World Info 节点类似，但 GeoMetadata 节点是针对地理信息描述的，目前已经有很多组织致力于地理元数据的标准化描述的研究。

9) GeoOrigion 节点

GeoOrigion 节点指定了一个局部坐标系统以增加地理精度，它通过定义一种绝对的地理位置和一个绝对的局部坐标结构来反映地理几何体之间的参考关系。这个节点将地理坐标变换到局部的笛卡儿坐标系统中，从而让 VRML 浏览器来处理它们。

10) GeoPositionInterpolator 节点

该节点扩展了 VRML 标准节点 PositionInterpolator，用其实现在地理坐标系统中进行对象动画。

11) GeoTouchsensor 节点

该节点扩展了 VRML 标准节点 Touchsensor，当用户指定包含 GeoTouchsensor 的父组节点中的几何要素时，它可以跟踪指定设备的位置及状态。它不仅具有和 Touchsensor 同样的功能，还能够返回当前指定设备的地理坐标数值。该节点功能的开启控制是可以通过发送事件消息来实现的，它不仅影响同一级别的节点，还影响其子节点。

3. 体系结构

基于 GeoVRML 的三维 Web GIS 的核心就是在服务器端的 GeoVRML 文件通过 Web 下传到 Web 浏览器，再通过 Web 浏览器调用 GeoVRML 浏览器进行三维场景的可视化。GeoVRML 文件的产生有以下两种方式。

1) 静态生成

静态生成即预先将空间数据地理信息生成若干 GeoVRML 文件，再利用 Inline 节点将这些文件串起来，根据用户在客户端的操作进行调用。GeoVRML 文件的生成有两种方式：一是现有的工具，如 ArcInfo、3DMax 都有直接生成 GeoVRML 文件的能力；二是编制数据转换程序来生成 GeoVRML。

2) 动态生成

服务器端根据客户端的请求，动态生成 GeoVRML 文件，传给浏览器。

图 4.7 是基于 GeoVRML 的 Web GIS 系统的基本体系结构。

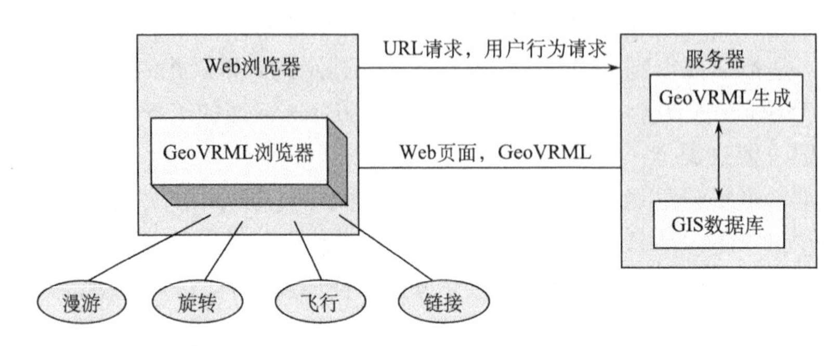

图 4.7　基于 GeoVRML 的 Web GIS 系统的基本体系结构

ArcInfo9.0 已增加了将三维地图文件转换成 GeoVRML 文档的功能，图 4.8 是把 ArcInfo 的广州市三维地形转换成 GeoVRML 文件在 IE 中浏览的结果。

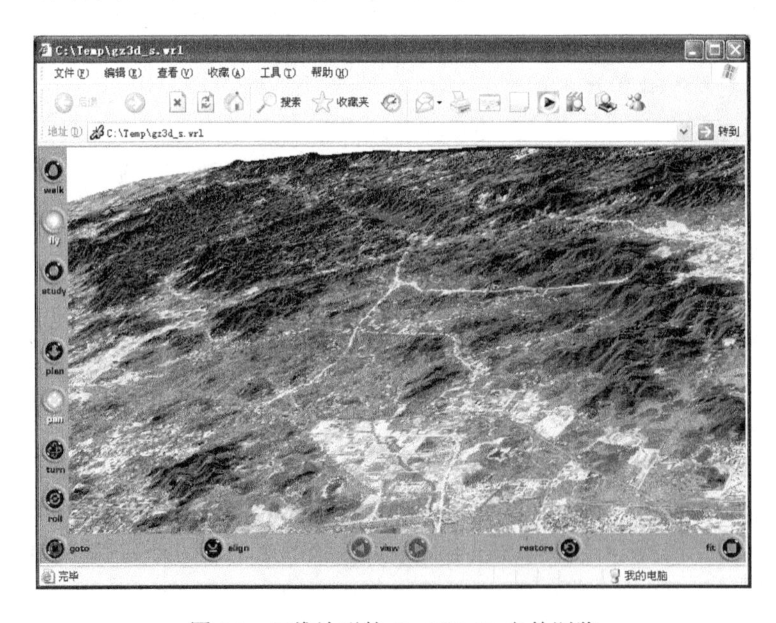

图 4.8　三维地形的 GeoVRML 文件浏览

4.3　WebGL 应用

Web 图形库(web graphics library，WebGL)是一种 3D 绘图标准，是于 2009 年由 Khronos 提出的一个跨平台、免费的、用于在 Web 浏览器创建三维图形的 API。这种绘图技术标准允许把 JavaScript 和 OpenGL ES 2.0 结合在一起，通过增加 OpenGL ES 2.0 的一个 JavaScript 绑定，WebGL 可以为 HTML5 Canvas 提供硬件 3D 加速渲染，这样 Web 开发人员就可以借助系统显卡在浏览器里更流畅地展示 3D 场景和模型，还能创建复杂的导航和数据视觉化。显然，WebGL 技术标准免去了开发网页专用渲染插件的麻烦，可被用于创建具有复杂 3D 结构的网站页面，甚至可以用来设计 3D 网页游戏等。

4.3.1　WebGL 概述

1. WebGL 的优势

WebGL 技术的提出完美地解决了现有 Web 交互式三维的问题，可用于创建具有复杂 3D 结构的网站页面，甚至可以用来设计 3D 网页游戏等。相比其他 Web3D 的实现方式，WebGL 的优势主要表现在以下几个方面。

(1) 不需要安装插件。WebGL 的工作原理是通过 JavaScript 来实现网络交互式三维动画的制作。因此，不需要安装插件或者预安装客户端即可支持 3D 图形展示及图形处理器(graphics processing unit, GPU) 硬件加速。

(2) WebGL 具有开放性。与私有的、不透明的 Flash、Silver light 相比，WebGL 具有开放性的特点。

(3) WebGL 利用底层的图形硬件加速功能进行图形渲染，帮助 Web 开发人员借助系统显卡在浏览器里更流畅地展示三维场景和模型，同时还能创建复杂的导航和数据视觉化。

2. WebGL 免插件的实现

现阶段主流的 Web 交互式动画是由浏览器插件调用 DirectX、OpenGL 等操作系统图形接口实现图形渲染，虽然这种方案实现了硬件加速，但是客户端必须下载插件。在网络环境不理想的情况下，一个插件的下载和安装至少需要几分钟的时间。此外，由于担心插件会对电脑带来危害，部分客户不愿下载相关插件，加上网络传输速度的限制造成的时间浪费，大大降低了用户的体验度，进而导致客户量减少。WebGL 免插件的实现为用户带来了福音。WebGL 直接以 OpenGL 接口实现 HTML5 的 canvas 标签调用，以统一的 OpenGL 标准，从 Web 脚本生成利用硬件加速功能的 Web 交互式三维的图形渲染，如图 4.9 所示。

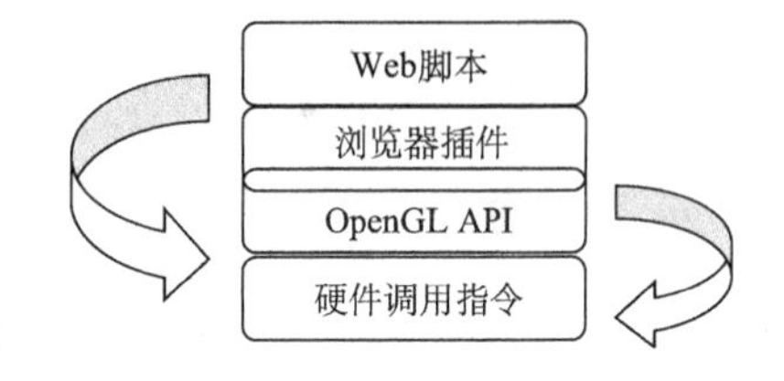

图 4.9　WebGL 结构

3. WebGL 框架

至今，基于 WebGL 的 API 已经开发出很多比较优秀的 WebGL 框架，主要包括 Three.js、GLGE、C3DL、O3D、PhiloGL 等。这些 WebGL 框架的使用流程大多是相同的，在使用时都需要对三维世界的基本元素进行定义，主要包括场景(scene)、摄像机(camera)、渲染器(render)、对象(object) 4 个基本成员。

2011 年 3 月，Khronos 在美国洛杉矶举办的游戏开发大会上发布 WebGL 标准规范 R 1.0，支持 WebGL 的浏览器不借助任何插件便可提供硬件图形加速从而提供高质量的三维体验。

4. 国内外应用现状

与传统的三维 GIS 类似，三维 Web GIS 的应用主要集中于三维可视化技术的 GIS 功能开发，在林业、水利、国土、交通、管线、院校、国防及城市规划等方面有很多的应用，如基于三维技术的森林防火的应用，淹没分析，三维管网、输电线路的可视化，日照分析，智慧校园，三维景区等。三维空间技术具有良好的发展前景，目前国内外已出现了许多优秀的三维 GIS 产品，如 ArcGIS Explorer、World Wind、Google Earth、Virtual Earth 3D 等。HTML5 与 WebGL 技术的出现引起了 3D Web GIS 领域的广泛关注。Google Map 率先启用了 MapsGL 支持，MapsGL 采用了 WebGL 技术，无需安装 Google Earth 插件就可以在浏览器中实现类 3D 的卫星地图界面，以增强谷歌地图的体验。基于 WebGL 的研究层出不穷，如瑞士应用科学与艺术大学测绘工程学院的 Open Web Globe 项目，比利时根特大学多媒体实验室的 Antelope Island 项目，德国海德堡大学地理学院 GIScience 研究小组使用 HTML5、WebGL 技术对不同类型的地理数据的可视化与分析等。

与传统三维 Web GIS 技术相比，HTML5 与 WebGL 能够避免客户端浏览器安装插件及安装插件所带来的兼容性问题，具有更广阔的适用范围。同时，HTML5 与 WebGL 技术具有极强的跨平台、标准化特性，标准的统一提高了开发人员软件开发的效率，对降低软件维护的难度起到积极的作用。此外，利用 WebGL 技术的基于 GPU 硬件加速的特性，可以使三维展示更加流畅，大大增强了用户体验。基于 HTML5 与 WebGL 两种新兴技术构建的三维 Web GIS，用户在使用时仅通过 Google Chrome、Firefox 等浏览器即可拥有良好的可交互的三维体验，有效地克服了传统三维 WebGIS 中存在的插件依赖性、私有性、跨平台性差等缺陷，为面向 HTML5 的新型客户端的三维 Web GIS 研究指明了新的方向。

4.3.2 WebGL 基本用法

1. 一个基本的 WebGL 程序

WebGL 程序是用 JavaScript 语言编写在 Web 网页中执行的。下面展示一个最基本的 WebGL 程序。

1) 创建 canvas 元素

```
<script src = "../lib/webgl-utils.js"> </scvript>          // 引入 WebGL 库
<script src = "../lib/webgl-debug.js"> </scvript>
<body onload="start () ">
<canvas id="glcanvas" width="640" height="480">
Your browser doesn't appear to support the HTML5 <code>&lt;canvas&gt;</code> element.
</canvas>
</body>
```

2) 获取 WebGL 上下文

目前，各浏览器基本都实现了对 WebGL 的支持，但 Internet Explorer11 及 Edge 浏览器稍微有些不同。以下是对初始化 WebGL 的基本封装。

```
function initWebGL (canvas) {
    // 创建全局变量
      window.gl = null;
            try {
    // 尝试获取标准上下文，如果失败，回退到试验性上下文
    gl = canvas.getContext ("webgl") || canvas.getContext ("experimental-webgl");
  }
```

```
    catch(e){
      throw '创建失败。';
     }
            // 如果没有 GL 上下文，马上放弃
    if(!gl){
      alert("WebGL 初始化失败，可能是因为您的浏览器不支持。");
      gl = null;
    }
    return gl;
  }
```

这里通过采用 canvas 的 getContext(contextType, contextAttributes)方法判断浏览器是否支持 WebGL，并创建其上下文。当返回值为 canvas 的上下文时，浏览器可支持 WebGL，为 null 时，则创建失败。

3)清空绘图区

下面将背景颜色设置为黑色，并清空缓存区。

```
  var gl; // WebGL 的全局变量
      function start(){
   var canvas = document.getElementById("glcanvas");
     // 初始化 WebGL 上下文
   gl = initWebGL(canvas);
         // 只有在 WebGL 可用的时候才继续


         if(gl){
          // 设置清除颜色为黑色，不透明
          gl.clearColor(0.0, 0.0, 0.0, 1.0);
          // 清除颜色和深度缓存
           gl.clear(gl.COLOR_BUFFER_BIT|gl.DEPTH_BUFFER_BIT);
    }
  }
```

这样可以在浏览器中看到一块黑色区域，WebGL 遵循的是传统 OpenGL 颜色分量的取值范围，从 0.0 到 1.0。RGB 的值越高，颜色越亮。注意，clear()方法在这里清除颜色和深度缓存，而不是绘制区域的 <canvas>，该方法继承自 OpenGL(基于多缓存模型)。还有其他模版缓存，但实际很少会被用到。

2. 绘制一个点的过程

在 WebGL 中，绘制一个点包括编写着色器程序、编译着色器、连接到可用程序、使用可用着色器程序、绘制点等过程。下面是绘制点的基本代码。

```
  // Vertex shader program
  var VSHADER_SOURCE =
    'void main(){\n' +
```

```
  '  gl_Position = vec4(0.0, 0.0, 0.0, 1.0);\n' + // Set the vertex coordinates of the point
  '  gl_PointSize = 10.0;\n' +                    // Set the point size
  '}\n';

// Fragment shader program
var FSHADER_SOURCE =
  'void main() {\n' +
  '  gl_FragColor = vec4(1.0, 0.0, 0.0, 1.0);\n' + // Set the point color
  '}\n';

function main() {
  // 获取 <canvas> element
  var canvas = document.getElementById('webgl');
  // Get the rendering context for WebGL
  var gl = getWebGLContext(canvas);
  if(!gl) {
    console.log('Failed to get the rendering context for WebGL');
        return;
  }
   // 初始化着色器
  if(!initShaders(gl, VSHADER_SOURCE, FSHADER_SOURCE)) {
     console.log('Failed to intialize shaders.');
     return;
  }
  //设置 canvas 背景
  gl.clearColor(0.0, 0.0, 0.0, 1.0);

  // 清空 canvas
  gl.clear(gl.COLOR_BUFFER_BIT);

  // 绘制一个点
  gl.drawArrays(gl.POINTS, 0, 1);
}
```

4.3.3　基于 WebGL 的三维场景构建

WebGL 框架中，Three.js 是相对应用比较广泛的，通过使用框架开发，能极大提高开发效率。本节讲述如何利用 Three.js 框架构建一个简单的三维虚拟城市，其原理是利用系统显卡完成图形绘制，使用的算法也完全由程序生成，这就是说在定义的三维场景中，整个城市是动态建立的，而不参考任何模板。因此在网页程序中，除了定义场景(scene)、摄像机(camera)、渲染器(render)这三大基本元素外，构建三维虚拟城市的核心有以下四个部分。

(1)创建基础建筑物的几何形状，编辑其几何属性，使其易于后面的平移、纹理光线的添加等操作。

(2)在城市的合适位置放置生成的建筑物。

(3)使用 vertexColor 函数模拟环境光和阴影，增加城市的真实性。

(4)合并所有的建筑物，添加纹理，将整个城市一次性绘制。

1. 创建基础建筑物的几何形状

因为整个城市由许许多多的建筑构成，所以首先需要定义一个基础建筑物的几何形状，再将该基础建筑物演变成大小不同、朝向不同的建筑群。因此先建立一个简单的 CubeGeometry 对象：

```
var geometry = new THREE.CubeGeometry;
```

通过 geometry 的几个函数，对基础建筑物的几何属性进行编辑，主要修改基础建筑物的参考点、地面、顶面 UV 映射，使得基础建筑物方便之后的平移操作、纹理光线的添加等操作。

geometry 的函数包括：applyMatrix()、faces.splice()、faceVertexUvs()等。

2. 放置各生成的建筑物

通过重复对基础建筑物的平移、旋转、拉伸等多次操作之后，构建出完整的城市形态。在决定建筑物的位置时，利用随机函数随机将建筑物放置在场景的任意位置。因为在前面已将基础建筑物的参考点放到地面，所以只需要改变参考点(x,y,z)的 x 和 z 坐标，垂直于屏幕的 y 坐标保持不变，再通过将建筑绕 y 轴旋转改变建筑朝向，同时利用 Scale 函数对建筑的大小尺寸进行编辑，就可得到整个城市的几何形状。但需要注意的是，因为建筑物的位置都是随机的，所以有可能会出现建筑之间发生碰撞的情况。使用的函数包括 position.x()、position.z()、rotation.y()、Math.random()、scale.x()、scale.y()、scale.()。

3. 模拟环境光和阴影

在建筑从生、高楼林立的大城市中，因为建筑的密集和高层建筑对周边建筑的遮光效应，所以建筑的底部通常会比顶端要暗一些。因此，为了增加虚拟城市的真实性，需要给建筑的不同部分定义不同的颜色，用以模拟建筑的阴影。在 Three.js 框架中，可以通过给一个顶点分配一种颜色的方法来改变建筑表面的最终颜色，利用这个特性，可以轻松地实现城市建筑底部阴影的模拟。

首先，定义向光面和背光面的基本色：

```
var light = new THREE.Color(0xffffff);
var shadow = new THREE.Color(0x303050);
```

其次，给每栋建筑用随机函数定义 baseColor，为不同建筑创造属于各自的随机颜色，再给每个面的每个顶点指定 vertexColor(顶点颜色)的属性值。如果这个面是顶面，那么就使用该建筑的 baseColor，使得整个顶面的颜色均匀、一致。如果是侧面，那么使用 baseColor 乘上 light 作为上方顶点的颜色，使用 baseColor 乘上 shadow 作为下方顶点的颜色，从而使得建筑物的下方比上方颜色深，达到模拟环境光遮蔽的效果。

4. 合并所有的建筑物，添加纹理 Texture

通过前三步已经创建出了城市的整体形态和环境光，但是整个虚拟的三维城市只有几何结构，还缺少了纹理。运行前面的代码能够看到大小不一的立方体，但还无法通过该立方体判断这是一座城市。因此，为了增加建筑的真实感，首先用 THREE.GeometryUtils.merge()函数把所有建筑物合并成一个大几何体，再一次性地给整个几何体添加纹理。这样做能够避免在创建建筑物的循环中添加纹理，从而提高程序运行的效率。

纹理的选择采用的是交替的窗户和楼层，这个效果可以通过定义两个 Canvas 画布来实现。

```
var canvas = document.createElement( 'canvas ');
    canvas.width = 32;
canvas.height= 64;
var context = canvas.getContext( '2d ');
  context.fillStyle= '#ffffff ';
  context.fillRect(0, 0, 32, 64);
```

5. 加载三维模型

在 Three.js 框架中，WebGL 通常使用框架内部函数的引用来实现模型在 Web 端的加载，如 OBJLoader.js、VTKLoader.js、Loader.js 等。除了增加了 OBJ 模型的加载函数外，还增加了鼠标控制效果，其核心代码如下。

鼠标控制代码：

```
function onDocumentMouseMove(event) {
        mouseX = (event.clientX - windowHalfX) / 3;
        mouseY = (event.clientY - windowHalfY) / 3;
}
function render() {
        camera.position.x += (mouseX - camera.position.x) * .002;
        camera.position.y += (- mouseY - camera.position.y) * .002;
        camera.lookAt(scene.position);
        renderer.render(scene, camera);
}
```

OBJ 模型加载代码：

```
    var manager = new THREE.LoadingManager();
        manager.onProgress = function(item, loaded, total) {
            console.log(item, loaded, total);
        };
        var texture = new THREE.Texture();
        var onProgress = function(xhr) {
            if(xhr.lengthComputable) {
                var percentComplete = xhr.loaded / xhr.total * 100;
                console.log(Math.round(percentComplete, 2) + '% downloaded');
```

```
        }
    };
    var onError = function(xhr) {
    };
    var loader = new THREE.ImageLoader(manager);
    loader.load('textures/UV_Grid_Sm.jpg', function(image) {
        texture.image = image;
        texture.needsUpdate = true;
    });
    var loader2 = new THREE.OBJLoader(manager);
    loader2.load('obj/untitled9.obj', function(object) {
        object.traverse(function(school) {
            if(school instanceof THREE.Mesh) {
                school.material.map = texture;
            }
        });
        object.position.y = 0;
        scene.add(object);
    }, onProgress, onError);
```

网页代码运行结果如图 4.10 所示。

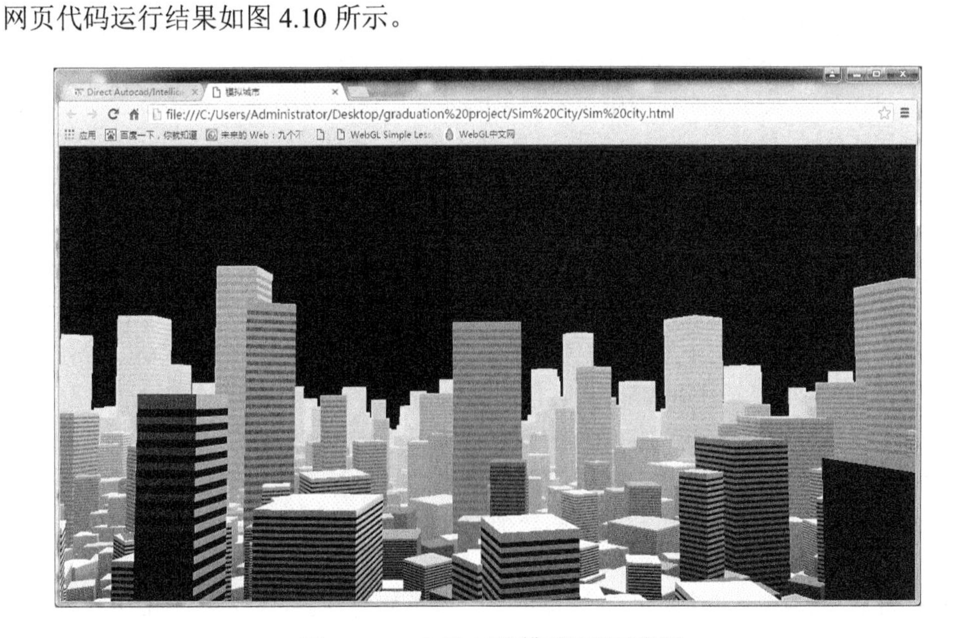

图 4.10　WebGL 三维模型运行示意图

4.4　基于 Web Service 的开放式 GIS

传统的 Web GIS 都是面向数据的，即以 Web 为平台，集成和发布异构的、多源的空间数据。大多数 Web GIS 的应用都是从一次性开发的角度实施的，不容易通过跨应用集成的方式来实现 GIS 的重用。这是由于各个 GIS 站点都有自己特有的基础架构，即使可以用公共对象请求代理体系结构(common object request broker architecture，CORBA)或者分布式组件对象模式(distributed component object model, DCOM)来实现分布式的系统，在部署、更改和维护上的代价也是很高的，如果系统在开发前未留有相互调用的接口，更是要改变系统的概要设计。传统的 Web GIS 缺乏统一的开放式架构，不能方便、迅速、动态地互相发现。可以说，Web Service 的出现，将从根本上改变目前 Web GIS 的架构。

4.4.1　Web Service 概述

1. 什么是 Web Service

Web Service 是指使用标准技术实现的，公布并运行在互联网上的一些业务流程。应用 Web Service 的公司可以轻松地通过标准网络协议使用 XML 格式把应用程序连接到任何客户端(包括桌面应用程序、Web 浏览器、移动设备和 PDA)，与此相似的是，Web Service 还可以轻松地把来自完全不同硬件平台(如大型机、应用服务器和 Web 服务器)的应用程序互相连接起来。另外，Web Service 还支持在异构操作系统中实现互联。Web Service 还使开发人员创建的电子商务平台应用程序能够与世界上任何地方的任何客户、供应商和业务伙伴进行连接，并且这种连接与开发平台或编程语言无关。

Web Service 中的服务是通过网络进行分布式计算的基本构造单元，一个服务接受使用简单对象访问协议(simple object access protocol，SOAP)的调用，并由网络服务描述语言(web service description language, WSDL)描述调用所需的具体信息。服务本身则通过 UDDI (universal description discovery and integration)进行注册和发现。

SOAP 是在分散或分布的环境中交换信息的简单协议，用来定义数据描述和远程访问的标准，它使用 SOAP 封套(envelop)描述消息的发送者、接收者、处理方式和内容等。SOAP 使用 XML 作为标准的数据传送格式，因此 SOAP 可以跨越异构系统进行互联。与 CORBA、DCOM 等协议相比，SOAP 具有简单、通用、轻量级的特点，而且通过 SOAP 可封装以前的各种远程调用协议。它允许在一个分散、分布式的环境中交换信息，每一个通过网络的远程调用都可以通过 SOAP 封装起来。SOAP 使用 HTTP 传送 XML 消息，尽管 HTTP 不是最有效率的通信协议，而且在传送 XML 消息时还需要额外的文件解析，但是 XML 和 HTTP 都是开放标准规范，HTTP 是一个在 Web 上被最广泛应用又能避免许多关于防火墙问题的传送协议，从而使 SOAP 得到了广泛的接受和应用。WSDL 是一种以 XML 的方式对 Web Service 的调用和通信加以描述的语言。它将 Web 服务描述为一组对消息进行操作的网络端点。每个 WSDL 服务描述包含对一组操作和消息的一个抽象定义，以及绑定到这些操作和消息的一个具体协议，还有这个绑定的网络端点的规范。

UDDI 为 Web Service 在技术层次上提供了三个重要的支持：标准化、透明的、专门描述 Web 服务的机制，调用 Web 服务的简单机制，可访问的 Web 服务注册中心。相当于 Web Service 的一个公共注册表，通俗点说它就是电子商务应用与服务的“网络黄页”，它旨在以一种结构化的方式来保存有关各公司及其服务的信息。通过 UDDI，人们可以发布和发现有关某个公司及其 Web 服务的信息，然后就可以根据这些发布在 UDDI 的信息，通过统一的调用方法来享受这些服务。

2. 技术特性

作为下一代 WWW 核心，Web Service 具有如下特征。

(1) 互操作性。任何的 Web Service 都可以与其他 Web Service 进行交互。由于有了 SOAP 这个主要供应商都支持的协议，可以避免在 CORBA、DCOM 和其他协议之间转换的麻烦，可以使用任何语言来编写 Web Service。

(2) 普遍性。Web Service 使用 HTTP 和 XML 进行通信。因此，任何支持这些技术的设备都可以拥有和访问 Web Service。

(3) 易于使用。Web Service 背后的概念易于理解，并且有来自于 IBM 和 Microsoft 供应商的免费工具能够让开发者快速创建和部署 Web Service。此外，其中的某些工具箱还可以让已拥有的 COM 组件和 JavaBean 方便成为 Web Service。

(4) 完好的封装性。Web Service 既然是一种部署在 Web 上的对象，自然具备对象的良好封装性，使用者能且仅能看到该对象提供的功能列表。

(5) 松散耦合。这一特征也是源于对象 / 组件技术，当一个 Web Service 的实现发生变更时，调用者不会感到这一点，对于调用者而言，只要 Web Service 的调用接口不变，Web Service 实现任何变更对他们来说都是透明的，甚至当 Web Service 的实现平台从 J2EE 迁移到.NET，用户都一无所知。对于松散耦合而言，尤其是在 Internet 环境下的 Web Service 而言，需要一种适合 Internet 环境的消息交换协议。而 XML / SOAP 正是目前最为适合的消息交换格式。

(6) 使用标准协议规范。作为 Web Service，其所有公共的协约完全需要使用开放的标准协议进行描述、传输和交换。这些标准协议具有完全免费的规范，以便由任意方进行实现。一般而言，绝大多数规范最终由 W3C 作为最终版本的发布方和维护方。

(7) 高度可集成能力。由于 Web Service 采用简单的、易理解的标准 Web 协议作为组件接口描述和协同描述规范，完全屏蔽了不同软件平台的差异，无论是 CORBA、DCOM 还是 EJB 都可以通过这一标准的协议进行互操作，实现了当前环境下最高的可集成性。

3. 体系结构

图 4.11 是 Web Service 的基本结构。

Web Service目录
Web Service发现
Web Service说明
Web Service对象传送

图 4.11　Web Service 的基本结构

1) Web Service 目录

Web Service 目录提供 Web Service 在 Internet 上的位置，统一说明、发现和集成。UDDI 企业注册中心是 UDDI 方案的核心，使用它，企业应用可以动态地定位其他企业提供的 Web 服务信息。

2) Web Service 发现

Web Service 发现是定位一个或多个说明特定 Web Service 服务的过程。这些文档通常使用 Web Service 说明语言 WSDL 来表示。Web Service 的客户通过服务发现过程来知道某个 Web Service 是否存在，以及从哪里获取这个服务。

3) Web Service 说明

Web Service 的基本结构是建立在基于 XML 的消息进行通信的基础上的，而这些消息必须遵循 Web Service 说明的约定。服务说明是一个使用 WSDL 表示的 XML 文档，其中定义了 Web Service 可以理解的消息格式。

4) Web Service 对象传送

Web Service 可以采用多种开放协议作为其服务对象的传输协议，如 CORBA、DCOM 等。SOAP 是 Web Service 上应用最广泛的对象传输协议，它是一种基于 XML 的简单协议，以 HTTP 为承载，消除了不同操作系统、网络环境的差别，为 Web Service 在一个松散的、分布的环境中使用 XML 对等地交换结构化和类型化的信息提供了一个简单而轻量级的机制。

图 4.12 是 Web Service 的实现模型。

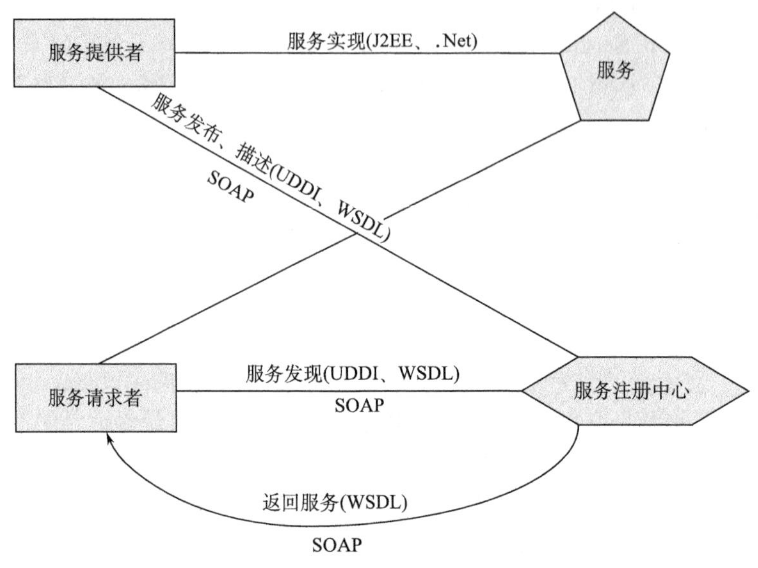

图 4.12 Web Service 的实现模型

实现一个完整的 Web Service 包括以下步骤。

(1) Web Service 提供者设计实现 Web Service，将调试正确后的 Web Service 通过 Web Service 中介者发布，并在 UDDI 注册中心注册。

(2) Web Service 请求者向 Web Service 中介者请求特定的服务，中介者根据请求查询 UDDI 注册中心，为请求者寻找满足请求的服务。

(3) Web Service 中介者向 Web Service 请求者返回满足条件的 Web Service 描述信息，该描述信息用 WSDL 写成，各种支持 Web Service 的机器都能阅读。

(4) Web Service 中介者返回的描述信息生成相应的 SOAP 消息，发送给 Web Service 提供者，以实现 Web Service 的调用。

(5) Web Service 提供者按 SOAP 消息执行相应的 Web Service，并将服务结果返回给 Web Service 请求者。

4.4.2 基于 Web Service 的开放式 GIS

1. 开放式 GIS 特点

开放式 GIS 就是在网络环境中对不同种类地理数据和地理处理方法的透明访问。开放式 GIS 的目的是提供一套具有开放界面规范的通用组件，开发者根据这些规范开发出交互式组件，这些组件可以实现不同种类地理数据和地理处理方法间的透明访问。开放式 GIS

具有以下特点。

(1) 可互操作。开放式 GIS 提供地理数据和地理操作的标准接口，这些接口支持孤立系统和网络，以完成应用程序之间的地理数据访问、交换。

(2) 支持信息团体。具有不同应用背景的用户可以方便地交换地理数据而不会造成语义的误解和损失。

(3) 普适性。通过开放式 GIS 定义的标准接口和协议，所有的应用程序，无论是属于哪个专业领域，都可以方便地处理地理数据。

(4) 可移植性。开放式 GIS 独立于具体的软件环境、硬件平台和网络，开放式 GIS 软件应具有“即插即用”的特点，这些软件可以为各种计算环境重新配置，而不必考虑数据量的大小。

(5) 可扩展。开放式 GIS 可以随着新的地理数据类型和处理方法的发展而发展，它具有容纳新的地理数据处理技术和新的分布计算平台技术的能力。

(6) 可靠性。分布式地理处理要求高水平的管理功能和集成性，开放式 GIS 规范提供一个技术框架支持开放式 GIS 特定方案，是为开放式 GIS 软件的购买者提供交互性的可靠保证。

(7) 兼容性。开放式 GIS 为用户提供了无缝集成技术，保护了用户在传统数据和软件上的投资。现有地理信息处理软件和地理数据及相关的信息技术与开放式 GIS 软件对用户来讲在某种形式上是透明的，对传统的地理信息技术是兼容的。

2. 利用 Web Service 构建开放式 GIS

Web Service 这一划时代的网络计算技术将成为新的开放式 Web GIS 的基础，原因如下。

(1) Web Service 具有十分广阔的应用前景。Web Service 代表了一个具有革命性的、基于标准的框架结构，它可以使用各种在线的地理空间数据处理系统和目前广为流行的技术。Web Service 提供了与厂商无关的、可互操作的框架结构来对分布式异构的地理空间数据进行基于 Web 的数据发现、处理、集成、分析、决策支持和可视化表现。

(2) Web Service 是一个为地理空间数据处理应用建立网络连接的框架结构，或者说是将框架数据处理功能与其他信息应用系统如 MIS 和企业资源计划(enterprise resource planning, ERP)系统集成的平台。这个平台可以想象成为一个自由市场，市场中的人可以是卖主，也可以是消费者。因此，Web Service 的提供者既可以提供具有地理空间数据处理功能的服务器，也可以是各种服务器使用者。从这种意义上讲，Web Service 提供了一种开放、可互操作、动态链接的空间信息服务网络体系平台。

(3) Web Service 将使未来的地理空间数据处理系统和基于位置的服务通过 Web 有机地联系在一起。它是一个自我包含、自我描述、模块化的应用，可以用于数据的分布、访问，以及通过 Web 来进行调用。一个 Web Service 可以认为是一个“黑箱”，它屏蔽了操作的具体细节，通过提供一系列访问接口来提供地理空间数据服务。它可以以元数据的形式来描述所执行的操作，因此，可以通过 Web 搜索来获取这些服务的相关信息。

图 4.13 是一个基于 Web Service 的 Open GIS 框架。

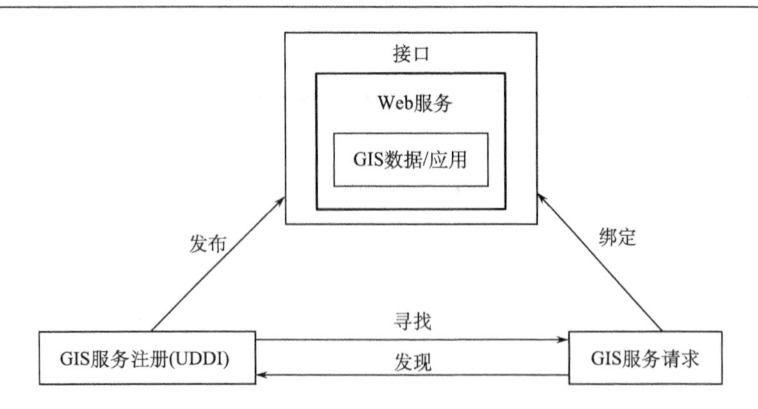

图 4.13　基于 Web Service 的 Open GIS 框架

基于 Web Service 的开放式 GIS 一般提供下面五个基本服务。

(1) 地理数据 (data service) 服务。提供空间数据的服务，主要有网络要素服务 (web feature service，WFS)、网络覆盖服务 (web coverage service，WCS)。地理数据服务返回的结果常是带有空间参照系的数据。

(2) 地图表现 (portrayal service) 服务。提供对空间数据的表现，主要有网络地图服务 (web map service，WMS)，其中地图可以由多个图层组合起来，可以用图层模式描述器 (styled layer descriptor，SLD) 对地图进行描述。地图服务的返回结果通常是矢量图形或栅格图形。

(3) 过程处理 (processing service) 服务。提供地理数据的查找、索引等服务，主要有地学编码服务 (geocoder service)、地名索引服务 (gazetteer service)、坐标转换服务 (coordinate transfer service) 等。

(4) 发布注册 (registry) 服务。提供对各种服务的注册服务，以便于服务的发现，包括数据类型、数据实例、服务类型、服务实例的注册服务。注册服务提供了各个注册项的登记、更新及查找服务。

(5) 客户端应用 (client application)，即客户端的基本应用，如地图的显示、地图浏览及其他增值服务。

4.4.3　OGC 的几个开放式 GIS 服务标准

作为最有影响的 GIS 标准组织，OGC 提出了许多开放式 GIS 服务标准，主要有下面几个方面。

1. 网络地图服务

网络地图服务 (WMS) 是将具有地理空间信息的数据制作成地图提供给用户。地图通常以图像的格式进行表达，如 PNG、GIF 或 JPG，也可以是基于矢量图形的，如 SVG。WMS 定义了以下三种操作。

1) GetCapabilities

该操作返回服务级元素，这些元素是对服务信息内容和可接受参数的描述，也就是对服务能力的 XML 描述，它包括服务的名称、简要描述、服务建立者、支持的图片格式和数据层信息等。例如：http://<hostname/geoserver/ows?service=WMS & request=GetCapabilities。

2) GetMap

该操作根据客户端发出的请求参数在服务器端进行检索，服务器返回一个地图图像，其地理空间参数和大小是已经明确定义的，返回的地图图像可以是 GIF、JPEG、PNG 或 SVG 格式的。下面是一个典型的使用 ESRI WMS 服务 GetMap 请求的例子：

http://<hostname>/wmsconnector/com.esri.wms.Esrimap?BBOX=-93.57123456,6.78120451,-93.89012367, 6.84567812 & WIDTH=400 & HEIGHT=300 & SRS=EPSG:4326 & Layers=7,6,5,4,3,2,1,0,& version=1.1.1&service=WMS& FORMAT=JPG & TRANSPARENT = TRUE & request=getmap & ServiceName= <serviceName>

其中，BBOX 参数是地图的显示范围，WIDTH 和 HEIGHT 是地图图片的尺寸，SRS 是投影坐标系，Layers 设置图层的显示顺序。

3) GetFeatureInfo

该操作返回显示在地图上的某些特定要素的信息。如果一个 WMS 服务选择了 GetFeatureInfo 操作，它在地图获取时就是可查询的，客户端能请求地图上某些要素的信息。在调用 GetMap 时，WMS 的浏览器需要指定显示在地图上的信息，包括地理元素层、将要用到的投影坐标和地理坐标参考系、预期输出的格式、地图的边界参数及地图背景透明度和颜色等。当调用 GetFeatureInfo 时则需要指明被查询的图幅名称及在图上的位置等。

当多个 WMS 节点的地图服务都采用同样的范围框、空间坐标参考系及输出大小的时候，地图浏览从两个或两个以上的地图服务器上获取的地图结果就可以精确地叠置在一起，从而制作成复合地图。采用支持透明背景的图像格式或 SVG，还能同时查看多个图层的信息。

2. 网络要素服务

网络要素服务(WFS)为浏览器提供经过地理标记语言 GML 格式封装的地理空间数据，支持对地理要素数据的插入、更新、删除、查询和发现等操作。实现网络要素服务的必要条件是要素必须在交互过程中使用 GML 进行表达。网络要素服务分为两种类型：只读 WFS 和事务(transaction) WFS。只读 WFS 定义了三个操作接口：GetCapabilities、DescribeFeatureType 和 GetFeature。事务 WFS 则需要实现所有的地理要素事务(transaction)接口，如果在要素事务处理过程中需要对要素进行锁定，则还需要实现 LockFeature 接口。

1) GetCapabilities

与 WMS 的 GetCapabilities 的方法类似，返回 WFS 服务能力的 XML 描述，例如：

http://localhost:8080/geoserver/ows? service=WFS & request=GetCapabilities

返回的内容非常多，下面是其中的一个片断：

```
<FeatureType>
  <Name> parcels </Name>
  <Title> Feature polygon class parcels(id=2) </Title>
  <SRS> ESPG:4326 </SRS>
  <LatLongBoundingBox minx = "35798712.678943 miny=64671288.456796 maxx=36873467.451289, maxy=70126744,326591" />
<FeatureType>
```

从返回的结果可知，在该 WFS 服务中，有一个 id 为 2 的多边形要素，要素名是 parcels，使用的投影为 EPSG: 4326，其范围由 LatLongBoundingBox 描述。

2) DescribeFeatureType

返回 WFS 服务提供数据的具体结构的 GML 描述，例如：

http://<hostname>/geoserver/ows/<>WFS_Name>?service=WFS&request=DescribeFeatureType&outputformat=xmlschema

返回的部分结果如下：

```
<xsd:complexType name="parcels_Type">
<xsd:complexContent>
<xsd:extension base="gml:AbstractFeatureType" >
<xsd:sequence>
<xsd:element ref="gml:multiPolygonProperty" />
<xsd:element name="parcel_id" type="xsd:string" minOccurs="0" maxOccurs="1" />
<xsd:element name="parcel_id" type="xsd:string" minOccurs="0" maxOccurs="1" />
<xsd:element name="land_use" type="xsd:string" minOccurs="0" maxOccurs="1" />
<xsd:element name="shape_leng" type="xsd:double" minOccurs="0" maxOccurs="1" />
<xsd:element name="shape_area" type="xsd:double" minOccurs="0" maxOccurs="1" />
</xsd:sequence>
</xsd:extension>
</xsd:complexContent>
</xsd:complexType>
<xsd:element name="parcel_id" type="esri:parcels_Type" substitutionGroup = "gml_Feature"/>
```

3) GetFeature

向 WFS 服务发送请求，并返回 GML 描述的要素信息。

网络要素服务处理请求过程为：浏览器请求 WFS 的描述性文档，这个文档包含了 WFS 所支持的所有操作的描述及可提供服务的要素类型列表。

(1) 浏览器调用 GetCapabilities 服务接口，获取一个或多个 WFS 服务的要素类型。

(2) 浏览器对获取的结果进行解析处理，根据 WFS 返回的结果，以要素类型为基础生成所需要要素的请求参数。

(3) 浏览器调用 GetFeature 接口，将请求参数发送给 WFS。

(4) WFS 根据请求要素列表参数，读取地理要素，将结果返回给浏览器。

当 WFS 完成一个请求时，会生成一个状态报告(WFS 日志文档)，并将其传回给浏览器。如果有错误发生，也将在状态报告中有所反映。

3. 网络覆盖服务

网络覆盖服务(WCS) 支持网络化的地理空间数据的相互交换。此时地理空间数据作为包含地理位置或特征的“覆盖”。与网络地图服务不同，网络覆盖服务提供给用户端原始的、未经可视化处理的地理空间信息。WCS 定义了以下三种操作。

1) GetCapabilities

该操作返回客户能够获取覆盖区域内的数据集的 XML 描述文档。

2) GetCoverage

该操作是在 GetCapabilities 确定数据服务的范围之后获取服务端的数据集，它返回地理空间对象的位置信息、空间对象属性列表信息等。

3) DescribeCoveragType

该操作用于获取 WCS 返回的地理覆盖数据的结构化描述信息。

网络覆盖服务传输的数据是对地理空间的描述值或特征值的提取，因此比较适合于空间场模型的数据，如 DEM 数据、林业覆盖图和农业覆盖图等。

总之，Web Service 使得 Web GIS 由封闭走向开放，将有利于促进 NSDI、全球空间数据基础设施(global spatial data infrastructure，GSDI)及数字地球(the digital earth，DE)的建设。当然，Web Service 还存在一些问题，如服务的授权和收费问题、服务的安全问题、服务的测试和调试问题等。

4.5　面向地图服务的 OpenAPI

4.5.1　OpenAPI 的基本概念

API 的全称是应用编程接口(application programming interface)，是早期计算机操作系统的概念。在互联网时代，把网站的服务封装成一系列计算机易识别的数据接口开放出去，供第三方开发者使用，所开放的 API 就被称为 OpenAPI。在开放 API 的环境下，就可以对已有的一些碎片化的数据进行重组，使其变得更有关联。这时候出现了 mashup。mashup 又称为 Web 应用混搭技术，指的是利用其他网站的 OpenAPI 提供的内容进行重新搭配，从而制作出独特的、具有新价值的 Web 应用的一种技术。

OpenAPI 按照提供的服务内容进行分类，大概可以划分成以下几类。

1. 搜索类

搜索类的 API 主要由搜索引擎提供商提供，可用来为网站添加搜索功能，或者利用其搜索结果进行组装。典型的例子如 Google Search API、Yahoo Search API 等。

2. 文字资讯类

RSS 接口可以成为几乎所有文字资讯类服务(如资讯类网站、博客、论坛)的标准 API。也因此，Google reader、抓虾、鲜果等阅读器才能够使我们的阅读生活更轻松。另外，还有许多专有的 API 提供专有的文字资讯类服务，如 Twitter 的 API、Craigslist 的 API、豆瓣(http://www. douban.com/)的 API 等。

3. 多媒体类(图片、视频等)

flickr(http://www.flickr.com/)是 Yahoo 旗下的著名图片分享网站，flickr 开放了 API 接口，所以才有第三方用户为它开发各种操作系统下的五花八门的工具。Google 旗下的视频网站 YouTube 也同样开放了它的 API。

4. 地理信息类

地图 API 应该算得上是最广泛的 OpenAPI 之一了，因为它为一维的文字信息提供了一个二维的载体，此外，互联网上的信息 70%～80%与地理位置有关也是重要的原因。所以 Google、Yahoo 纷纷开放了自己的地图 API。Google 更是收集到了地球的卫星图片，做了三维的地理信息服务及开放接口，那就是著名的谷歌地球 Google Earth 及其 API。

5. 用户及关系类

在社交网站风靡的今天，用户关系信息也成为一大类重要的数据。这方面的代表就是 facebook，它通过开放 API 使得大量的第三方开发者可以在其社会化网络平台上开发出成千上万的应用，从而丰富了其平台自身的功用和乐趣。

6. 电子商务类

电子商务类网站提供的服务主要是围绕企业信息、商品信息展开的，此类网站开放 API 的主要目的是吸引第三方开发者开发各种附加功能，提高访问量、成交量或者用户黏性，从而提高网站自身的营利水平，同时，将提高的部分营利与第三方开发者利益分摊，吸引开发者持续开发和运营。典型的代表如 Amazon，国内的 C2C 网站淘宝(http://www.taobao.com/)也已经开放 API。

7. 注册类

几乎所有的网站在开放接口的时候都会同时提供一套供用户认证身份的专有 API。但是 OpenID(http://openid.net/)这个项目却是在致力于提供一个标准的、通用的注册 API，如果所有网站都遵守了 OpenID 规范，那么我们就不用为每个网站记住一套用户名和密码了。

4.5.2 Google Map 开放地图 API

Google Maps API 是目前应用最为成功和广泛的 OpenAPI，开放地图 API，在交通、旅游、市场运销、广告等很多行业得到广泛的应用。通过 Google Maps API，Goolgle Map 所提供的地图数据和功能服务能无缝地集成到自己的应用(网站)中，如图 4.14 所示。

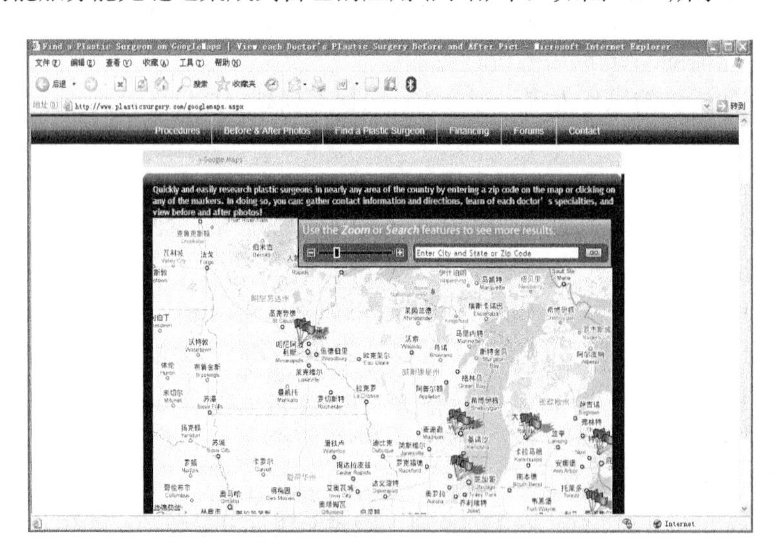

图 4.14　Google Map 应用示意图

Google Maps API 是通过 JavaScript 将 Google 地图嵌入到网页的，首先使用 script 标签包含 Google Maps API JavaScript。代码如下：

```
<script src=http://ditu.google.cn/maps?file=api&v=2 key=abcdefg
 type="text/javascript">    </script>
```

http://ditu.google.cn/maps?file=api&v=2 key=abcdefg 网址指向包含使用 Google Maps API

所需的所有的符号和定义 JavaScript 文件的位置。页面必须包含指向此网址的脚本标签，使用注册 API 时收到的密钥，上例的 key 只有 7 位，实际上的 key 需要在 Google 网站上申请，注册地址为 http://www.google.com/apis/maps/signup.html。

然后创建一个 DIV 元素来包含地图，可以使用如下代码：

```
<div id="map" style="width; 500px; height:500px;"> </div>
```

要让地图在网页上显示，必须为其留出一个位置，通过创建名为 DIV 的元素并在浏览器的文档对象模型(DOM)中获取此元素的引用执行此操作。在上述代码中，定义了名为“map”的 DIV，并使用样式属性设置其尺寸。地图会自动使用容器尺寸对自身尺寸进行调整。接着是编写 JavaScript 函数创建地图对象，代码如下：

```
<script type="text/javascript">
var map;
funcation initialize () {
if(GBrowserIsCompatiable () ) {
map = new GMap2 (document.getElementById ("map") );
}
}
</script>
```

GMap2 是表示 Google 地图的 JavaScript 类。此类对象可在页面上定义单个地图(可以创建此类的多个实例，每个对象将在页面上定义一个不同的地图)，使用 JavaScript 操作符创建此类的一个新实例。当创建新的地图实例时，在页面中指定一个 DOM 节点(通常是 DIV)作为地图容器。HTML 节点是 JavaScript document 对象的子对象，可以通过 document.getElementById 方法获得该元素的引用。上述代码定义了一个变量 map，将 GMap2 对象的实例赋值给该变量。

下一步是初始化地图，可设置中心点，加入地图形态切换、地图缩放、移动的控件等。代码如下：

```
map.setCenter(new GLatLng(39.9493, 116.2975), 13);
map.addControl(new GLargeMapControl());
map.addControl(new GMapTypeControl());
```

通过 GMap2 构造函数创建地图后，需要将其初始化，一般通过 GMap2 的 setCenter 方法完成。setCenter 方法要求有 GLatLng 坐标和缩放级别，而且必须先发送此方法，然后才能在地图上执行其他任何操作，包括设置地图本身的其他属性。上述代码还在地图上增加了地图缩放移动控件与地图形态切换控件。Google 地图 API 内建了几个控件：GSmallZoomControl 只有缩放级别的调整，而没有地图移动控制；GMapTypeControl 是显示地图类型切换的控件；GScaleControl 是地图比例尺控件；GHierarchicalMapTypeControl 用于放置多个地图类型选择器时的一组精选的嵌套按钮和菜单项；而 GOverviewMapControl 是位于屏幕一角的可折叠概览地图。最后一步是加载地图，代码如下：

```
<body onload="initialize () " onunload="GUnload () " >
```

当 HTML 页面显示时，文档对象会扩展，接收其他外部图像和脚本并将其合并到 document 对象中。为确保地图仅放置在完全加载后的页面上，只能在 HTML 页面<body>元素收到 onload 事件后才执行构造 GMap2 对象的函数，这样可以避免出现不可预期的行为，并可以对地图绘制的方式和时间进行更多控制。onload 属性是事件处理程序的实例。Google Map API 还提供了大量其他事件用来“监听”状态变化。GUnload 函数是用来防止内存泄露的实用工具函数。整体代码如下：

```
<head>
  <title>Google Map API 示例 </title>
<script src=http://ditu.google.cn/maps?file=api&v=2 key=abcdefg
   type="text/javascript">    </script>
<script type="text/javascript">
var map;
funcation initialize(){
if(GBrowserIsCompatiable()){
map = new GMap2(document.getElementById("map"));
}
}
</script>
</head>
<body onload="initialize()" onunload="GUnload()" >
  <div id="map" style="width; 500px; height:500px;"> </div>
</body>
```

上述代码运行结果如图 4.15 所示。

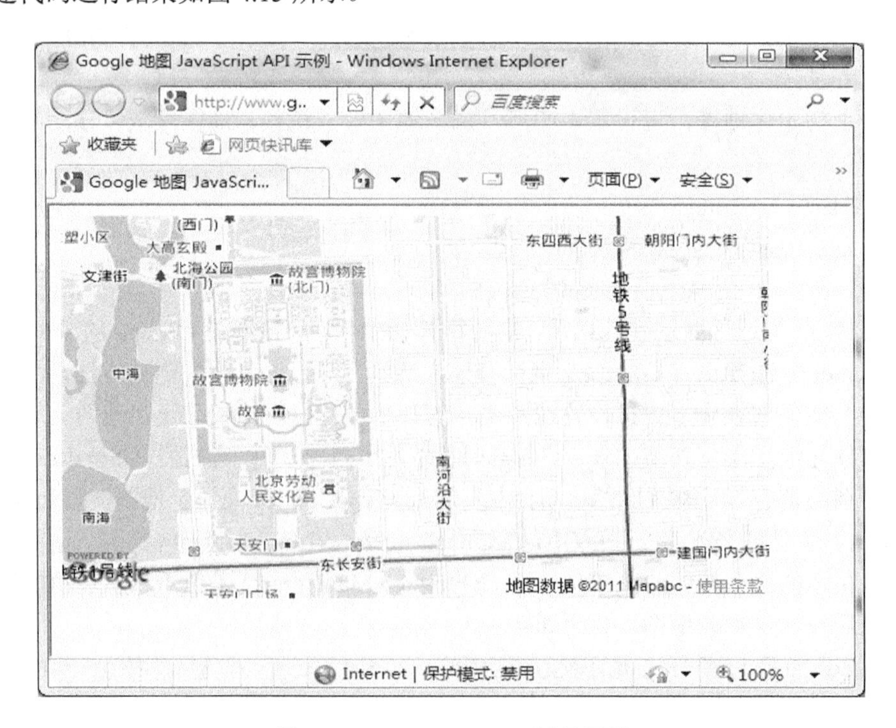

图 4.15　Google Map API 运行示例

Google Maps API 提供一些丰富的基于 JavaScript 封装的对象，帮助用户进行方便的二次开发，主要包括以下对象：①基本地图对象(GControl)；②地标对象(GMarker)；③信息窗口对象(GInfoWindow)；④多标签信息窗口对象(GInfoWindowTab)；⑤画折线和多边形对象(GPolyline 和 GPolygon)；⑥事件处理对象(GEvent)。

通过编写程序，用户能够把自己的数据集成到 Google Maps 中，并定制自己需要的功能，满足应用需求。具体 Google Maps API 的二次开发，可参考网站 http://www.codechina.org/doc/google/gmapapi/。

4.5.3　Baidu Map 开放地图 API

Baidu Map API 的应用越来越广泛，Baidu Map API 的使用与 Google Maps API 基本类似。

百度地图宣称所有 API 均免费对外开放。百度地图 Web 服务 API 包括 Place API、Geocoding API、Direction API，能够快速响应用户的请求，返回 XML 和 JSON 数据。就百度地图 API 目前政策，若用户使用该套 API，需要先申请 key。其中，Place API 使用受限，其他均无限免费使用。

百度移动版地图软件开发工具包(software development kit，SDK)为移动设备地图应用开发提供基本地图、本地搜索、路线规划、定位等服务。若用户使用该套 SDK，也需要先申请 key。

百度地图定位 SDK，与百度移动版地图 SDK 相比，是以更小的体积提供给开发者，帮助开发者完成位置信息获取与应用开发的工具。百度地图定位 DSK 不需要申请 key 就可使用。

百度地图车联网 API，是百度地图于 2012 年 6 月推出的，为车联网行业定制的一套 API，提供地图显示、地址解析、位置描述、本地搜索、周边搜索、驾车路径规划、信息发送、天气、交通事件等多种服务。

百度地图 LBS 云，是百度地图 2012 年 8 月底推出的，在百度世界大会 2012 为开发者提供的“七大武器”之一，即百度地图针对 LBS 开发者全新推出的服务。它借助百度云服务与云计算，通过地图 API，实现用户的海量位置数据云存储，同时，也可实现快速云检索。LBS 云将位置数据存储、空间检索、地图展现等任务一站式托管在百度云端，为开发者降低开发成本，有利于开发者提高开发效率。

百度地图 URI API，用户可在自己的应用或者网页中，直接调用网页版百度地图或者手机端(百度地图客户端或网页版)实现地图位置展示、公交换乘、周边信息展示等功能，还能通过一个 URL 串快速分享给他人。URI API 支持 PC 端、移动版(Android、iOS)。

下面这段代码实现百度地图显示，并将系列城市点标注到地图上。

```
<!DOCTYPE html>
<html>
<head>
 <meta http-equiv="Content-Type" content="text/html; charset=utf-8" />
 <meta name="viewport" content="initial-scale=1.0, user-scalable=no" />
 <style type="text/css">
 body, html,#allmap {width: 100%;height: 100%;overflow: hidden;margin:0;font-family:"微软雅黑";}
 </style>
```

```
<!--调用百度 api -->
<script type="text/javascript" src="http://api.map.baidu.com/api?v=2.0&ak=你的密钥"></script>
<title>地图展示</title>
</head>
<body>
<div id="allmap"></div>
</body>
</html>
<script type="text/javascript">
// 百度地图 API 功能
var map = new BMap.Map("allmap"); // 创建 Map 实例
map.centerAndZoom("西安", 5);  // 初始化地图，用城市名设置地图中心点
map.addControl(new BMap.MapTypeControl()); //添加地图类型控件
map.setCurrentCity("深圳");   // 设置地图显示的城市 此项是必须设置的
map.enableScrollWheelZoom(true);  //开启鼠标滚轮缩放
var point = new BMap.Point(116.404, 39.915);
var marker = new BMap.Marker(point); // 创建点
map.addOverlay(marker); //添加点
map.removeOverlay(marker); //删除点
// 创建地址解析器实例
var myGeo = new BMap.Geocoder();
//批量解析
var adds = ["长沙", "深圳", "香港", "郑州", "惠州", "南昌", "赣州", "中山", "阳江", "上海", "无锡", "南
京"];
for(var i = 0; i < adds.length; i++) {
 myGeo.getPoint(adds[i], function(point) {
  if(point) {
   var address = new BMap.Point(point.lng, point.lat);
   var marker = new BMap.Marker(address);
   map.addOverlay(marker);
   var opts = {
    width: 120,  // 信息窗口宽度
    height: 70,  // 信息窗口高度
    title: "项目信息" // 信息窗口标题
   }
   var infoWindow = new BMap.InfoWindow("<a href='#' target='blank'>查看详情</a>", opts); // 创建信
息窗口对象
   marker.addEventListener("click", function() {
    map.openInfoWindow(infoWindow,address); //开启信息窗口
```

```
            });
          }
        }, "深圳市");
      }
      getBoundary("中国");
      function getBoundary(sRegion) {
        var bdary = new BMap.Boundary();
        bdary.get(sRegion, function(rs) { //获取行政区域
          var count = rs.boundaries.length; //行政区域的点有多少个
          for(var i = 0; i < count; i++) {
            var ply = new BMap.Polygon(rs.boundaries[i], { strokeWeight: 2, strokeColor: "#4A7300", fillColor:
"#FFF8DC" }); //建立多边形覆盖物
            map.addOverlay(ply); //添加覆盖物
          }
        });
      }
    </script>
```

运行这段代码，结果如图 4.16 所示。

图 4.16　Baidu Map API 运行示例

4.6　面向地学应用的 Sensor Web 服务

4.6.1　Sensor Web 的基本概念

集成了传感器技术、微机电系统技术、通信技术和分布式信息处理技术的传感器网络是一种全新的监测模式，它将逻辑上的信息世界与物理世界融合在一起，正在改变着人与自然的交互方式。传感器网络是由几十、几百甚至几千个微型智能传感器节点通过无线通信方式构成的网络，具有自组织、自配置、自修复、低功耗、监测密度大等特点，适用于环境恶劣、人力无法到达(无需人为干涉)的环境，形成覆盖面积较大的(准)实时探测区域。传感器网络在环境监控、农业灌溉、空间探测、资源调查、灾害预警、工业自动化、军事、家庭自动化等领域有着不可替代的作用。传感器网络与其他监测系统相结合，可以构成立体监测系统，能够进一步扩大监测的覆盖面，丰富监测内容，提高监测数据的准确性和实时性。

随着相关技术的发展，传感器网络成为国际研究的热点。在地学方面，美国国家航空航天局于 2001 年提出了传感器网(Sensor Web)的概念：被部署用来监控和探测新环境的内部相互通信的分布式传感器组成的网络系统，侧重于软件基础设施，开展了多尺度传感器组网、异构传感器信息模型、传感器信息服务中间件和典型应用的研究。图 4.17 是 Sensor Web 的应用框架。

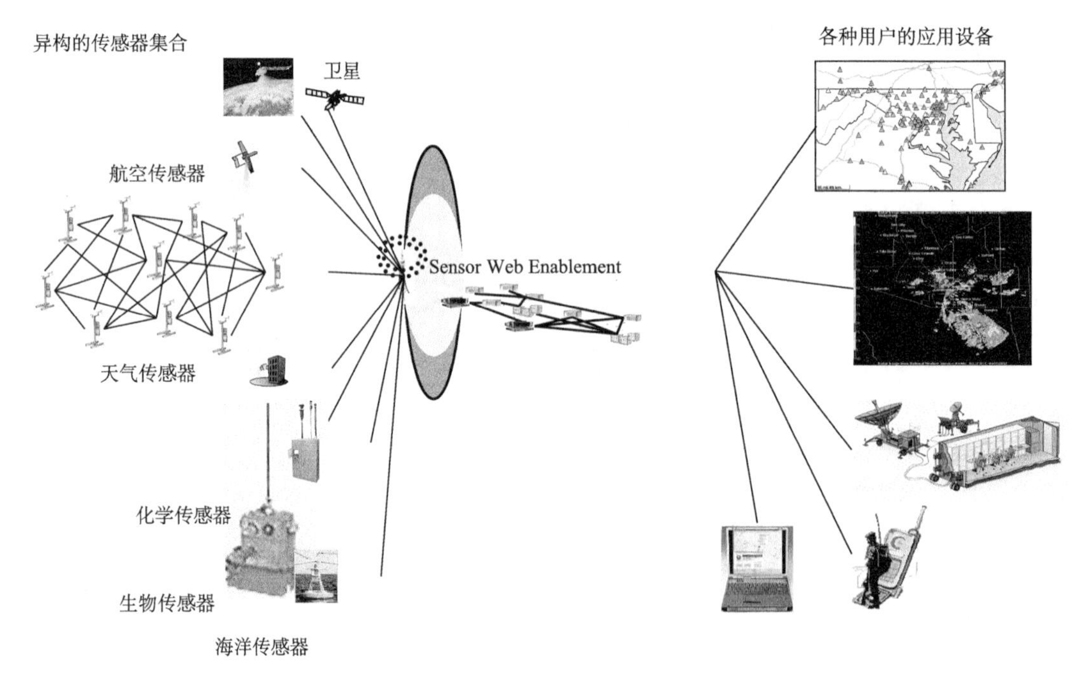

图 4.17　Sensor Web 应用框架

自 2003 年起，OGC 和国际标准化组织地理信息工作组(ISO/TC211)一直致力于推广 Sensor Web，制定了 Sensor Web 的标准和协议。OGC 认为传感器网络是决策支持系统、模型和传感器之间的桥梁，负责传感器的发现、访问、驱动和事件预警。目前，假定所有的传感器已连接上网，OGC 的传感器网络启动(sensor web enablement，SWE)项目组已制定了 7 个传感器网络标准规范，包含三个信息模型和四个信息服务实现规范。

1. 传感器描述语言编码标准

传感器描述语言编码标准(sensor model language, Sensor ML)提出了一种通用框架，用于对传感器、传感器系统及传感器观测信息处理的描述，使系统可以识别各传感器组件的性质及其所能提供的感测数据类型，为传感器的发现、观测的定位及观测信息的传输和处理等提供必要的信息。

2. 观测和测量编码标准

观测和测量编码(observation & mea-surement, O&M)标准主要描述感测数据的观测与测量模型及所获取数据内容。该组件是一个标准模块，采用 XML 方案。SWE 将观测(observation)定义为一个带结果的事件，每一个观测包含一个方法来测定观测值；每个观测包含一个时间戳。一个观测的结果可以是数字量，也可能是一张图片。

3. Transducer 模型语言

Transducer 模型语言(transducer markup language, TML)是一种应用层和表示层的通信协议，用于和传感器系统进行实时或归档数据的交换。传感器系统可以是一个或多个传感器、执行器、接收器和发射器。一个 TML 客户端软件在没有先验知识的情况下可以与任何一个基于 TML 的传感器系统进行交互。

4. 传感器规划服务

传感器规划服务(sensor planning service, SPS)的目的是为收集资产(传感器和其他信息收集资产)和支持围绕资产的系统提供标准接口。传感器规划服务分为信息和功能两类操作。信息操作包括 GetCapabilities、DescribeTasking、DescribeResultAccess、GetStatus。其中，GetCapabilities、DescribeResultAccess、GetStatus 提供用户需要知道的信息。功能操作包括 GetFeasibility、Submit、Update、Cancel。所有的这些操作对资产管理系统起作用。

(1) GetCapabilities：该操作允许客户端请求和接收服务的元数据文档，该文档描述了特定服务实现的能力。

(2) DescribeTasking：该操作允许客户端请求需要的信息。这些信息是为了向 SPS 支持和用户选择的资产发送分派请求做准备。

(3) DescribeResultAccess：该操作允许客户端检索可被访问的资产生成数据的方式和地址。服务器响应包括访问 OGC(如 SOS、WMS、GVS 或 WFS)服务的各种数据的链接。

(4) GetStatus：该操作允许客户端接收当前请求的任务的状态信息。

(5) GetFeasibility：该操作的目的是向客户端提供分派任务请求可行性的反馈。服务器端的动作可能是像检查参数是否有效或是否与业务规则一致这样的简单操作，也可能是计算在特定的位置、时间、方向、刻度执行特定任务的资产可用性。

(6) Submit：该操作是提交任务请求。

(7) Update：该操作允许更新已提交的任务。

(8) Cancel：该操作是取消一个已提交的任务。

5. Web 通知服务

Web 通知服务(web notification service, WNS)提供传感器事件(任务、现象监测)的异步通知。Web 通知服务提供至少一种描述通知机制。为了使用通知能力，用户必须事先注册。用户和使用通知功能的，作为用户代理的 OGC 服务都需要注册。使用 WNS 的 OGC 服务提供了用户的注册信息和通知目标(如用户的 E-mail、address、phone 等)。WNS 主要用于多个服务长时间处理查询交易，尤其是当使用者提出一项服务要求，需要系统以多个子服务完成该服务要求过程的信息交换时使用，通常设计上为搭配 SPS 使用。

依靠 WNS 的能力，通知消息是一个定义良好的结构，独立于设备。通知的调用服务提供 XML 编码消息的转换是由 WNS 来完成的。作为一个协议转换器，WNS 将输入的 XML 编码消息转换为 E-mail、SMS、fax、phone、HTTP POST 及可扩展通信和表示协议(extensible messaging and presence protocol，XMPP)。单用户或多用户可以注册和接收消息通知(单向消息)或通信消息(消息接收的期望响应)。

6. 传感器预警服务

传感器预警服务(sensor alert service, SAS)定义了接口允许节点广告和发布监测值与告警和相应的元数据；允许客户端在特定的阈值内订阅该数据。如果传感器发送当前监测值，由告警服务来核对订阅表当前的条件是否匹配，如当前的值高于或低于用户定义的阈值。同样也适用于传感器本身发送的告警，如电池的电量不足等。SAS 实现如下操作。

(1) GetCapabilities(必须)：由服务器端实现，该操作允许客户端请求和接收服务元数据文档。

(2) GetWSDL(可选)：该操作允许客户端请求和接收服务器接口的 WSDL 定义。

(3) Advertise(可选)：该操作允许生产者广告发布信息的类型。

(4) CancelAdvertisement(可选)：该操作允许生产者取消广告。

(5) RenewAdvertisement(可选)：该操作允许生产者更新广告。

(6) Subscribe(必须)：该操作允许消费者订阅告警(它只是一个虚拟的订阅，真正的订阅发生在消息服务接口)。

(7) CancelSubscription(必须)：该操作允许消费者取消订阅。

(8) RenewSubscription(必须)：该操作允许消费者更新订阅。

(9) DescribeAlert(必须)：该操作允许消费者接收告警消息结构的模板。

(10) DescribeSensor(必须)：该操作允许消费者接收传感器信息。

7. 传感器观测服务

传感器观测服务(sensor observation service，SOS)负责传感器的管理和传感器监测数据的管理。传感器观测服务通过联合其他的 OGC 规范，提供互操作能力：发现、绑定、询问传感器，包括单独传感器、传感器平台及在实时、存档、仿真环境中的一群组网传感器。SOS 具有以下操作。

(1) GetCapabilities：该操作可获得特定服务实例的元数据，包含 identification、provider、operation metadata、filter_capabilities 和 contents 等内容。

(2) DescribeSensor：该操作获得以 SensorML 或 TML 编码的传感器详细描述信息。

(3) GetObservation：该操作通过特定的时空查询条件获得传感器的监测数据和测量数据。

(4) RegisterSensor,：该操作注册新的传感器。

(5) InsertObservation：该操作给已注册的传感器插入监测。

其他的增强操作有 GetResult、GetFeatureOfInterest、GetFeatureOfInterestTime、Describe FeatureOfInterest、DescribeObservationType 和 DescribeResultModel。传感器监测服务的基本流程为：传感器数据消费者通过 GetRecords 操作从 CSW 目录中发现 SOS 实例；消费者通过

查询能力文档和检查 ObservationOffering，在每个服务实例中执行服务级别的发现。消费者调用 DesribeSensor 操作来获取传感器发布在服务中的 ObservationOffering 的 SensorML 元数据。最后消费者调用 GetObservation 操作获取服务实例的监测。

以上信息模型和信息服务实现规范协同一起，通过 Web 可以发现、访问、控制接入 Internet 的传感器资源，实现传感器资源的共享。图 4.18 是 Sensor Web 服务的体系结构。

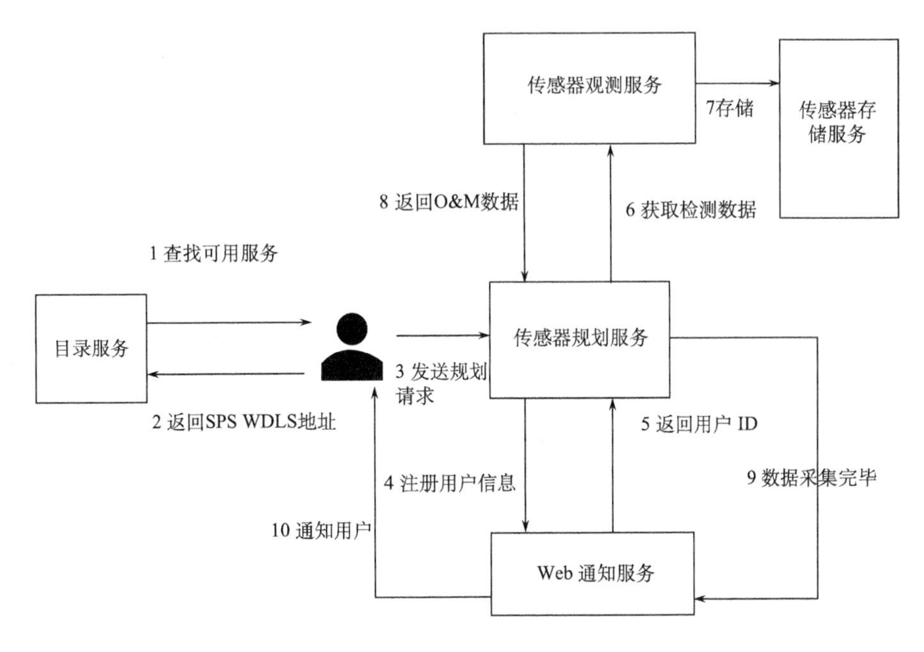

图 4.18　Sensor Web 服务的体系结构

4.6.2　Sensor Web 的观测服务体系

在 Sensor Web 服务体系中，传感器观测服务(SOS)是最重要的组成部分，通过标准接口，提供符合标准信息模型的观测和测量数据。OGC 传感器观测服务执行规范主要包括四个方面的操作：核心、可增强、事务性和完整性。核心操作包含 GetCapabilities、DescribeSensor 和 GetObservation，主要用于数据消费者获取信息。其中，GetCapabilities 操作目的是使用户检索并获得关于一个特定的服务实例的原数据；DescribeSensor 操作可从传感器观测服务中获得使用 SensorML 或 TML 编码的传感器特征的详细信息；GetObservation 操作用于查询传感器系统和检索观测数据，其响应可为 O&M 观测、一个观测集中的元素或一个观测集。传感器观测服务体系结构如图 4.19 所示。整个观测服务体系包含资源层、业务层和表现层。

(1) 资源层提供传感器观测服务的资源。由于传感器来源的多样性，既可以是真实的传感器系统，也可以是虚拟的传感器系统；观测数据种类的差异性，既可以是简单的文本，也可以是复杂的数据模型。为了访问不同的传感器，原型系统采用了适配器模式，对于每一种传感器资源，设计与之相对应的适配器，用来存取不同来源的传感器数据，这种方法增强了原型系统的可扩展性。

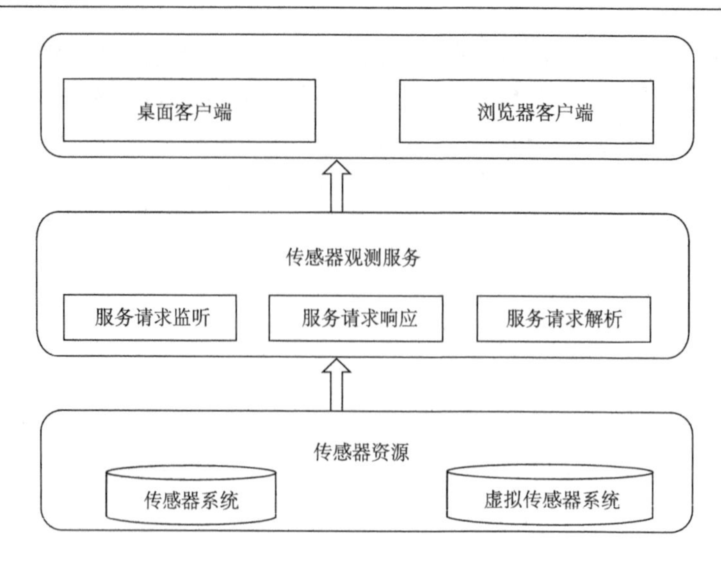

图 4.19　传感器观测服务体系结构

(2) 业务层是传感器观测服务的核心部分，实现了传感器观测服务执行规范规定的三个核心操作 GetCapabilities、DescribeSensor 和 GetObservation 及 RegsiterSensror、Insert Obversation、GetResult 和 GetFeatureOfInterest 操作。

(3) 表现层是提供用户与传感器观测服务交互操作的界面。用户可以可视化查看和操作传感器观测服务。例如，用户通过界面操作调用 GetObservation 操作，选择 SOS 数据源地址和版本，发送 SOS 实例请求，然后绑定相应的操作，如 GetCapabilities 到指定的 SOS，从 SOS 中获取 XML 模式的数据。

将传感器网络部署在监测区域后，人们可以得到自然界第一手的数据资料。但是，无线传感器网络传感器节点具有计算能力低、存储容量小、通信速度慢等特点，这使得无线传感器网络自身无法对短时间内获得的大量传感数据进行复杂和及时的处理。网格技术是近年来出现的一种分布式计算技术，网格可以将高速计算机、大型数据库、存储设备等全部连接起来，为用户提供统一的网格服务。

利用网格进行无线传感器网络的数据融合，可以发挥网格的巨量计算、存储资源的优势，使无线传感器网络数据得到更加充分的处理。利用网格进行无线传感器网络数据融合还可以使网格集成多个无线传感器网络系统，屏蔽多个无线传感器网络数据的异构性，简化用户使用无线传感器网络数据的操作，给用户提供统一的数据界面。

传感器观测服务数据流程如图 4.20 所示。

用户需要通过他们的请求，查询在目录服务中的可用传感器监测服务的 WSDL 地址，同时为了获得遵循 O&M 定义 schema 的监测数据，通过 SOAP 消息向传感器监测服务发送数据查询请求。Proxy 作为代理处，与不同的连接器一起工作。这些连接器可以连接数据源，并且能将原始数据编码成为 O&M 数据。不同的连接类型被设计成适应不同的资源，包括运行在 TinyOS 或 TinyDB 及远程监测历史监测数据的传感器网络。Proxy 需要处理来自用户端的输入消息，从而决定使用实时连接还是历史数据连接。

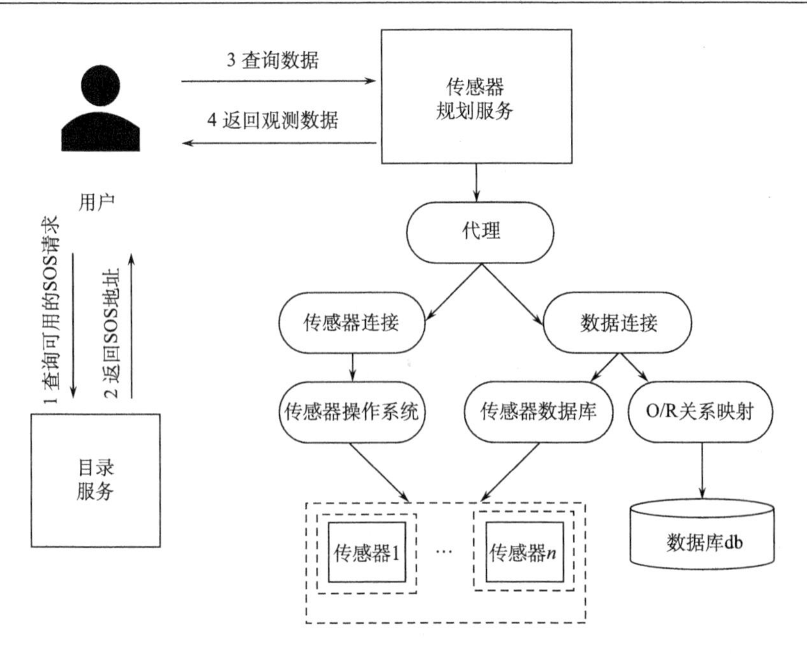

图 4.20　传感器观测服务数据流程

第5章　移动GIS

5.1　移动 GIS 概述

5.1.1　移动 GIS 的概念

自 20 世纪 90 年代以来，Internet 和移动通信技术的广泛应用，影响了全世界亿万人的生活，极大地改变了人类的生活方式。移动通信的发展打破了通信与地点之间的固定连接，近年来数字移动通信在全球取得了突飞猛进的发展。继 3G 技术之后，2012 年 1 月 20 日，国际电信联盟正式通过了 4G 标准，如今，移动通信已经进入 4G 通信普及时代，4G 通信的高传输率和高安全性及较低的误码率让移动通信有了更大的发展空间，成为智能时代的基础。自 2013 年始，5G 技术已进入研究阶段，5G 时代即将来临，将会带来更为广泛的移动应用空间。

GIS 经历高速发展后，已与无线互联网技术结合，这种结合使得移动用户能够随时随地通过无线接入方式上网，完成以前只能在办公室或家里才能完成的工作，实现“在移动中办公”“在移动中获取空间信息服务”。当前，移动智能终端与无线互联网相结合的技术已经成功应用到人们生活和社会经济发展的各个方面。同时，与这些移动智能终端相配套的外围设备进一步拓宽了移动智能终端的应用领域。移动智能终端、GPS、无线互联网等新技术与 GIS 的结合将极大地丰富 GIS 理论和技术，拓展 GIS 的应用领域。

比较而言，移动 GIS 有许多传统地理信息系统不具备的功能。由于手持无线设备有移动数据通信功能，人们可以在任何时间、任何地点使用手持设备了解所需要的任何信息，从而满足信息时代对动态地理信息不断增长的需求。国际 GIS 界将 GIS、GPS 和无线互联网一体化的技术称为移动 GIS。由于具有良好的实时性、移动性和普及性，移动 GIS 将成为 GIS 领域未来一个重要的发展方向。

5.1.2　移动 GIS 的发展

1. 移动 GIS 的兴起

移动 GIS 发展早期研究始于 20 世纪 90 年代初期，当时研究的都是国外一些对野外作业人员进行管理的特殊部门，目的是便于作业人员与公司总部通信及公司管理。这些部门(如电力、工程施工、自来水等)通过移动 GIS 使室内外办公相结合，提高管理效率，降低了管理成本。早期的移动 GIS 解决的问题主要是信息提供、工作发布及记录、数据双向通信及数据管理。使用移动 GIS 取代野外工作人员的图纸，降低了成本。网络改变了数据的更新，并将数据传回公司的 GIS 中。数据流的来回流动由 GIS 管理，并且以计算机作为传输媒介迎合了健康与安全的需求。

早期移动 GIS 解决的问题主要是数据双向通信及数据的管理，以便获取及时的简短信息、发布工作信息等。通信传输方式有多种，如 GSM 网络或个人移动电台等。早期的移动 GIS 只是一个移动的雏形，而且受到许多技术上的限制，其应用范围相当狭小并且专业性强。移动终端对移动环境的要求高，而且移动范围狭窄。

自20世纪90年代中期以来，计算机软硬件发展迅速，电子移动终端不断涌现，此时的移动GIS发展进入了以全球定位系统(GPS)为核心的阶段。这时的移动GIS涉及面更广泛，各种与移动计算相关的行业都利用移动GIS进行移动办公的尝试。移动GIS发展的中期，主要是利用移动GIS作为室外或野外移动办公的辅助工具，应用的领域有数字城市虚拟现实、流域调查、国土资源调查、环境调查等方面。

2. 移动GIS的兴起

随着无线通信技术的发展，特别是Web技术的普及应用，无线通信技术与GIS技术及Internet技术的结合成为现实，从而衍生出一种新的服务，即基于位置的服务(location based service，LBS)。LBS是一种将通信与GIS进行整合的技术，是当前移动GIS的主要应用方向之一，其目的是真正实现移动空间信息服务的4A标准，即在任何时候(anytime)、任何地方(anywhere)为任何事(anything)和任何人(anyone)服务。

移动通信与网络技术的高速发展及相互融合，使移动GIS的移动环境发生了极大的变换和改善，也使移动GIS向“以四大无线通信网络为核心支持”转变，可以预见，在不久的将来，移动计算将逐渐成为主流计算环境，这一趋势将使移动GIS在辅助野外工作方面(如野外数据采集、测量成图、设备巡测、水情勘探等)发挥巨大效能。

新的移动通信标准的提出及新的移动通信技术的应用将为移动GIS带来新的机遇和挑战，移动GIS将突破仅由无线通信网络作为传输媒质的限制，向多元化、多途径的方向发展，并将在推动紧急救援、智能交通系统、消防抢险等城市生命线工程建设和移动换页查询、移动电话防盗打管理及与位置有关的计费等个人服务方面起到重要作用。此外，蓝牙、无线局域网、红外线等多种移动通信方式及它们的相互结合也将进一步拓宽移动GIS的应用领域，为其带来更加广阔的发展前景。

3. 移动GIS的特点

1)移动性

移动GIS的终端可以自由移动，在移动的同时通过通信网络保持与固定节点(如地理应用服务器)或其他移动节点的连接。

2)分布式数据源

GIS向无线平台的转移衍生了很多新的GIS应用，它们要求有分布式数据源的支持。例如，LBS需要GIS实时提供最新的位置信息。因为移动用户的位置是不断变化的，需要的信息多种多样，所以，任何单一的数据源都无法满足要求，必须有地理上分布的各种数据源。

3)终端的多样性

移动GIS的终端可以是传统的桌面PC，但更多的是各种移动计算终端，如移动电话、PDA、Pocket PC，甚至可能是专用的GIS嵌入式设备。终端的多样性意味着移动GIS服务需要更灵活的定制能力和扩展能力及开放的体系结构，以适应终端的多样性，并充分利用终端的信息表示能力。

4)信息载体的多样性

与传统的Web GIS相比，移动终端用户与服务器及其他用户的交互手段更加丰富，包括位置服务、视频、音频、语音、文本、图像、图形等，这意味着计算能力有限的移动终端需要处理更多类型的数据，如何合理地表现数据成为一个重要的问题。

5) 频繁间接性

移动 GIS 终端经常会主动地接入(要求信息服务)或被动断开(网络信号不稳定等)，从而形成与网络间断性地接入与断开。这种松散耦合要求移动 GIS 在不同情况下能随时重新连接，并且可独立运行。

6) 弱可靠性

移动终端属于远程访问系统资源，使得数据传输容易被盗用和侵害，从而带来一系列安全保障问题。

7) 非对称性

移动 GIS 终端不论是基于 GPS 还是基于 GPRS/CDMA 蜂窝通信，都存在着上行与下行的数据通信非对称性问题。

8) 资源有限性

虽然移动 GIS 终端设备具有多样性，但其电源能力是有限的；此外，通信网络的带宽及移动设备的存储、计算性能也是相当有限的。

9) 对空间位置的依赖性

通过无线网络进行通信的移动 GIS 要受到网络覆盖的限制，它所能提供的服务也仅限于此空间范围内的用户。

5.2 移动定位技术

5.2.1 GPS 单点定位

GPS 是美国从 20 世纪 70 年代开始研制，历时 20 年，耗资 200 亿美元，于 1994 年全面建成，具有在海、陆、空进行全方位实时三维导航与定位能力的卫星导航与定位系统。GPS 接收机可接收到可用于授时的准确至纳秒级的时间信息、用于预报未来几个月内卫星所处概略位置的预报星历、用于计算定位时所需卫星坐标的广播星历，精度为几米至几十米(各个卫星不同，随时变化)，以及 GPS 系统信息，如卫星状况等。

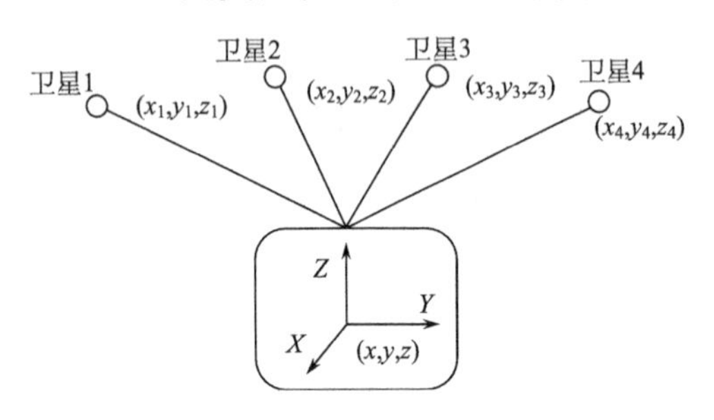

图 5.1　GPS 定位原理图

GPS 定位的基本原理是以高速运动的卫星的瞬间位置作为已知的起算数据，采用空间距离后方交会的方法，确定待测点的位置。如图 5.1 所示，假设 t 时刻在地面待测点上安置 GPS 接收机，可以测定 GPS 信号到达接收机的时间 Δt，再加上接收机所接收到的卫星星历等其他数据可以确定以下 4 个方程式：

$$[(x_1-x)^2+(y_1-y)^2+(z_1-z)^2]^{1/2}+c(v_{z_1}-v_{z_0})=d_1$$

$$[(x_2-x)^2+(y_2-y)^2+(z_2-z)^2]^{1/2}+c(v_{z_2}-v_{z_0})=d_2$$

$$[(x_3-x)^2+(y_3-y)^2+(z_3-z)^2]^{1/2}+c(v_{z_3}-v_{z_0})=d_3$$

$$[(x_4-x)^2+(y_4-y)^2+(z_4-z)^2]^{1/2}+c(v_{z_4}-v_{z_0})=d_4$$

上述 4 个方程式中，待测点坐标 x、 y、 z 和 v_{z_0} 为未知参数，其中，$d_i=c\Delta t_i(i=1，2，3，4)$；$d_i(i=1、2、3、4)$分别为卫星 1、卫星 2、卫星 3、卫星 4 到接收机之间的距离；$\Delta t_i(i=1，2，3，4)$分别为卫星 1、卫星 2、卫星 3、卫星 4 的信号到达接收机所经历的时间；c 为 GPS 信号的传播速度(即光速)。

4 个方程式中各个参数意义如下：x、y、z 为待测点的空间直角坐标；x_i 、y_i 、$z_i(i=1，2，3，4)$分别为卫星 1、卫星 2、卫星 3、卫星 4 在 t 时刻的空间直角坐标，可由卫星导航电文求得；v_{z_i} $(i=1，2，3，4)$分别为卫星 1、卫星 2、卫星 3、卫星 4 的卫星钟的钟差，由卫星星历提供；v_{z_0} 为接收机的钟差。

由以上 4 个方程即可解算出待测点的坐标 x、y、z 和接收机的钟差 v_{z_0}。

事实上，接收机往往可以锁住 4 颗以上的卫星，这时，接收机可按卫星的星座分布分成若干组，每组 4 颗，然后通过算法挑选出误差最小的一组用作定位，从而提高精度。

由于卫星运行轨道、卫星时钟存在误差，大气对流层、电离层对信号的影响，以及人为的 SA 保护政策，民用 GPS 的定位精度只有 100m。为提高定位精度，普遍采用差分 GPS(DGPS)技术，建立基准站(差分台)进行 GPS 观测，利用已知的基准站精确坐标，与观测值进行比较，从而得出一修正数，并对外发布。接收机收到该修正数后，与自身的观测值进行比较，消去大部分误差，得到一个比较准确的位置。实验表明，利用差分 GPS，定位精度可提高到 5m。

车用导航系统主要由导航主机和导航显示终端两部分构成。内置的 GPS 天线会接收来自环绕地球的 24 颗 GPS 卫星中的至少 3 颗所传递的数据信息，由此测定汽车当前所处的位置。导航主机通过 GPS 卫星信号确定的位置坐标与电子地图数据相匹配，便可确定汽车在电子地图中的准确位置。

按定位方式，GPS 定位分为单点定位和相对定位(差分定位)。单点定位就是根据一台接收机的观测数据来确定接收机位置的方式，它只能采用伪距测量，可用于车船等的概略导航定位。单点 GPS 定位精度为 10～20m，能满足一般移动目标的定位要求，并且定位范围大，能覆盖全球，但是在城市中心受建筑物的遮挡或在室内则无法实现定位功能。相对定位至少需要两台 GPS 接收机，分别安置在基线两端，并同步观测 GPS 卫星，以确定基线端点在协议地球系中的相对位置或基线向量。相对定位目前不宜用于移动定位应用中。

5.2.2　基于移动营运商基站定位

1. 起源蜂窝小区定位技术

起源蜂窝小区(cell of origin，COO)定位法是各种定位方法中最简单的一种定位方法，它的基本原理是根据移动台所处的小区 ID 号来确定移动台的位置。每个蜂窝小区都有一个唯一的小区 ID 号，又可称为 CGI(cell global identity)。CGI 由 LAI(位置区识别)和 CI(小区识别)构成，LAI 由 MCC(移动国家代码)、MNC(移动网络代码)、LAC(位置区代码)构成，即 CGI=LAI+Cl=MCC+MNC+LAC+Cl。

移动台所处的小区 ID 号是网络中已有的信息，当移动台在某个小区注册后，系统的数据库就会将移动台与该小区 ID 号对应起来，只需要再知道该小区基站所处的中心位置和小区的覆盖半径，就能够知道移动台所处的大致范围。COO 定位法的定位精度就是小区的覆盖半径。

在我国目前的城市小区规划中，为了解决不断增加的话务量的要求，多采用多层小区结构。在用户比较少的地方，采用常规小区，覆盖半径大约 400m；在话务量密集的地方，如商业街、写字楼，采用微微蜂窝，覆盖半径能达到 100m；另外，在话务量高度密集的地方还采用了双层甚至多层的小区结构。因此，在繁华的商业区，一个移动台至少可以处于一个微微小区的覆盖，定位精度不超过 100m，如果处于多个小区的覆盖，定位精度就可以达到 50m 甚至更小。在我国的郊区和农村，由于话务量小，因而基站密度较低，覆盖半径也较大，采用 COO 定位法一般只能获得 1～2km 的定位精度。

COO 定位法是一种基于网络的定位技术。其优点是实现简单，只需要建立关于小区中心位置和覆盖半径的数据库；定位时间短，仅为查询数据库所需的时间；而且 COO 技术不用对现有的手机和网络进行改造就可以直接向用户提供移动定位服务。其缺点为定位精度差，特别不适合在基站密度低、覆盖半径大的地区使用。

2. 角度到达定位技术

角度到达(angle of arrival，AOA)定位法的基本思想是由两个或者更多的基站通过测量移动台的发射信号的到达角度的方法来估计移动台的位置，如图 5.2 所示。

图中 BTS1、BTS2 为基站，X 为移动台。A_1 和 A_2 分别为基站 BTS1 和基站 BTS2 测出的移动台信号到达的角度，已知 BTS1、BTS2 的坐标分别为(X_1，Y_1)、(X_2，Y_2)，假设移动台坐标为(X,Y)，则有位置关系表达式如下:

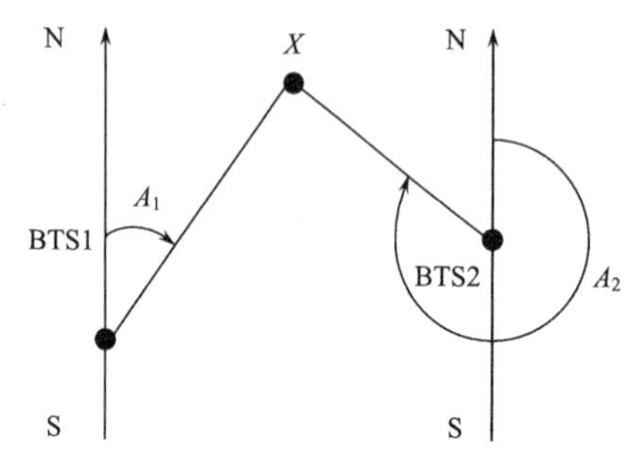

图 5.2　AOA 定位法

$$(Y-Y_1)\times\sin(A_1)=(X-X_1)\times\cos(A_1)$$
$$(Y-Y_2)\times\sin(A_2)=(X-X_2)\times\cot(A_2)$$

上式为一个关于(X，Y)的非线性方程组。当 X 点处于基站 BTS1 与 BTS2 的连线上时，存在无数解，此时应该在 BTS1 和 BTS2 中换选另外的基站来测量角度。

AOA 定位法既可以在移动台端也可以在网络端实现，但是为了考虑移动台的轻便性一般都在网络端实现。AOA 定位法的优点在于在障碍物较少的地区可以得到较高的准确度；只需要两个基站就可以定出移动台的位置。AOA 定位法的缺点在于在障碍物较多的环境中，由于多径效应，误差将增大；当移动台距离基站较远时，基站测量角度的微小偏差将会导致定位的较大误差；另外在目前的 GSM 系统中，基站的天线不能测量角度信息，所以需要引入阵列天线测量角度才可以采用 AOA 定位法对移动台定位。

3. 抵达时间定位技术

抵达时间(time of arrival，TOA)定位法的基本思想是测量移动台发射信号的到达时间，并且在发射信号中要包含发射时间标记以便接收基站确定发射信号所传播的距离，该方法要求移动台和基站的时间精确同步。为了测量移动台的发射信号的到达时间，需要在每个基站处设置一个位置测量单元；为了避免定位点的模糊性，该方法至少需要三个位置测量单元或基站参与测量，如图 5.3 所示。

图中 BTS1、BTS2、BTS3 为基站，X 为移动台。设 T_1、T_2、T_3 分别为测出的移动台 X 的发射信号到达 BTS1、BTS2、BTS3 的相应基站时间。移动台 X 发射信号的移动台时间为 T_s，基站时间分别为 T_{01}、T_{02}、T_{03}。已知基站 BTS1、BTS2、BTS3 的坐标分别为$(X_1，Y_1)$、$(X_2，Y_2)$、$(X_3，Y_3)$，假设移动台 X 的坐标为(X,Y)，则有位置关系表达式为

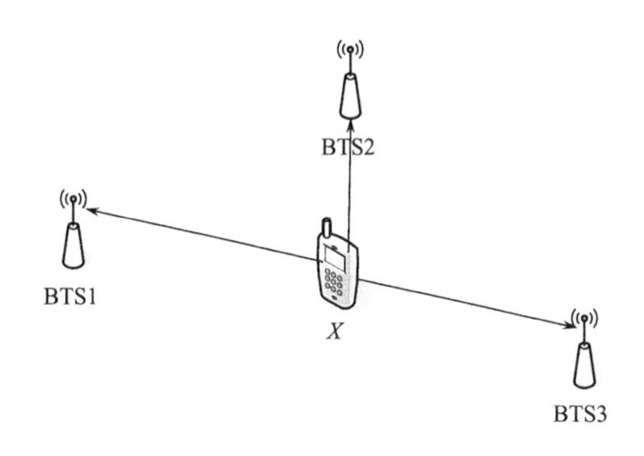

图 5.3　TOA 定位法

$$(X-X_1)^2+(Y-Y_1)^2=C^2\times(T_1-T_{01})^2$$
$$(X-X_2)^2+(Y-Y_2)^2=C^2\times(T_2-T_{02})^2$$
$$(X-X_3)^2+(Y-Y_3)^2=C^2\times(T_3-T_{03})^2$$

式中，C 为无线电波的传播速度。在移动台与各个基站时间同步的基础上，即 $T_{01}=T_{02}=T_{03}=T_s$。设移动台 X 发射信号的时间为 T，则有位置关系表达式为

$$(X-X_1)^2+(Y-Y_1)^2=C^2\times(T_1-T)^2$$
$$(X-X_2)^2+(Y-Y_2)^2=C^2\times(T_2-T)^2$$
$$(X-X_3)^2+(Y-Y_3)^2=C^2\times(T_3-T)^2$$

上式是一个关于$(X，Y)$的非线性方程组，当 TOA 存在一定误差时可能无解，可以采用最小平方误差和方法求解。使基站同步最常用的方法是在基站上安装固定 GPS 接收机，移动台可通过基站的同步信道建立与蜂窝系统的同步。

TOA 定位法是一种基于网络的定位技术。该方法的优点在于对现有的移动台无需做任何改造，定位精度较高并且可以单独优化，定位精度与位置测量单元的时钟精度密切相关。该方法的缺点在于每个基站都必须增加一个位置测量单元并且要做到时间同步，移动台也需要与基站同步，整个网络的初期投资将会很高；发射信号中加上发射时间标记，会增加上行链路的数据量，当业务量大时网络的负担会加重；即使在位置测量单元时钟精度很高的情况下，到达时间的测量仍然会受到多径效应的影响；如果移动台无法和三个以上的位置测量单元或者基站取得联系，定位将会失败；定位时间较长；由于要向多个基站发射信号，将会增加移动台的功耗。

4. 抵达时间差异定位技术

抵达时间差异(time difference of arrival，TDOA)定位法的基本思想是测量移动台发射的信号到达不同基站的时间差，该方法不需要移动台和基站的时间精确同步，但是各个基站的时间必须同步。为了测量移动台的发射信号的到达时间差，需要在每个基站处设置一个位置测量单元。根据几何原理可知，由平面上的一动点到两定点的距离为一常数的轨迹是一条双曲线，如果距离的正负已知，那么该轨迹就为双曲线的一支。由发射信号到达两个基站的时间差可以确定一条双曲线，为了确定移动台的位置，至少必须有两条相交的双曲线，因此最

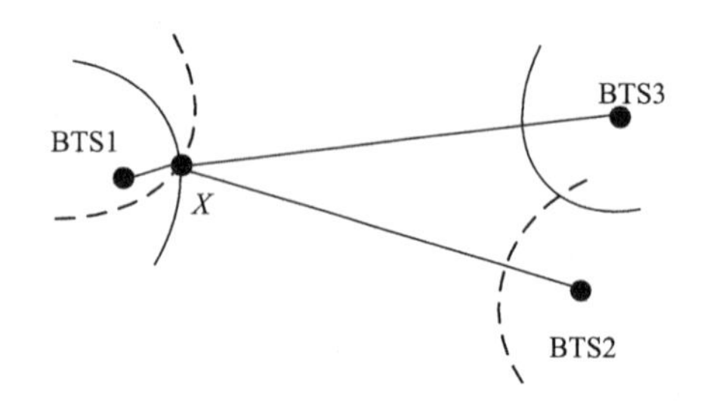

图 5.4　TDOA 定位法

少用三个基站就可以确定移动台的位置，如图 5.4 所示。

图中 BTS1、BTS2、BTS3 为基站，X 为移动台。设 T_{12} 为测出的移动台 X 的发射信号到达 BTS1、BTS2 的时间差，T_{13} 为测出的移动台 X 的发射信号到达 BTS1、BTS3 的时间差，T_{12}、T_{13} 区分正负。已知基站 BTS1、BTS2、BTS3 的坐标分别为(X_1, Y_1)、(X_2, Y_2)、(X_3, Y_3)，假设移动台 X 的坐标为(X,Y)，则有位置关系表达式为

$$\sqrt{(X-X_1)^2+(Y-Y_1)^2}-\sqrt{(X-X_2)^2+(Y-Y_2)^2}=C\times T_{12}$$
$$\sqrt{(X-X_1)^2+(Y-Y_1)^2}-\sqrt{(X-X_3)^2+(Y-Y_3)^2}=C\times T_{13}$$

式中，C 为无线电波的传播速度。上式是一个关于(X, Y)的非线性方程组，可以用计算机来求解。

TDOA 定位法是一种基于网络的定位技术。该方法与 TOA 定位法类似，但相比于 TOA 定位法主要有以下优点：无需移动台与基站同步，也无需在上行链路中发送发射时间标记。

5. 增强型观测时间差定位技术

增强型观测时间差(enhanced observed time difference，E-OTD)定位法的基本思想是由移动终端根据对本服务小区基站和周围相邻几个基站的测量数据，计算出它们的时间差，时间差被用于计算用户相对于基站的位置。

E-OTD 可利用的基本量有三个：观察时间差(observed time difference, OTD)、真实时间差(real-time difference, RTD)和地理位置时间差(time difference, GTD)。OTD 是移动台观察到的两个不同位置基站信号的接收时间差；RTD 是两个基站之间的系统时间差，RTD 的值可以由 GSM 网络提供；GTD 是两个基站到移动台由于距离差而引起的传输时间差，可以用来决定两个基站到移动台的距离差。这三个量之间的关系为 OTD=RTD+GTD。

BTS1
X
BTS2

图 5.5　E-OTD 定位法

图 5.5 中，BTS1、BTS2 为基站，X 为移动台。设 D_1 为 BTS1 与 X 之间的距离，D_2 为 BTS2 与 X 之间的距离，基站 BTS1 和基站 BTS2 之间的 GTD 为 GTD_{12}，移动台测得的 BTS1 和 BTS2 之间的 OTD 为 OTD_{12}，网络提供的 BTS1 和 BTS2 之间的 RTD 为 RTD_{12}。则有

$$|D_1-D_2|=\mathrm{GTD}_{12}\times C=(\mathrm{OTD}_{12}-\mathrm{RTD}_{12})$$

式中，C 为电磁波的传播速度。如果有三个基站参与测量，就能根据双曲线算法确定移动台 X 的位置。E-OTD 定位法的位置表达式类似于 TDOA 定位法，这里不再列出。

E-OTD 定位法既可以在移动台端实现又可以在网络端实现，即由网络提供辅助参数 RTD，由移动台终端设备完成定位计算；或者由移动台终端设备提供辅助参数 OTD，由网络端完成定位计算。E-OTD 定位法的优点是无需增加移动台的额外费用，只需对移动台的软件进行更新；定位时间优于 TOA 或 TDOA 定位法；相比于 TOA 和 TDOA 定位法，移动台无须向多个基站发送测量信号，节省了功耗。该方法的缺点在于受 RTD 和 OTD 的影响，定位精度较低；多径效应也将影响定位精度；如果移动台无法和三个以上的位置测量单元或者基

站取得联系，定位将会失败。

6．辅助全球卫星定位系统

采用 GPS 直接对移动台定位，首次定位可能需要 10min 的时间。为了克服 GPS 的缺点，出现了辅助 GPS 定位法，通过传输一些辅助数据，可以大大缩小代码搜索窗口和频率搜索窗口，使得定位时间降至几秒钟。辅助 GPS 定位法的基本思想是在覆盖区域内布置静止的服务器以辅助移动接收器接收 GPS 信号。实际上，服务器就是静止的 GPS 接收器，通过辅助将卫星的微弱信号传送至移动台来增强移动 GPS 接收器的能力。

服务器包括一个同移动 GPS 接收器通信的射频接口和本身的静止 GPS 接收器，其天线可监视整个天空，连续监测所有可视卫星信号。移动 GPS 接收器要想确定自己的位置，服务器将卫星信息通过射频接口传输过来。信息包括可视 GPS 卫星的列表和其他能辅助 GPS 接收器实现与卫星同步的数据。在大约 1s 内，GPS 接收器收集到足够的信息，计算自己的地理位置并将之传送回服务器。然后服务器结合卫星导航信息确定该移动台的位置，如图 5.6 所示。

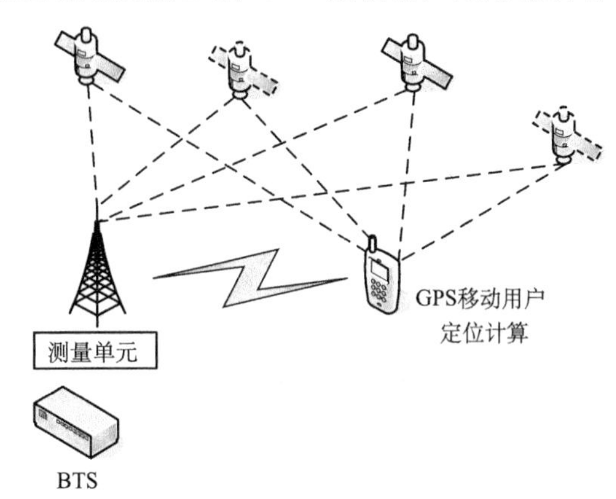

图 5.6　辅助 GPS 定位法

利用服务器辅助的 GPS 定位法，移动台不需要连续追踪卫星信号，大大节省了功耗。而且，只需要同步伪随机噪声码而不需要考虑信号中的卫星导航信号，结果是其灵敏度足以在大多数建筑物内工作。此外，这一技术也可提高精度，因为静止 GPS 接收器的实际位置是已知的，其实际位置与测量到的位置之差可以用来校正移动接收器位置的计算结果，也就是说，服务器辅助的 GPS 本质上就是差分 GPS，部分抵消了民用 GPS 服务的一些不精确性。

辅助 GPS 定位法是一种基于终端的定位技术。其优点在于网络改动少，GSM 网基本不用增加其他设备，网络投资少，受到网络运营商的青睐；而且由于采用了 GPS 系统，定位精度较高。其缺点在于需要更换手机，有的手机不能实现辅助 GPS 定位，必须更换，更换后手机的成本、功率将增加。

5.2.3　室 内 定 位

目前热门的室内定位技术有很多种，可以有多种分类方式。按照定位算法所处的位置不同，可以划分为基于终端的定位技术和基于服务器的定位技术；按照定位方式需求的不同，可以划分为主动定位技术和被动定位技术；按照定位信息的坐标系的不同，可以划分为相对定位技术和绝对定位技术；根据使用的基础设施不同，可以划分为基于短距离无线通信的定位技术、基于 Wi-Fi 的定位技术和基于惯性传感器的定位技术。

这几种定位技术都是基于不同的基础设施或者网络来进行定位，定位精度、定位成本、定位范围及使用度上都有各自的优缺点。

1．基于短距离无线通信的定位技术

室内定位信号根据频段和定位机制的不同，大致可以分为以下几类：①基于超声波的定位技术；②基于红外线的定位技术；③基于超宽带的定位技术；④基于 RFID 的定位技术；

⑤基于 ZigBee 的定位技术。

下面对这几种定位技术的实现原理进行简单的介绍。

1) 基于超声波的定位技术

超声波定位系统由一个主测距器和若干个电子标签组成，定位过程中由主测距器发送同频率的信号，电子标签接收信号，再将信号反射给主测距器，由此可以确定两者之间的距离，从而得到定位的坐标。超声波定位的定位精度很高，可达厘米级，但是超声波在传输过程中衰减明显，因此它的有效定位范围较小。

2) 基于红外线的定位技术

红外线波长介于无线电波与可见光波之间。基于红外线的定位技术，如 Active Badgs 定位系统，在待测目标上添加一个电子标签，该电子标签会周期地发送红外线，并带有待测目标的位移 ID，室内固定的红外接收机装置接收红外线，通过网络传输数据到数据库，从而获得待测目标的位置信息。红外线定位技术在红外线传输过程中容易受到墙壁、玻璃、桌椅等物体的阻挡，使得传输距离较短，而且定位系统复杂度较高。

3) 基于超宽带的定位技术

超宽带定位技术具有传输速率高(最高可达 1000Mbps)、发射功率低、穿透力强、无载波的特点，具有较高的定位精度。定位系统包括接收器、参考标签及主动标签。定位时接收器接收参考标签发射的信号，并过滤电磁波传输过程中的各种噪声干扰，得到有效的信息信号，最后通过延时测距 TDOA 定位计算。定位精度为 6～10cm，但是成本造价较高，不适宜大规模应用。

4) 基于 RFID 的定位技术

射频识别(radio frequency identification，RFID)技术是一种操控简易的自动识别技术。RFID 室内定位系统包括电子标签、射频读写器、中间件及计算机数据库。电子标签放置在待测物体上，射频读写器则嵌入操作环境中，并存储位置识别的信息，电子标签与射频读写器之间进行信号传输，根据射频读写器的位置信息可计算出电子标签坐标。RFID 定位系统为了提高定位精度需要使用大量参考标签，但是密度较大也会干扰定位，影响信号传输。

5) 基于 ZigBee 的定位技术

ZigBee 定位技术采用分布式设置节点，主要使用无线传感器网络来布置参考节点与移动节点。参考节点静态部署，并已知它们的物理位置，它们会发送位置信息和接收信号强度(received signal strength indication，RSSI)到移动节点，移动节点根据接收到的信息分析自身位置，典型的定位方法如加权质心算法。无线传感器网络节点可以减少网络数据工作量与降低通信延迟。ZigBee 定位技术定位精度在 2m 以内，但是容易受到环境干扰，而且网络稳定性较差，有待提高。

2. 基于 Wi-Fi 的定位技术

目前基于 IEEE802.11b 标准的无线以太网被人们广泛使用，因为它具有覆盖范围广、使用便捷的特点，所以成为室内定位技术中的热门应用技术，人们使用移动终端或者笔记本电脑就可以轻松获得无线信号。基于 IEEE 802.11 协议的室内定位算法也有很多种类，大多数都是通过接收无线局域网接入点获得无线信号强度 RSSI，来分析和计算人们的位置信息。

常用的 Wi-Fi 室内定位技术有位置指纹法、概率分布法、信号传播衰减模型等，它们都是基于 RSSI 的室内定位的典型算法。RADAR 定位系统是一种基于 Wi-Fi 室内定位的典型应用，RADAR 系统中使用指纹图法，该系统还研发了无线信号在室内的传播衰减模型，后继人们又研究了基于概率分布的指纹图法。

基于 Wi-Fi 的室内定位技术覆盖范围广泛，适合大规模定位应用，有较高的定位精度(2～3m)。但是由于室内无线信号传播时易受环境干扰，产生反射、衍射、散射、折射等多径效应，影响定位效果，除此之外，还需要采集大量无线信号数据，不仅系统功耗高，系统可移植性也较差。

1) 指纹法

在 Wi-Fi 室内定位中，基于 RSSI 的定位方法可直接利用现有的无线网络设施进行定位，不需要对移动终端和信号发射端添加任何额外设施，大大降低了定位成本，并且在稳定的室内无线网络环境下，基于 RSSI 的定位方法能够获得较好的定位精度。因此，采用 RSSI 的指纹方式最有实用价值。该方法分为两个阶段：离线训练阶段和在线定位阶段。

离线训练阶段：在定位区域，每隔一段距离扫描环境中的 Wi-Fi 信息，建立环境中接入点(access point，AP)信号强度与移动终端位置的对应关系，形成定位指纹库(radio map)。指纹数据格式为

$$(X, Y, \mathrm{MAC}_1, \mathrm{RSSI}_1, \cdots, \mathrm{MAC}_n, \mathrm{RSSI}_n)$$

其中，X、Y 为位置坐标；n 为该指纹中的 AP 个数；MAC 为 AP 对应的 MAC 地址；RSSI 为移动终端在该位置搜索到的 AP 的信号强度。

在线定位阶段：定位服务器接收到移动终端实时采集到的 AP 强度向量后，将其与训练阶段建立的指纹库进行匹配，从而得出移动终端此时的位置并返回给移动终端。在定位阶段，一般采用渐进式自适应非等长数据的最近邻(k-nearest neighbor，KNN)匹配算法，其中样本之间的距离(相似度)的度量一般可采用欧氏距离来表征：

$$d = \sqrt{\sum_{i=1}^{n}(\mathrm{RSSI}_{ci} - \mathrm{RSSI}_{pi})^2}$$

式中，n 为终端扫描到的 AP 数目；RSSI_{ci} 为离线训练阶段第 i 个 AP 的信号强度值；RSSI_{pi} 为在线定位阶段第 i 个 AP 的信号强度值。

在定位服务器上建立定位指纹库后，当用户进入定位区域时，将实时扫描到的所有 AP 的信号强度值发送至指定位置服务器，服务器将接收到的 AP 信号强度与指纹库中的指纹进行对比，通过定位算法确定用户当前位置。KNN 算法就是通过计算所有参考点的欧氏距离 d_i，然后按从小到大的顺序依次选取 K 个 d_i 所对应的参考点坐标，并求得它们的坐标均值，即被认为是用户的待定位点坐标。这里假设选出的 K 个参考点坐标分别为 (x_i, y_i)，则当前用户所在位置处的坐标计算式为

$$(x, y) = \frac{1}{K}\sum_{1}^{K}(x_i, y_i)$$

式中，(x_i, y_i) 为位置-指纹数据库中第 i 个最近邻参考点所对应的位置坐标值；(x, y) 为利用 KNN 匹配算法估算出的用户当前位置坐标。简而言之，基于 Wi-Fi 指纹的室内定位技术在实时定位阶段，用户手机将会不断扫描周围环境中的无线 AP 状态，并获取各个无线 AP 的 RSSI 值和服务集标识(service set identifier，SSID)，然后在定位服务器中利用 KNN 匹配算

法估算出用户的当前位置坐标并返回到用户手机中。

2）信号强度衰减法

信号强度衰减法的基本原理是根据信号在空间传播过程中信号强度的衰减模型来计算信标参考点与目标点的相对距离，然后利用三点定位法来实现对目标点的定位。相对于上述定位方法，该方法系统部署简单，且无需额外的专用测距设备，通过普通内置无线模块的智能手机即可实现定位，定位中只需将手机测得的接收信号强度值代入模型就能够快速计算出相对距离，因此该定位方法因其便捷性受到学者们的关注。经过人们大量的实验与研究，总结出较为成熟的几种信号传播模型，目前较为常见的有自由空间传播模型、对数路径损耗模型、衰减因子模型、多墙体模型和 Motley Keenan 模型等。其中，对数路径损耗模型在工业中有广泛的应用，该模型通常表示为

$$p = p_0 + 10n\lg\frac{d}{d_0} + \xi$$

式中，p 为目标点处接收机接收信号的强度；p_0 为参考点处接收机接收信号的强度，即在距离基站为 d_0 点处接收机接收信号的强度；n 为信号的路径衰减系数；d 为目标点与基站的待测距离；d_0 为已知参考点与基站的距离；ξ 为单位为 dB 的屏蔽因子，服从均值为 0、标准差为 σ 的正态随机变量。其中，路径衰减系数 n 的大小取决于信号传播环境；不同的建筑物类型也会导致路径衰减系数的变化，通常它的取值是根据具体建筑的实地测试结果统计所得的。

一般情况下，对数路径损耗模型中 d_0 通常取 1m 作为参考点距离，为计算方便，遮挡因子对接收信号强度的影响常会被忽略。简化后模型如下：

$$\mathrm{RSSI} = -(10n\lg d + A)$$

式中，RSSI 为目标点处接收机接收的信号强度；n 为信号的路径衰减系数；d 为目标点与基站的待测距离；A 为距离基站 1m 处接收机接收信号的强度。

该定位方法的精度很大程度上依赖于所选择信号衰减模型的性能，因此实际应用中往往根据经验来选择合适的计算模型，同时可以通过对测得的接收信号强度进行滤波处理及对路径衰减系数进行优化而进一步提高定位精度。

3. 基于惯性传感器的定位技术

随着微机电系统（micro-electro-mechanical system，MEMS）技术的快速发展，各种传感器尺寸不断变小、成本降低，被广泛应用于终端设备中，如智能移动终端。基于惯性传感器的室内定位技术，具有定位的自主性和连续性。惯性传感器定位使用的传感器涉及加速度计、陀螺仪、磁罗盘等。基于不同的物理特性和应用环境，这些传感器可以相互组合实现不同的配置方案，如陀螺仪和加速度计组合系统、磁罗盘和加速度计组合系统等。

基于惯性传感器的室内定位技术主要分为两种：一种是传统的惯性传感器积分定位，依据牛顿运动定律，可以通过三个方向的加速度数据积分计算出三维速度和位置，理论上计算结果更精确可靠。二次积分的惯性定位导航技术主要理论依据是牛顿所提出的运动定律，属于经典物理方法。在定位中，只需知道初始位置信息并实时检测运动的加速度值即可，假设不同时刻的加速度信号为 $a=f(t)+T$，其中，$f(t)$ 为实际测得的加速度值，T 为加速度测量误差，那么通过积分可以得到物体在不同时刻下的运动速度和位移。

通过一次积分计算，得到运动速度：

$$v(t)=\int a(T)\,\mathrm{d}t=\int (f(t)+T)\mathrm{d}t$$
$$=\int f(t)\mathrm{d}t+Tt+X$$

通过二次积分计算，得到物体位移：

$$s(t)=\int v(t)\,\mathrm{d}t$$
$$=\int\left[\int f(t)\mathrm{d}t\right]\mathrm{d}t+Tt^2/2+Xt+\lambda$$

式中，X 与 λ 为常数；t 为时间变量。在实际应用中，由于加速度计存在数据漂移，使用牛顿运动定律加速度两次积分计算的结果会产生持续的累计误差，几秒时间内误差可达几十米甚至几百米。

另一种是航迹推算方法，基于惯性传感器的航迹推算方法是依据人行走的步数和步长进行定位，定位效果比传统惯性传感器积分定位更准确。但是由于航迹推算方法根据人行走的位移与航向进行位置推算，定位精度依赖于计步效果和行人航向及行人的步长等因素，因而随着行走时间增加，惯性传感器定位的误差也在不断累积。

5.3　移动空间信息服务

5.3.1　移动空间信息服务的价值链和信息流

移动 GIS 作为一种移动应用服务，必须承载在一定的载体上才能最终提供给用户，这就注定了空间信息服务必须与电信运营商合作，需要电信运营商、终端设备制造商、空间信息服务提供商、空间数据生产商等合作共同开发这个市场。日本的 i-Mode 取得了很大的成功，除了技术上的原因外，很大一部分是其采用了一个成功的运营策略，即与内容提供商联合，这样可以为移动用户提供比较多的服务类型，从而吸引住客户。随着与其他服务提供商合作的深入，电信运营商在价值上的地位将下降，其收益将向信息内容提供商、应用服务提供商分流，这将是移动互联服务的一大特点。

参与移动空间信息服务系统的建造与运营管理的市场实体有：公众及专业消费者、移动终端生产商、GIS 终端软件制造商、定位设备生产商、移动通信运营商、互联网服务提供商、空间信息应用服务提供商、空间数据生产商。图 5.7 是移动空间信息服务的价值链和信息流。

从图 5.7 可见，GIS 终端软件制造商、移动通信运营商、空间信息应用服务提供商是移动空间信息服务的主轴。移动通信运营商在整个价值链中居于支配地位，它负责信息的传输与服务的计量；空间信息应用服务提供商是服务功能与质量的保证者，它引导空间数据生产商从事信息的采集、编辑与更新工作；GIS 终端软件制造商生产的产品是直接与用户打交道的，在这个价值链中，它负责终端软硬件的集成。移动终端的多样性要求 GIS 终端软件制造商必须生产出支持多种终端的、市场占有率高的产品，决定着移动空间信息服务的市场占有率，也决定着移动空间信息服务的广度。移动空间信息服务的成功并不在于其技术的先进性，而在于移动通信运营商、终端软件、硬件制造商、空间信息应用提供商共赢的商业服务模式，只有这样，移动空间信息服务才能真正走进广大普通用户的生活中。

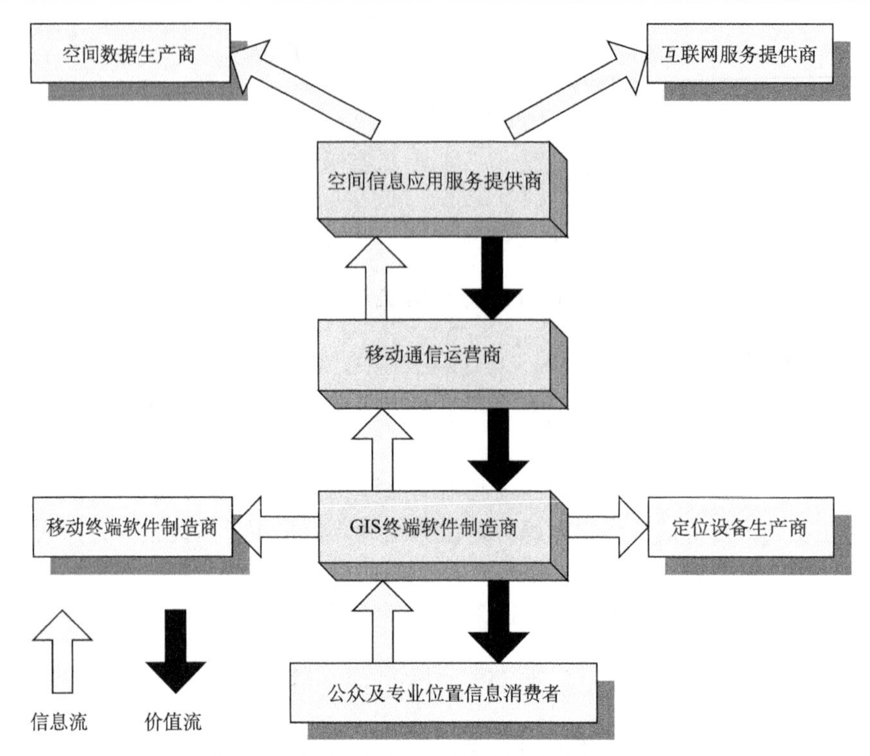

图 5.7　移动空间信息服务的价值链和信息流

5.3.2　移动空间信息服务的体系结构

移动空间信息服务系统主要由客户端、服务器、数据库三部分组成，分别承载在表示层、中间层和数据层，如图 5.8 所示。

(1) 数据层。该层包括存有空间数据和属性数据的大型对象关系型数据库(如 DB2、Oracle、Sybase)，包括一些存在文件中的空间信息，其中对象关系型数据库可以是分布式的。空间数据引擎是中间层与数据层交互的桥梁和纽带。

(2) 中间层。该层包括网关、Web Server、Map Server、位置服务器等组成部分。网关主要是扩充移动设备的处理能力，把移动终端不能处理的功能放在网关上；Web Server 主要处理与 HTTP 有关的请求，同时作为 Map Server 的客户，对用户的请求进行转换和打包处理；Map Server 是专业应用服务器，一方面调用空间数据引擎提供的接口，从空间数据源中取得空间数据，另一方面对空间数据进行转换处理，向 Web Server 提供响应。位置服务器负责向移动终端提供统一的位置获取接口。

(3) 表现层。该层是客户端的承载层，直接与网关相连，目前最普遍采用的是 WAP 网关和 SMS 网关。WAP 网关采用了 WAP 协议，而 WAP 协议是开发移动网络上类似互联网应用的一系列规范的组合，它的应用能够运行于各种无线承载网络之上，可以最大限度地兼容现有的及未来的移动通信系统。同时 WAP 也独立于无线设备，这就意味着只要支持 WAP 的移动设备，都可以出现在该表示层，作为系统的客户端。在该层也包括 PC 机，这是对无线互联和有线互联作为互联的两种形式在系统中同等对待的结果。SMS 网关则是服务器和移动终端向短信中心(SMC)连通的“桥梁”。

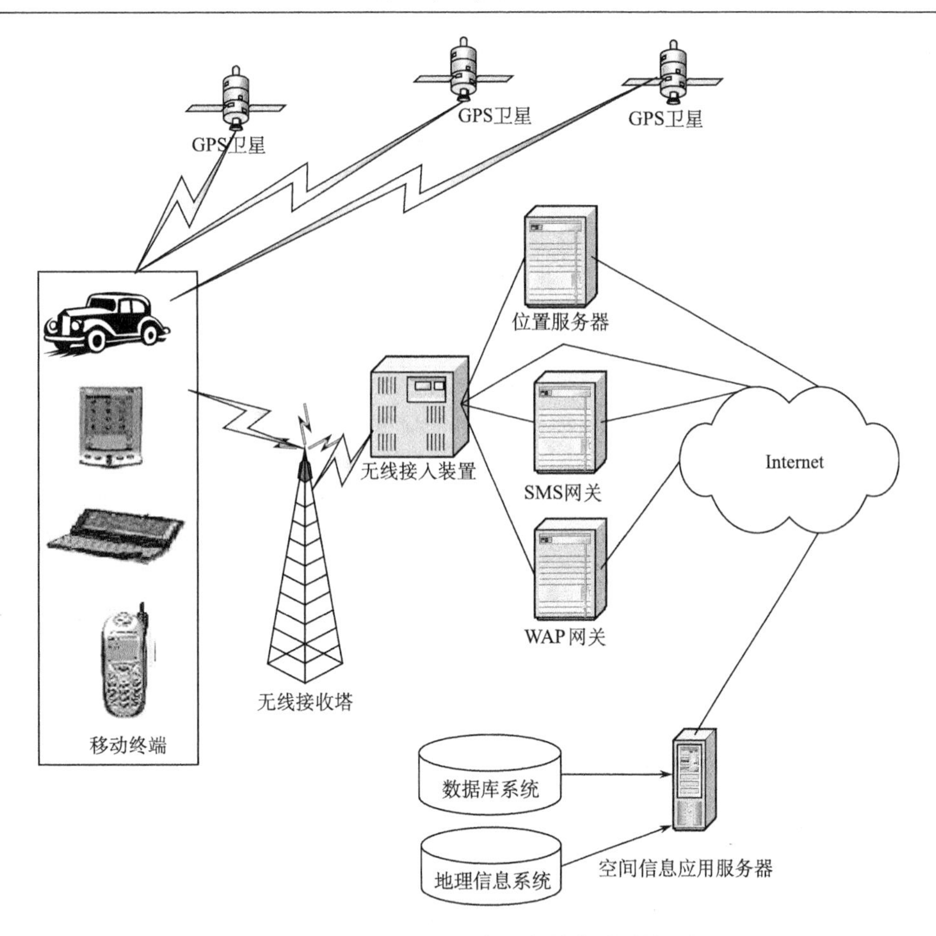

图 5.8　移动空间信息服务的体系结构

(4)终端层。该层包括各种各样的移动终端，如笔记本电脑、掌上电脑、PDA、手机等。

5.3.3　移动空间信息服务的内容

随着计算机软、硬件技术的高速发展，特别是 Internet 技术的发展，GIS 技术发展成为新一代的无缝集成、跨语言使用、无限扩展、可视化界面设计的组件式系统。组件式系统技术的出现使建立在 WebGIS 基础上的 ASP 服务成为可能。Internet 与 GIS 的有机结合，为用户基于位置的信息交换、获取、共享和发布提供了便捷、经济的技术途径。人们在日常生活中，尤其是在户外和移动过程中，对地理信息的需求非常普遍。传统的汽车导航应用是通过存放在软盘或光盘上的电子地图，再加上 GPS 定位系统实现的。这种应用很难拓展到更广泛的个人用户，而且电子地图数据的更新和维护比较麻烦。而基于互联网和无线上网技术，关于定位服务的应用则大大拓宽了空间，使得不论是汽车导航还是个人，不论是在固定场所还是在运动过程中，不论何时、何地，随时都可获得有关地理信息系统提供的区位信息服务，这将是地理信息系统应用的空前发展。通过无线互联网技术，人们可以突破时间和空间的限制，自由地使用互联网并享受互联网带来的优势。无线互联网自身的特性要求基于地理的个性化的信息，地理信息服务是无线互联网重要的组成部分。移动地理信息系统把地理信息作为载体，集成了社会、经济、文化等方面的信息，实现了信息的动态更新。因此，移动地理信息系统将使地理信息系统广泛地应用，成为服务公众的重要工具。

比较而言，移动空间信息服务有许多传统地理信息系统不具备的功能。手持无线设备有移动数据通信功能，这与人们日常使用的个人电脑是不一样的，人们可以在任何时间、任何地点使用手持设备来了解所需要的任何信息，从而满足信息时代对动态地理信息不断增长的需求，如表 5.1 所示。

表 5.1　移动空间信息服务的需求内容

位置信息类型	基于位置服务		
	消费者	企业	政府
位置	个人位置查询	联系最近专业服务人员	位置敏感报告
		寻找企业位置	
事件	车抛锚了，需要帮助	本地培训服务	本地公众通告
	医疗急救	交通警报	事故警报
分布	在人口稀少地区购房	高速增长趋势	增长模式
	度假计划	销售模式	人均绿地面积
资产监控	私车位置	派出的维修车的位置	清洁车位置
	保险税率最低的地方	资产状况评估	道路维护
定点服务	到达目的地时通知我	特定类型的顾客位置	经济发展区域
	商店位置	特定对象的广告	新行政分区
路线	到达路线	最好的递送路线	交通模式
	最快路线	出租车派遣	紧急事务派遣
事件发生环境	最近可见的界标	旅馆附近有什么	经济合作规划
	寻找最近的目标	寻找离机场最近的出租车	区域贸易
目录服务	寻找最近的专家	特定距离内最好的供应商	公众服务
	哪儿能找到需要的商品	最近的维修服务点	外部采购
交易	如何运费最低	低费用分布服务	出租车税率
	在特定区域内购买	位置相关的交易	位置相关征税
地点	寻找建房地点	可能的仓储地点	新建学校地点
	旅行地点参考	最佳蜂窝基站位置	环境监控站地点

从表 5.1 可以看出，位置信息表示了对坐标、地图上某一点、某一个命名的地点有应用的定位需求；事件描述了与时间有关的定位需求；分布表示了与密度、频率、散布面、人口分布、给定范围的目标与事件等有统计规律的定位需求；资产监控表示了与资产有关的定位需求；路线表示了与导航有关的定位需求；事件发生环境表示了与人、目标、事件有关的地图、图表、三维场景的需求；目录服务提供了与位置有关的分类、通讯录、列表等信息；交易表示了与商品交换、保险、证券、金融服务有关的位置服务需求；地点表示了对某一位置有特殊需求的服务需求。这些应用需求基本上涵盖了个人、企业和政府对与位置有关的信息服务需求，也是移动空间信息服务系统所要提供的服务种类，同时也预示着移动空间信息服务的美好前景，不管是在家里还是在社区、城市、城郊、甚至海洋，移动空间信息服务将实现随时(anytime)、随地(anywhere)为任何人(anybody)和任何事(anything)提供实时服务。

第6章 ArcGIS Server 开发指南

6.1 ArcGIS Server 概述

Web GIS 作为 Internet 技术应用于 GIS 开发的产物，通过拓展 Internet 功能，使 GIS 真正成为了一种大众使用的工具。Web GIS 的出现，相对于传统的单机版 GIS 而言极大地促进了地理信息的共享，这种共享主要表现在地理信息的发布，对地理信息的采集、处理、用户体验，以及免费的、简单的二次开发应用等方面。ESRI 的 ArcGIS Server 就是一个典型的 Web GIS 支持的服务器端的产品。

ArcGIS Server 是一个基于 Web 的企业级 GIS 解决方案，用于构建集中管理的、支持多用户的、具备高级 GIS 功能的企业级 GIS 应用与服务，为创建和管理基于服务器的 GIS 应用提供了一个高效的平台。它充分利用了 ArcGIS 强大的核心组件库 AO，并且基于工业标准提供了 Web GIS 服务。GIS 提供空间分析等强大功能，而网络技术则提供全球互联，促进信息共享，ArcGIS Server 则将这两项技术紧密结合在一起，大力推进了 Web GIS 技术的发展。ArcGIS Server 是一个基于 Web 的综合性 GIS，可为制图、分析、数据采集、编辑和空间信息管理提供各种开箱即用的应用程序和服务。

ArcGIS Server 软件使地理信息可供组织中的其他人使用，也可以提供给具有 Internet 连接的任何人使用。这些都可以通过 Web 服务完成，从而使功能强大的服务器计算机能够接收和处理其他设备发出的信息请求。ArcGIS Server 使 GIS 应用程序对平板电脑、智能手机、笔记本电脑、台式工作站及可连接到 Web 服务的任何其他设备开放。使用 ArcGIS for Server，需要准备硬件、软件和数据，然后设置 GIS Web 服务。最后，可通过不同类型的应用程序来使用服务。

6.1.1 ArcGIS Server 的功能特点

1. ArcGIS Server 主要功能

ArcGIS Server 是一个基于 Web 的综合性 GIS，可为制图、分析、数据采集、编辑和空间信息管理提供各种即拿即用的应用程序和服务。提供了广泛的基于 Web 的 GIS 服务，以支持在分布式环境下实现要素访问、地理编码、地理数据管理、Globe、制图、地理处理、空间分析、搜索及其他 GIS 功能。其主要功能如下。

(1) 提供通用的框架在企业内部建立和分发 GIS 应用。

(2) 提供操作简单、易于配置的 Web 应用。

(3) 提供广泛的基于 Web 的空间数据获取功能。

(4) 提供通用的 GIS 数据管理框架。

(5) 支持在线的空间数据编辑和专业分析。

(6) 支持二维三维地图可视化。

(7) 除标准浏览器外，还支持 ArcGIS Desktop 和 ArcGIS Explorer 等桌面客户端。

(8) 可以集成多种 GIS 服务。

(9) 支持标准的 WMS、WFS。

(10) 提供配置、发布和优化 GIS 服务器的管理工具。

(11) 提供. NET 和 Java 软件开发工具包。

(12) 为移动客户提供应用开发框架。

(13) 提供要素服务、搜索服务。

(14) 地图服务支持时空特性。

2. ArcGIS Server 主要特点

ArcGIS Server 具备地图发布服务、空间分析等强大功能，还与现代主流的网络技术相结合，具有以下优势与特点。

(1) 集中式管理带来成本的降低。

(2) 高级的 GIS 服务功能也支持“瘦”客户端。

(3) 具有在线数据编辑与高级的 GIS 分析能力。

(4) 支持大量的并发访问，具有负载均衡能力。

(5) 与主流网络技术(如. NET 和 Java) 结合，开发方式灵活。

(6) 支持多种客户端，如 Web 浏览器、ArcGIS 桌面客户端(ArcGIS for Desktop、ArcGIS Engine、ArcGIS Explorer)、移动设备等。

6.1.2　ArcGIS Server 的系统架构

ArcGIS Server 的 GIS 服务器系统组成，如图 6.1 所示。

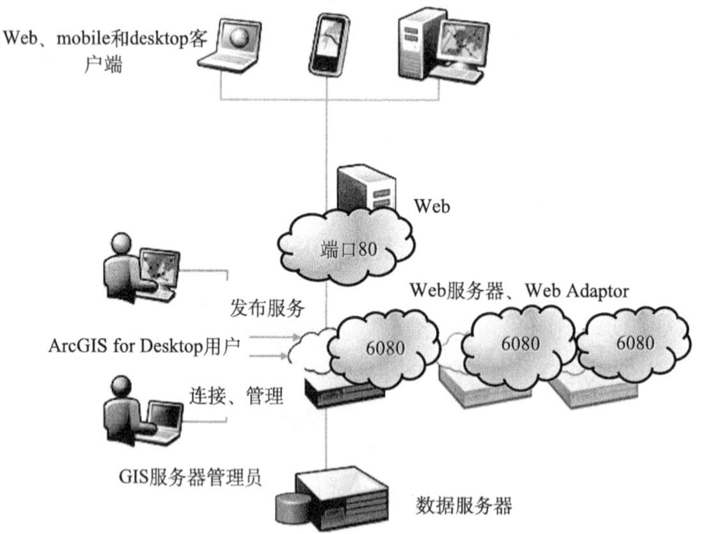

图 6.1　ArcGIS Server 的 GIS 服务器系统组成

1. GIS 服务器

GIS 服务器可执行对 Web 服务的请求，可绘制地图、运行工具、查询数据，以及执行能够通过服务执行的任何其他操作。GIS 服务器可由一台计算机或多台一起工作的计算机构成。这些计算机都具有访问相同数据和配置信息的权限，因此，可以根据需要增加或减少参与计算机的数量。GIS Server 用于托管 GIS 资源，如地图、Globe 和地址定位器等，并将其作为服务发布，将它们分发到需要使用服务的客户端应用程序。服务器上可用的 GIS 资源统称为服务，用户使用的是服务，实际上，使用的仍是 GIS 资源。

2. Web 服务器

Web Server 用于托管 Web 应用程序和 Web 服务，它们访问并使用在 GIS Server 上运行的资源，调用某些 GIS 功能，然后把结果返回客户端。Web 服务器可以托管 Web 应用程序，如果只需要简单地托管 GIS 服务，则可使用安装 ArcGIS Server 后创建的站点。如果不只是简单地托管服务，或者需要使用现有 Web 服务器，则可安装 Web Adaptor。使用 Web Adaptor 可以将 ArcGIS Server 站点与 IIS、WebSphere、WebLogic 及其他 Web 服务器集成在一起。

3. 客户端

客户端可以是连接到 ArcGIS Server Internet 服务或 ArcGIS Server 本地服务的 Web 应用程序、移动应用程序和桌面应用程序，如 Web 浏览器、ArcGIS Explorer 和 ArcGIS Desktop 等。

4. 数据服务器

数据服务器包含了以服务形式发布在 GIS Server 上的 GIS 资源，这些资源可以是地图文档、地址定位器、Globe 文档、地理数据库和工具箱。通常，采用数据库管理系统(database management system，DBMS)在数据服务器上部署 ArcSDE Geodatabase，以实现地理数据的安全性、完整性和高效性。可以直接将数据放置到每个 GIS 服务器上，也可从中央数据资料档案库(如共享的网络文件夹或企业级地理数据库)访问该数据。无论选择哪一种方法，数据都必须以服务形式发布到 GIS 服务器上。这些资源可以是地图、Globe、定位器、地理数据库等。

5. 管理工具

Manager 和 ArcCatalog 都是 ArcGIS Server 的管理工具，可使用它们将 GIS 资源作为服务进行发布。Manager 是一个 Web 应用程序，支持服务的发布、GIS Server 的管理及 Web 应用程序的创建。ArcCatalog 中包括一个 GIS Server 结点，用于添加 GIS 服务器连接，以便进行服务器的常规使用或进行服务器属性及服务的管理。

6. GIS 资源制作工具

通常使用 ArcGIS Desktop 应用程序来创建和编辑 GIS 资源。用来发布的 GIS 资源都可使用 ArcGIS Desktop 软件来制作，例如，即将发布到服务器的地图文档、地理处理工具和 Globe 文档，都可分别通过 ArcMap、ArcCatalog 和 ArcGlobe 来创建。此外，若要创建缓存地图服务，则还需要使用 ArcCatalog 来创建缓存。

6.1.3　ArcGIS 10.4 for Server 的新特性

ArcGIS 10.4 for Server(以下简称 10.4)是 ESRI 公司在 2016 年 5 月发布的。本节主要介绍 10.4 的主要新特性。

1. ArcGIS Server 只读模式

在 10.4 中，用户可以使用只读站点模式控制对站点的更改。此模式将禁止发布新服务并阻止大部分管理操作。而通过添加和移除计算机来伸缩站点仍然可行，且现有服务的功能也可继续使用。切换至只读模式后，会将站点配置文件复制到站点内每台计算机上的本地资料档案库中。如果无法连接到配置存储，站点可以从本地资料档案库中读取配置存储并且站点运行占用的容量将下降，这将允许访问 ArcGIS Server 管理员目录、ArcGIS Server Manager 和 ArcGIS 服务目录并保持大多数服务按预期运行。在较早版本中，情况并非如此，如果发生连接问题，站点将会停止工作。

2. 更新注册数据库和托管数据库的密码

出于安全原因，需要定期重置数据库的密码。如果将数据库身份验证用于注册 GIS 服务器的企业级地理数据库，则现在可以导出包含当前密码的新数据库连接文件。该操作允许已发布到托管数据库的要素服务及现有地图、要素和用户从注册数据库发布的影像服务继续工作。

3. 对地理处理服务发布和服务扩展部署的更改

从 10.4 开始，仅管理员可以发布地理处理服务和部署服务扩展(服务器对象扩展 SOE 和服务器对象拦截器 SOI)。

4. 默认单个集群模式

10.4 中，ArcGIS for Server 在进行新安装过程中默认设置为单个集群模式，该模式不包括集群中计算机间的负载平衡。这不仅可以减少站点内的机器之间的网络流量，降低网络上的负载，还有助于更好地监控站点内的 GIS 服务器。当升级至 10.4 版本时，将为当前未使用单个集群模式的单个集群站点启用该模式。已使用单个集群模式的单个集群站点及较早版本中具有多个集群的站点会在升级时保留其设置。

5. 默认 HTTP 和 HTTPS 通信协议

在 10.4 中，已将 ArcGIS for Server 配置为默认同时支持 HTTP 和 HTTPS。已从之前版本升级至 10.4 的 ArcGIS Server 站点将保留其设置。例如，仅使用 HTTP 的 10.3 版本的 GIS 服务器将在升级至 10.4 版本后继续仅使用 HTTP。

6. 服务增强

以下是要素和地图服务的新功能。

(1)将要素服务从 ArcMap 发布到 ArcGIS for Server 时，用户可以启用新的提取功能。启用后，通过提取可使用自定义客户端将要素服务中的数据导出至文件地理数据库或 SQLite 数据库。

(2)从 ArcMap 10.4 发布到 ArcGIS 10.4 for Server，用户可以在地图服务和要素服务包含的图层中指定用于日期字段的时区。如果现有的地图或要素服务包含用户希望在时区而非 UTC 中查看的日期字段，则可以更改 ArcGIS Server Manager 的参数服务中的日期字段设置，从而设置时区及是否应用夏时制。

此外，如果在发布前设置时区，则用于追踪通过要素服务进行编辑的日期字段可以使用数据库时间。之前，如果日期字段没有使用 UTC 时区，则发布者会阻止纳入日期字段进行编辑跟踪。UTC 仍然为建议的时区，但如果将在同一时区内进行所有编辑，并且数据需要与使用同一时区的其他系统配合使用，但无法与 UTC 进行相互转换，则可以使用数据库时间代替。

(3)发布地图(地图中包含企业级地理数据库中的数据)中的要素服务时，可以包括未注册到地理数据库的表和要素类。此前，无法发布企业级地理数据库中未注册的表和要素类。

(4)现在，地图和要素服务图层查询操作支持 GeoJSON 输出格式。

7. ArcGIS Server. NET 扩展支持功能

在 10.4 中，. NET 扩展支持功能要求 Microsoft. NET Framework 4.5 或更高版本。在较早的版本中，如果 ArcGIS Server 要安装. NET 扩展模块支持功能，则必须先安装 Microsoft .NET Framework 3.5 Service Pack 1(SP1)。

如果未找到 Microsoft .NET Framework 4.5 或更高版本，则.NET 扩展支持功能将不再能用于安装。如果操作系统已安装 Microsoft .NET Framework 4.5，则需确保已使用 Windows 功能将其启用。如果操作系统未安装 Microsoft .NET Framework 4.5，则可从安装介质上进行下载并使用 Windows 功能将其启用。在 10.4 中，用户可以在 Microsoft Windows 10 上安装 ArcGIS Server。此外，ArcGIS Server Manager 支持 Microsoft Edge Web 浏览器。

6.1.4　ArcGIS Server10.4 的可扩展模块

本节主要介绍 ArcGIS Server10.4.1 版本的主要可拓展模块。大部分模块都可以创建高级工具和模型，同时使用 ArcGIS Server 将这些服务共享到桌面、手机和 Web 应用程序中。

1. 3D 扩展模块

ArcGIS Server 3D 扩展模块中包含一组用于创建和分析表面的 3D GIS 功能。这些功能包括坡度、坡向和山体阴影分析。ArcGIS 3D Analyst for Server 为 GIS 服务器提供高级 3D 数据分析和表面生成功能；与 3D 数据进行交互；显示 3D 要素、Terrain、地下和体积视图的栅格、矢量和激光雷达数据。

使用可以执行复杂表面分析、体积分析和可视性分析的工具对真实 3D 空间中的 GIS 数据进行分析(包括 Terrain 分析、地下和大气要素建模及地点选择优化)。

2. Portal for ArcGIS 扩展模块

Portal for ArcGIS 扩展模块可以与组织内的成员共享地图、应用程序、服务及其他地理信息。共享的内容通过网站传送，同时可以对网站外观进行自定义。

将 Portal for ArcGIS 与 ArcGIS Server 配合使用时，组织内的成员便可以访问以下即用型应用程序。

(1)使用地图查看器来组成并显示 2D 数据，使用场景查看器来组成并显示 3D 数据。

(2)使用可配置的 Web 应用程序创建高质量的信息产品。

(3)Web AppBuilder 是一款简单易用的工具，用于创建和配置自己的 Web 应用程序，无需编码。

(4)故事地图通过地图来讲述故事，从而带来一种方便共享的优质用户体验。

(5)生产力应用程序包括 Collector for ArcGIS、Operations Dashboard for ArcGIS 及 Explorer for ArcGIS。

(6)ArcGIS Pro 是 ArcGIS for Desktop 附带的一个应用程序。

3. Geostatistical Analyst 扩展模块

ArcGIS Geostatistical Analyst for Server 为 GIS 服务器提供具有统计学意义的预测服务，以便进行 GIS 建模和可视化。

(1) 使用统计模型创建随机训练或测试数据子集，这些数据子集能够帮助用户识别数据异常、探究空间数据并生成更准确的结果。

(2) 检查实际问题，包括大气数据分析、石油和矿产勘探、环境分析、精细农业及鱼类和野生动物研究。

4. Spatial Analyst 扩展模块

ArcGIS Spatial Analyst for Server 为 GIS 服务器提供高级栅格数据分析和表面生成功能。Spatial Analyst 提供 150 多个工具和功能，可以将它们嵌入 Web 应用程序中，并可以进行即时分析，包括适宜性建模、距离和方向计算及水文建模。

5. Data Interoperability 扩展模块

使用 ArcGIS Data Interoperability for Server 共享地图和地理处理服务，这些服务几乎利用了所有数据格式或数据模型。

(1) 将多个数据源与应用程序中的创作空间提取 (extract)、转换 (transform) 和加载 (load) (ETL) 功能相结合。

(2) 直接读写非标准数据格式并创建几何或属性转换，以支持复杂建模。添加对超过 200 个数据格式的支持，包括对 CAD、OGC、XML、JSON、RSS、DBMS、甚至是 CSV 的支持。

(3) 使用 ArcGIS Data Interoperability for Desktop 创作地图或空间 ETL 工具，使用 ArcGIS Data Interoperability for Server 发布应用程序内的格式支持或空间 ETL 功能。

6. Network 扩展模块

ArcGIS Server Network 扩展模块可提供基于网络的空间分析功能，包括路线、行进方向、最近设施点和服务区域分析。开发人员可以使用该扩展模块构建和部署自定义网络应用程序。

ArcGIS Network Analyst for Server 通过 Web 服务提供高级网络数据分析功能。

(1) 部署功能强大的网络分析工具，如多点优化路径选择、时效性、分段行驶方向、服务区域分配和到最近设施点的最快固定路径。

(2) 为包括分析师、专业工作人员和决策人员在内的更多人提供复杂的网络建模功能，无论这些人是否掌握 GIS 知识或技能。

7. Schematics 扩展模块

该扩展模块仅在 Windows 平台上可用。ArcGIS Server Schematics 扩展模块提供了一组用于在 Web 应用程序中生成和更新逻辑示意图的功能，它还允许用户在整个企业乃至整个 Web 范围内通过 ArcGIS Server 共享逻辑示意图。逻辑示意图在 ArcGIS Server 中作为服务器对象扩展 (server object extension，SOE) 提供。可以发布在 ArcMap 中创建的逻辑示意图内容，然后在客户端应用程序中的 Web 上显示该内容。

8. Image 扩展模块

ArcGIS Image Extension for Server 有助于大量收集可供他人使用的影像和栅格数据集。

(1) 通过减少数据重复和缩短从请求新影像到可访问新影像之间经过的时间来简化影像管理。

(2) 通过即时处理方法更快速地处理影像，这种方法能够减少所维护的影像数量，同时提供更有价值的影像。其中包括正射校正、全色锐化、渲染、增强、过滤和地图代数功能。

(3) 执行动态镶嵌，此操作能够动态添加和显示新的内容，以便于理解随时间发生的变化或显示重要信息的影像。

6.1.5　ArcGIS Server 10.4 的安装

1. ArcGIS Server 的站点组成

在安装 ArcGIS Server 之前，首先需要了解 ArcGIS Server 站点的组成，这有利于人们加深对 ArcGIS Server 体系的理解，也有助于人们在安装和使用 ArcGIS Server 中对每一步操作和过程的理解。ArcGIS Server 站点由三个部分构成：ArcGIS 服务器、站点管理人员、客户端。其中，ArcGIS 服务器包含 GIS 服务器、服务管理器、ArcGIS Web Adaptor。下面对站点的三个组成部分进行详细的介绍，如图 6.2 所示。

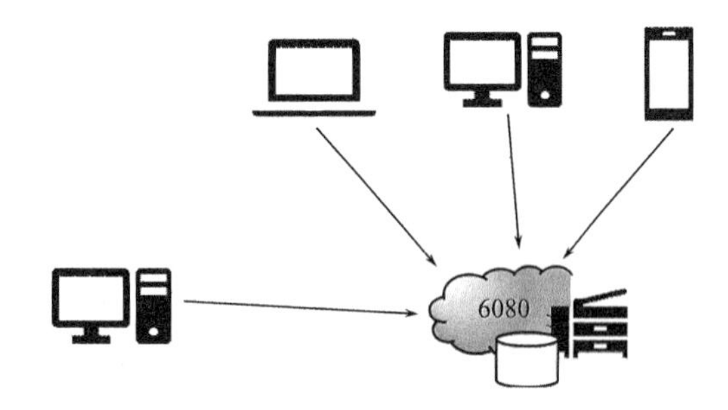

图 6.2　ArcGIS Server 体系架构

ArcGIS Server 站点的组成如图 6.2 所示，在 ArcGIS Server 站点的大多数基本配置中，其可在单个 GIS 服务器计算机上运行，无需任何附加组件。下述部署方案的设置、维护和升级操作非常简单。

1) GIS 服务器

包含服务器对象管理器(server object manager，SOM)和服务器对象容器(server object container，SOC)。SOM 是在单个计算机上运行的 Windows 服务。SOM 是用于管理分布在一台或多台 SOC 计算机上的一组服务器对象。可在一台或多台 Windows 计算机安装 SOC。这些 SOC 计算机可用于承载由 SOM 管理的服务器对象。每台 SOC 计算机能够承载多个容器进程。容器进程是一种运行一个或多个服务器对象的进程。各容器进程将由 SOM 进行管理。

2) 服务管理器

服务管理器组件可对 GIS 服务进行管理，并且可与 GIS 服务器安装在同一台计算机上，也可安装在其他计算机上。服务管理器需要使用 Internet 信息服务。因为非企业级部署时仅使用一个 GIS 服务器，所以该服务器目录和配置存储位置应位于本地计算机中，而不是网络共享，如 C: \arcgisserver\config-store，而不是 \\share\config-store。将配置存储和服务器目录保存到本地文件系统中通常可比通过网络共享访问它们实现更高的性能，还可以降低运行 GIS 服务器的计算机和远程存储设备之间的依赖性。如果用户计划托管缓存地图和图像服务，则推荐使用直接连接的本地目录或存储区域网络量(专用于服务器)，因为这样通常可获得最高的性能。在共享网络位置中检索缓存切片是一个代价非常高的操作。

3) ArcGIS Web Adaptor 或反向代理服务器

服务和管理请求会直接应用于 GIS 服务器的默认端口(6080)。客户端通过使用 6080 端口的 HTTP 直接连接到 GIS 服务器，以访问站点。客户端可选择性地使用端口 6443 中的 HTTPS 以安全访问站点。不使用 ArcGIS Web Adaptor 或反向代理服务器的优点是在安装和配置站点时不需要任何关于第三方 Web 技术的知识；客户端和服务之间不存在额外的组件，可避免在 Web 层潜在的额外系统开销。

4）站点管理员

站点管理员是对服务器进行管理的专业人员，站点管理员需要登录名和密码才可能管理服务器，而且可以查看服务器中所有的资源并且可以对它们进行修改操作。需要注意的是，站点管理员的账户名与下面即将介绍的安装过程中的 ArcGIS Server 账户名不是同一个用户名，它们是不同的两个概念。ArcGIS Server 中的账户是 Windows 系统账户，它可以管理 ArcGIS Server 的操作系统进程（启动、停止 ArcGIS Server 服务），而站点管理员是对 GIS 服务器上的各种服务形式的 GIS 资源进行管理（各种类型服务的发布、启动、停止、删除；站点安全；集群管理等）。

5）客户端

客户端是各种 GIS 资源的使用者，它包含了 Web 客户端、Mobile 客户端和 Desktop 客户端等。客户端通过 HTTP 协议访问并使用 ArcGIS Server 上的资源。例如，Web GIS 应用程序的开发人员可以调用 ArcGIS Online 上的资源；ArcGIS Desktop 从 10.1 开始也可以使用 ArcMap 连接 ArcGIS Online。当前，ArcGIS Server 的客户端开发方式主要以 JavaScript 以主，ESRI 也推出了相应的开发产品（ArcGIS for JavaScript API）。

2. 安装概述

在安装 ArcGIS Server for Microsoft .NET Framework 之前，必须满足以下条件。

（1）确认硬件性能及操作系统版本满足软件要求：不支持 32 位操作系统，仅在操作系统为 64 位时才可执行安装程序；不支持名称中带有下划线“_”的计算机；最低 RAM 要求为 4 GB。ArcGIS for Server 需要最小 5.5 GB 的可用磁盘空间，其中，系统驱动器上必须有 350 MB 的可用空间。

（2）ArcGIS for Server 要求安装 Microsoft 核心 XML 服务 MSXML 6。如果在计算机上未找到 MSXML 6，则无法继续安装 ArcGIS for Server。如果通过 GUI 执行 ArcGIS for Server 的安装，那么安装过程中将会自动安装 MSXML 6。

（3）获取授权文件。

（4）支持的浏览器为 Google Chrome（版本 10 或更高）、Mozilla Firefox（版本 10 或更高）、Microsoft Internet Explorer（版本 9、10 或 11）、Microsoft Edge。

（5）卸载 ArcGIS server 10.4 以前任何版本的产品。

（6）以具有管理权限的用户身份登录。

3. 安装过程

首先从 ESRI 官方网站下载安装包。下载完成后，此安装程序将自动启动。如果安装程序未自动启动，请浏览至已下载的安装程序文件的位置，并双击 Setup. exe。

（1）选择接受许可协议，并单击“下一步”。选择需要安装的功能，这里默认安装全部功能，如图 6.3 所示。可以单击“更改”修改安装路径。

提示：如果在选择功能对话框后显示以下对话框（图 6.4），则表示在计算机上找不到 Microsoft .NET Framework 4.5。

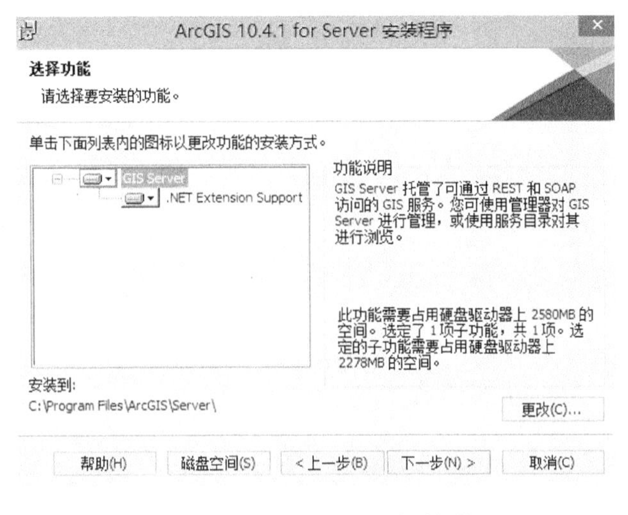

图 6.3　ArcGIS Server 体系架构

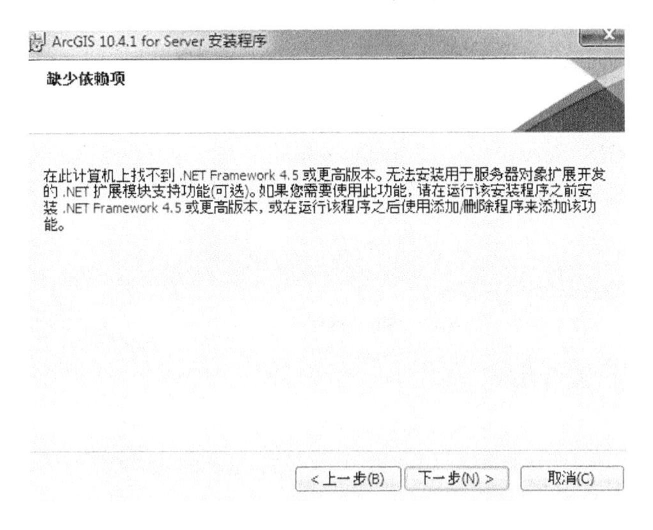

图 6.4　缺少 Microsoft .NET Framework 4.5 依赖

.NET 扩展模块支持功能要求安装 Microsoft .NET Framework 4.5。开发和使用服务器对象扩展(SOE)和服务器对象拦截器(server object interceptor，SOI)需要安装.NET 扩展模块支持功能。如果要开发或使用 SOE 或 SOI，请按照对话框中的操作说明安装.NET 扩展模块支持功能。这时，可到网上下载 Microsoft .NET Framework 4.5。下载完成后，此安装程序将自动启动。如果安装程序未自动启动，可以手动切换目录至已下载的安装程序文件的位置。

(2) 如果计算机上未安装 Python 2.7，此安装程序将会自动安装这些软件。默认安装位置为 C: \Python27\。如需要修改安装路径，可以单击“更改”，之后点击“下一步”，如图 6.5 所示。安装 Python 后，可以通过 ArcPy 提供的函数和库对地图数据进行处理和编辑。需要注意的是，如果计算机中已经安装了 Python 的更高版本，则不会引起冲突，正常安装 Python2.7 即可。

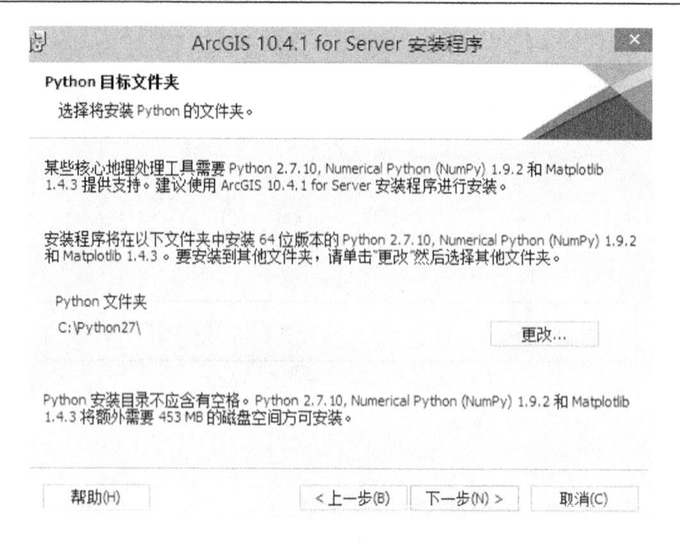

图 6.5　Python2.7 的安装

(3) 指定 ArcGIS Server 账户。需要指定用户名和密码。此时创建的用户是一个 Windows 用户，可以用这个用户登录 Windows 系统。建议在安装成功后给予这个用户系统管理员权限，以免在后续使用 ArcGIS Server 中出现权限不够的问题。ArcGIS Server 账户的默认名称为 arcgis，建议不做修改，如图 6.6 所示，默认账户名即可。

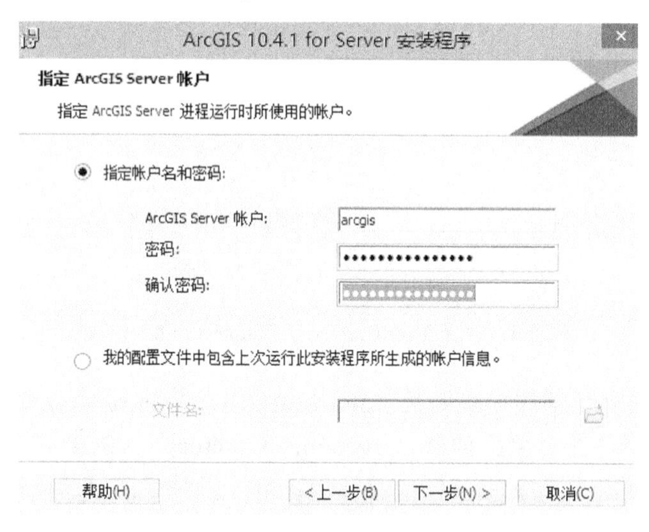

图 6.6　指定 ArcGIS Server 账户

(4) 如果选择了指定账户名和密码并手动输入了 ArcGIS Server 账户信息，则将在下一个对话框中显示用于导出服务器配置文件的选项。如果不想导出配置文件，请单击“下一步”，接受默认的“请勿导出配置文件”选项。如果想要导出服务器配置文件以供将来安装使用，请选择导出配置文件。浏览至某一安全的文件夹并输入配置文件的名称。ArcGIS Server 账户信息将导出至指定的服务器配置文件中，如图 6.7 所示。当需要在多台计算机上安装 ArcGIS Server 并且想要创建相同账户的时候则需要导出配置文件。之后点击“下一步”完成安装。

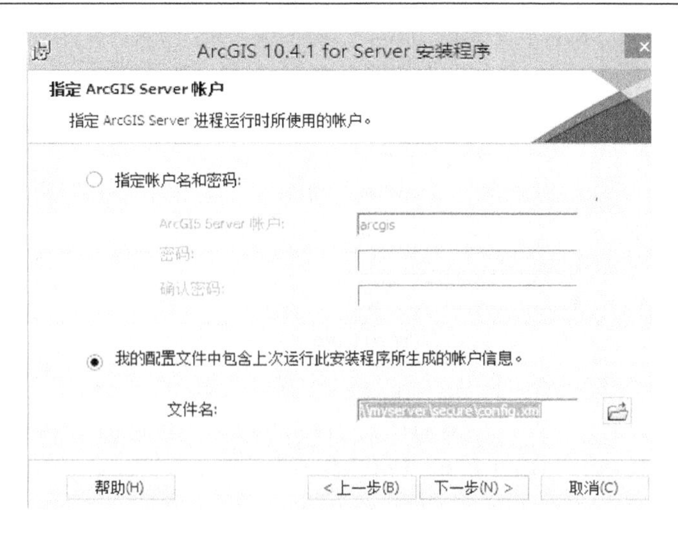

图 6.7　导出配置文件

6.2　ArcGIS Server 的使用

一个 GIS 服务器可发布多种类型的 GIS 服务，并通过服务将 GIS 资源进行共享。而服务是 GIS 资源的一种表现形式，可通过 GIS 服务器供网络中的任何其他计算机使用，该网络可以是本地网络(如局域网)，也可以是范围更广的网络，如 Internet。或者说，发布服务即是授予客户端的用户访问 GIS 资源和执行相应的 GIS 功能的权限。

使用 ArcGIS Server 时，主要通过三个步骤进行：利用 ArcGIS Desktop 创建 GIS 资源，然后使用 ArcGIS Server 将资源发布为服务，最后通过客户端应用程序使用服务。

6.2.1　创建地图服务资源

在发布服务之前，需要利用 ArcGIS 桌面产品创建这些服务所使用的资源。在确定所要创建的 GIS 资源之前，应该考虑需要执行哪些 GIS 功能。表 6.1 显示了使用 ArcGIS Server 发布的 GIS 资源的类型、可执行的功能及能够创建该资源的 ArcGIS Desktop 应用程序。

表 6.1　GIS 资源类型及其功能和创建该资源的应用程序

GIS 资源	在 ArcGIS Server 中可执行的功能	创建该资源所使用的 ArcGIS Desktop 应用程序
地图文档(. mxd)	制图、网络分析、WCS 发布、WFS 发布、WMS发布、网络地图切片服务(web map tile service，WMTS)发布、移动数据发布、keyhole 标记语言(keyhole markup language，KML)发布、地理数据库数据提取和复制、要素访问发布、Schematics 发布	ArcMap
地址定位器(. loc)	地理编码	ArcCatalog 或 ArcMap
地理数据库(. sde)	地理数据库查询、提取及复制；WCS 发布；WFS 发布	ArcCatalog 或 ArcMap

续表

GIS 资源	在 ArcGIS Server 中可执行的功能	创建该资源所使用的 ArcGIS Desktop 应用程序
地理处理模型或工具(. tbx)	地理处理、网络处理服务(web processing service，WPS)发布	ArcMap(结果窗口中的地理处理结果)
ArcGlobe 文档(. 3dd)	3D 制图	ArcGlobe
栅格数据集、镶嵌数据集，或者引用栅格数据集或镶嵌数据集的图层文件	影像发布、WCS 发布或 WMS 发布	ArcCatalog 或 ArcMap
GIS 内容所在的文件夹和地理数据库	创建组织的 GIS 内容的可搜索索引	ArcMap

注：如果使用时发现 Web 服务无法提供所需的精确的功能或业务逻辑，可通过服务器对象扩展(SOE)进行扩展。SOE 可通过 ArcObjects 扩展 Web 服务的基本功能，SOE 是需要进行自定义开发的高级选项，但在编写后即可轻松部署到服务器中或与其他人进行共享。除 ArcGIS for Server 外，运行 SOE 无需使用任何其他特殊软件地图服务定义。

6.2.2 服务类型与功能

ArcGIS Server 为开发人员提供了各种类型的服务和功能，开发人员可以在 Web 浏览器或自定义应用程序中使用服务，使用服务不需要安装任何 GIS 软件。不仅如此，ArcGIS 应用程序(如 ArcMap 和 ArcGlobe)也可用作 GIS 服务的客户端。例如，地图服务允许客户端应用程序访问服务器上的地图内容，所允许的访问方式与地图文档存储在本地时的访问方式大致相同。将 GIS 资源发布为服务是使该资源可供其他用户使用的关键。下面将详细介绍 ArcGIS Server 中的各种服务类型与功能。

1. 服务类型

1) 地图服务

地图服务(map service)是通过 ArcGIS 将地图发布到 Web 的一种方法。将地图服务发布后，Internet 或 Intranet 用户便可在 Web 应用程序、ArcMap、ArcGIS Explorer 及其他应用程序中使用这些地图服务。地图服务是最常用的 ArcGIS 服务，还包含了一组可选的功能。许多可选的地图服务功能是通过在地图文档中包含特定的数据内容实现的，如地图文档中引用了网络数据集的网络分析图层，则可启动网络分析功能。

2) 场景服务

场景服务是一种 ArcGIS Server Web 服务，该服务来自 ArcGIS Pro 中的 3D 场景。场景服务(也称为 Web 场景图层)可以通过 Web 场景将 3D 内容共享到 Portal for ArcGIS 组织。Web 场景在概念上类似于 Web 地图。但是，它们并不显示 2D 地图或要素服务，而是使用 3D 场景服务，可使用这种方法访问最初在 ArcGIS Pro 中创建的 3D 内容。

3) 地理编码服务

地理编码可以将街道地址转换为空间位置，通常是以坐标值表示点的过程。地理编码服务(geocode service)支持多种应用程序，如业务和客户管理、交通运输和货物配送，再到简单的得到用户需要前往的方向。可以通过地理编码在地图中查找及显示地址，还可以查看地址与周围要素的关系。有时，只是查看地图便可看出某些关系，除此之外，还可使用空间分析工具来显示不易察觉的信息。

4) 地理数据服务

地理数据服务(geodata service)允许用户使用 ArcGIS Server 通过局域网(LAN)或 Internet 访问地理数据库。该服务可以执行地理数据库复制操作、通过数据提取创建副本并在地理数据库中执行查询，可以为任何类型的地理数据库(包括 ArcSDE 地理数据库、个人地理数据库和文件地理数据库)添加地理数据服务。在使用地理数据服务之前，应该对地理数据库、地理数据库复制和数据提取工作有一个基本的了解。

5) 几何服务

几何服务(geometry service)用于协助应用程序执行各种几何计算，如缓冲区、简化、面积和长度计算及投影。而且，ArcGIS API for JavaScript、ArcGIS API for Flex 和 ArcGIS API for Silverlight 在 Web 编辑过程中也可使用几何服务修改各要素。几何服务为使用细粒度的 ArcObjects 或地理处理服务执行此类计算提供了一种替代方法。

6) 地理处理服务

地理处理服务(geoprocessing service)包括可通过客户端进行访问的地理处理任务，通过发布地理处理工具箱或包含工具图层的地图文档可创建任务。执行地理处理服务中的任务时，将使用服务器计算机的资源在服务器计算机上执行。

7) Globe 服务

Globe 服务(globe service)提供来源于 ArcGlobe 文档(. 3dd)的 Globe 3D 视图，通过 Globe 服务可以交互使用三维地球，并将它与其他地理信息叠加显示。人们可以在 ArcGlobe、ArcReader 和 ArcGIS Explorer 应用中使用 Globe 服务。Globe 服务还可以被发布为 KML 服务，被其他的可视化应用所使用。

8) 影像服务

影像服务(image service)通过 Web 服务提供对栅格(及影像)数据的访问。栅格数据的源可以是栅格数据集(来自磁盘中的地理数据库或文件)、镶嵌数据集或者引用栅格数据集或镶嵌数据集的图层文件。将镶嵌数据集发布为影像服务需要 ArcGIS Server Image 扩展模块。发布影像服务时，始终会启用默认的影像服务功能，也可以选择通过开放地理空间联盟、WMS 或 WCS 功能启用影像服务功能。不同的影像服务源会导致稍有不同的功能并且会影响图层属性。

9) 搜索服务

搜索服务(search service)可在本地网络上为用户提供 GIS 内容的可搜索索引。搜索服务在进行大型的企业级部署(GIS 数据分布在多个数据库及文件共享中)时用处最大。GIS 分析人员可输入搜索服务的 URL，然后输入一些搜索词来查找数据，而不必从头至尾浏览这些数据源。当在 GIS 服务器上将一个 GIS 资源发布为服务时，可以指定该服务包含的功能，而所包含的功能，取决于 GIS 资源内容。所以，不同的服务类型需要提供不同的 GIS 资源类型，以启动相应的功能。

10) 矢量切片服务

矢量切片服务是一种 ArcGIS Server Web 服务，该服务来自 ArcGIS Pro 中的矢量切片包。矢量切片服务(也称为矢量切片图层)使用户能够共享和使用 Portal for ArcGIS 组织和自定义应用程序中的矢量切片。

11) 流服务

流服务是一种新的 ArcGIS for Server 服务类型，这种服务类型侧重于客户端/服务器数据流的低延迟和实时数据传播。连接到流服务的客户端将在订阅服务后立即开始接收数据。客户端可指定并重新配置空间和属性约束，无需事先取消订阅，然后重新连接到服务。

12) Workflow Manager 服务

Workflow Manager 服务是一种源于 ArcGIS Workflow Manager 资料档案库的 ArcGIS 服务。通过这种方法，用户可使用 ArcGIS 在 Web 上提供工作流管理功能并使用桌面工具来定义 Workflow Manager 系统，还可以将资料档案库发布为 ArcGIS for Server 上的服务。表 6.2 总结了所提供的服务及每项服务所需的 GIS 资源。

表 6.2　服务类型与所需的 GIS 资源

服务类型	所需的 GIS 资源
地理编码服务	地址定位器(.loc、.mxs、SDE 批量定位器)
地理数据服务	地理数据库的文件地理数据库或数据库连接文件(.sde)
GeoEvent 服务	GeoEvent 服务组件
地理处理服务	ArcGIS for Desktop 中来自结果窗口的地理处理结果
Globe 服务	Globe 文档(.3dd)
影像服务	栅格数据集、镶嵌数据集，或者引用栅格数据集或镶嵌数据集的图层文件
地图服务	地图文档(.mxd)
航海图服务	ArcGIS for Maritime：服务器、地图服务和电子海图
场景服务	ArcGIS Pro 3D 场景
搜索服务	想要搜索的 GIS 内容所在的文件夹和地理数据库
流服务	GeoEvent 服务组件
矢量切片服务	ArcGIS Pro 矢量切片包(.vtpk)
Workflow Manager 服务	ArcGIS Workflow Manager 资料档案库

2. 服务功能

一个服务包含多种功能，当在服务器将 GIS 资源发布为服务时，可以选择性地启动该服务所包含的功能。功能即用于定义客户端使用服务的各种方式。例如，地图服务提供了制图(Mapping)功能，用于访问地图文档的内容。

作为 ArcGIS Server 管理员，主要看重的是 GIS 资源及基于这些资源所创建的服务。而对于客户端用户，则更多关注的是发布资源时所启用的功能。作为管理员，可发布 GIS 资源并为该资源启用多种功能，作为使用服务的用户则将这些功能当做不同的服务。

一个服务包含多种功能，用于发布的资源所能启动的功能却取决于该资源的类型。例如，地图文档取决于该文档所包含的图层，若要启动网络分析功能，则需要引用网络数据集的网络分析图层。某些功能(如网络分析功能)需要特殊类型的图层，但一些功能(如 WMS 和 KML)对图层不需要特殊要求，始终可启用。表 6.3 列出了可启用的功能与需要启动的服务和所需的 GIS 资源的要求。

表 6.3 功能与需要启动的服务及其资源要求

功能	用途	所需的服务	资源要求
电子海图	用于在任何地点访问 S-57 ENC、AML、IENC 和加密的 S-63 数据集，以便进行可视化和分析	航海图服务	ArcGIS for Maritime：服务器、地图服务和电子海图
要素访问	用于访问地图中的矢量要素。通常用于使用 Web API(JavaScript、Flex、Silverlight)进行简单编辑	地图服务	地图文档里需要矢量图层
地理编码	用于访问地址定位器。发布地理编码服务时总是会启用此功能	地理编码服务	地址定位器(.loc、. mxs、SDE 批量定位器)
地理数据	用于访问地理数据库的内容以进行数据查询、提取和复制。发布地理数据服务时总是会启用此功能	地理数据服务	数据库连接文件(. sde)、个人地理数据库、文件地理数据库或从版本化地理数据库引用数据的地图文档
地理数据访问	最终用户可以在 ArcMap 中执行复制和数据提取。发布地图文档时启用此功能可创建一个相关的地理数据服务	地图服务	需要地理数据库中的图层。此功能用于创建与地图服务搭配使用的地理数据服务
几何	在应用程序中提供了一种工具，用于执行几何计算(如投影计算和密度计算)	几何服务	无
地理处理	用于从工具箱或工具图层中访问地理处理模型。工具图层用于表示已添加到地图文档的内容列表中的模型。发布地图文档时启用此功能可创建一个相关的地理处理服务。发布地理处理服务时总是会启用此功能	地理处理服务或地图服务	需要 toolbox 文件(. tbx)或包含工具图层的地图文档
Globe	用于访问 Globe 文档的内容。发布 Globe 服务时总是会启用此功能	Globe 服务	Globe 文档(.3dd、. pmf)
成像	用于访问栅格数据集或镶嵌数据集的内容，包括像素值、属性、元数据和波段。发布影像服务时总是会启用此功能	影像服务	栅格数据集、镶嵌数据集或引用栅格数据集或镶嵌数据集的图层文件
JPIP	在使用 JPEG 2000 文件或 NITF 文件(使用 JPEG 2000 压缩类型)并通过 ITTVIS 配置了 JPIP 服务器时提供 JPIP 数据流功能	影像服务	栅格数据
KML	使用地图文档创建 keyhole 标记语言(KML)要素	地图服务	无特殊要求的地图文档
制图	用于访问地图文档的内容。发布地图服务时总是会启用此功能	地图服务	所有地图文档资源的此功能始终处于启用状态
移动数据访问	可以将数据从地图文档中提取到移动设备	地图服务	无特殊要求的地图文档
网络分析	使用 Network Analyst 扩展模块求解交通网分析问题	地图服务	地图文档需要引用网络数据集的网络分析图层
搜索	用于搜索企业范围内共享的文件夹和地理数据库	搜索服务	想要搜索的 GIS 内容所在的文件夹和地理数据库
WCS	创建符合 OGC 网络覆盖服务(WCS)规范的服务	地理数据服务、影像服务或地图服务	需要栅格图层

续表

功能	用途	所需的服务	资源要求
WFS	创建符合 OGC 网络要素服务(WFS)规范的服务	地图服务或地理数据服务	需要矢量图层。栅格图层未包含在此服务中，因为 WFS 的目的是为矢量要素提供服务
WMS	创建符合 OGC 网络地图服务(WMS)规范的服务	地图服务或影像服务	无特殊要求图层的地图文档或栅格图

6.2.3　使用 ArcCatalog 创建连接与发布服务

地图服务是最常见的服务，以下将以地图服务为例，讲述如何在 ArcCatalog 中发布服务和添加服务。

1. 使用 ArcCatalog 创建到 ArcGIS Server 的连接

ArcCatalog 提供了两种连接 GIS 服务器的选项：管理连接和用户连接，对应的是管理 GIS 服务(Manage GIS Services)和使用 GIS 服务(Use GIS Services)。管理连接，是以管理员身份进行连接，具有管理权限，可使用服务和编辑服务的属性，可增加、删除、启动、停止或暂停服务；而用户连接是以用户身份进行连接，则没有这些管理权限，只能查看使用服务器上的服务。

添加管理连接的步骤如下。

(1)给予 ArcGIS Server 操作系统用户管理员权限。

(2)启动 ArcCatalog 之后，在目录树中双击 GIS Servers 节点，双击“Add ArcGIS Server”。

(3)选择 Manage GIS Services(管理 GIS 服务)，然后单击“下一步”。

(4)在 Server URL(服务器 URL)文本框中，输入要连接的 ArcGIS Server 实例的 URL。URL 格式如下：http:/<服务器名称或 IP 地址>/<实例名称>/rest/services(如 http:/localhost:6080/arcgis/rest/services)，实例名是安装后配置指定的，默认为 arcgis。ServerType(服务类型)选择 ArcGIS Server。

(5)单击“Finish”。服务器显示在目录下。

用户连接，与管理连接的操作步骤类似。步骤如下。

(1)启动 ArcCatalog 之后，在目录树中双击 GIS Servers 节点，双击“Add ArcGIS Server”。在向导的第一个界面选择 Use GIS Services，然后单击“下一步”。

(2)进入 General 界面，输入需要连接的服务器实例(Server URL)，其格式与管理连接相同。如果服务器管理员已经启用了安全性设置，不允许匿名登录，则还需要输入用户名和密码。

(3)单击“Finish”完成连接。图 6.8 为管理 GIS 服务器界面。

2. 在 ArcCatalog 中发布服务

下面以地图服务为例，说明怎样发布服务到 ArcGIS Server 中。

(1)在 ArcCatalog 的 FolderConnections 中找到已经保存好的. mxd 文档，选择此. mxd 文档，单机右键，选择“Share As Service”分享为服务。当然也可以直接在 ArcMap 中打开 ArcCatalog 进行发布，如图 6.9 所示。

ArcGIS Server Administrator Connection Properties

General

Server URL: http://localhost:6080/arcgis/rest/services

ArcGIS Server: http://gisserver.domain.com:6080/arcgis

Server Type: ArcGIS Server

Staging Folder: C:\Users\wusujie\AppData\Local\Temp\arcD233\Sta

☑ Use ArcGIS Desktop's staging folder

Authentication

User Name: wusujie

Password: •••••••

☑ Save Username/Password

About ArcGIS Server connections

确定　取消　应用(A)

图 6.8　管理 GIS 服务器界面

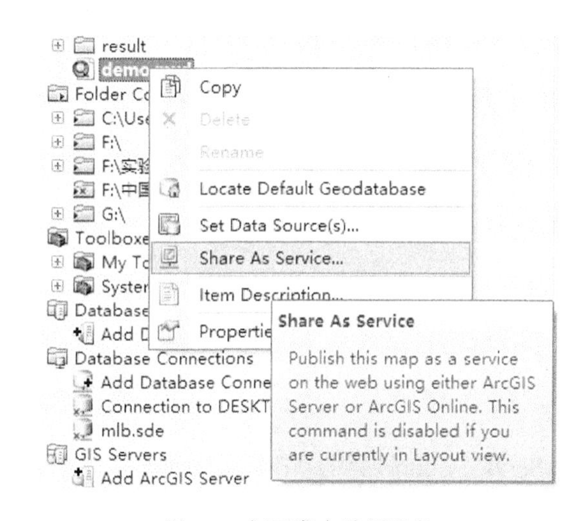

图 6.9　打开发布地图服务

(2) 如果在 ArcCatalog 中发布地图服务，在选择 Share As Service 后 ArcMap 自动启动，并显示 Share as Service 界面，选择“Publish a service”发布服务，如图 6.10 所示。

(3) 选择一个服务器连接并输入服务名称，这个名称是所发布的地图服务的名称，服务器是一台 ArcGIS Server 的实例。然后点击“下一步”，如图 6.11 所示。

(4) 选择在根目录下发布服务，如有需要，可以新建文件夹，点击“下一步”或者“Continue”，如图 6.12 所示。

图 6.10　Share as Service 界面

图 6.11　选择服务器并输入服务名称

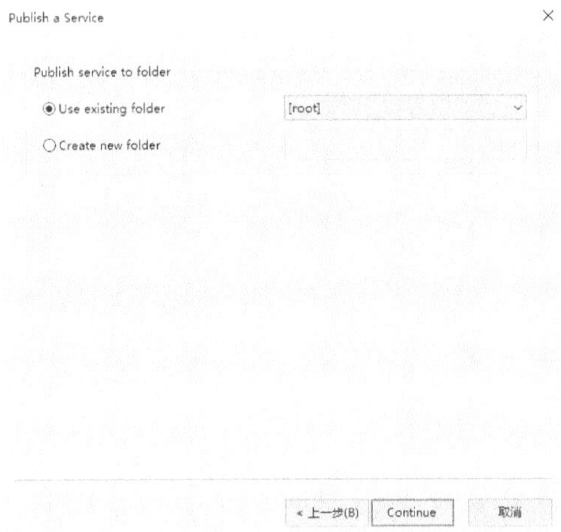

图 6.12　选择在根目录下发布服务

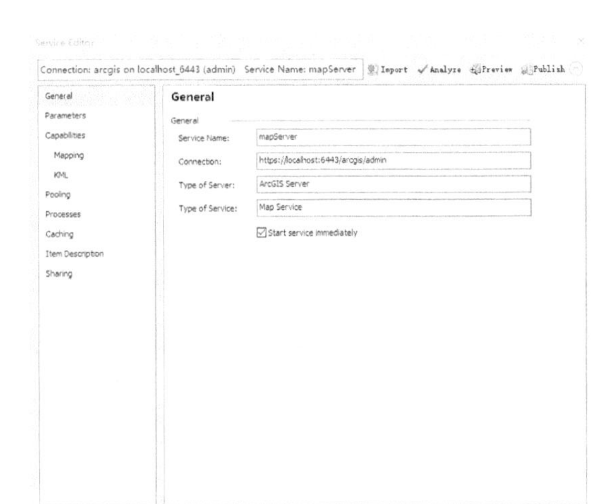

图 6.13　Service Editor 界面

(5) 出现服务编辑器 (Service Editor) 界面，在此服务编辑器中，可以对发布的服务进行相应的分析和设置。图 6.13 显示了服务的名称、服务器链接、服务类型等信息。

(6) 选择 Capabilities 选项卡，可以看到即将发布的资源所对应的服务类型，Mapping 也就是地图服务，这个服务类型是必选的，不需要勾选。这里手动勾选 KML 服务，需要注意的是，如果需要发布 Feature Access 服务，需要提前把数据存放在企业级地理数据库中，这里不勾选 Feature Access，如图 6.14 所示。

(7) 点击“分析”(Analyze)，对地图进行发布前的检查，之后点击“发布”(Publish)。图 6.15 显示的是发布成功的提示。一般，分析时可能出现一些问题，如数据框没有地理参考，这时需要给数据框设置完投影坐标系后才能发布。如果在发布矢量服务时，出现“数据源没有注册”的错误提示的话，则需要注册文件夹或者企业级地理数据库后才能发布。这里发布的是地图服务，在分析时，不会出现错误，但会显示这样一个高级别警告，如果不对这个警告进行处理，则 ArcGIS Server 会在点击发布按钮后提示数据会被复制到服务器中，这样做会使数据不能同步更新，并且加大了服务器的压力。因此，虽然发布地图服务时注册数据库或者文件夹不是必须的，但其实是存在弊端的，所以建议在发布服务前提前注册数据库或者文件夹。

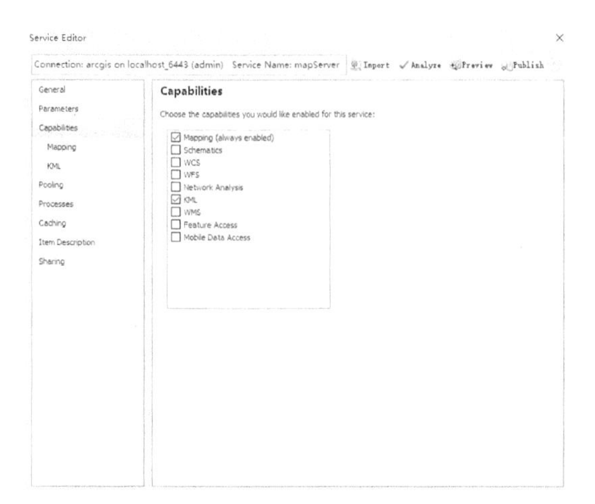

图 6.14　Capabilities 选项卡设置

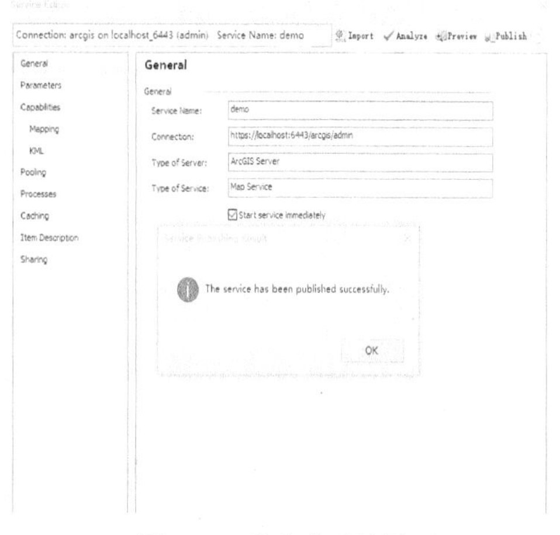

图 6.15　发布成功的提示

6.2.4　使用 ArcGIS Server Manager 发布服务

1. 登录 ArcGIS Server Manager

打开浏览器，如果服务器是本机，则通过输入 https://localhost: 6080/arcgis/manager/index.html#进入 Manager 的登录界面，如图 6.16 所示。输入正确的 ArcGIS Server 站点用户名和密码即可登录。这个站点管理员是在安装 ArcGIS Server 后创建站点时新建的。另外，使用 Manager 只能登录一个服务器，因 Manager 工具直接与 ArcGIS Server 的一个实例相关。

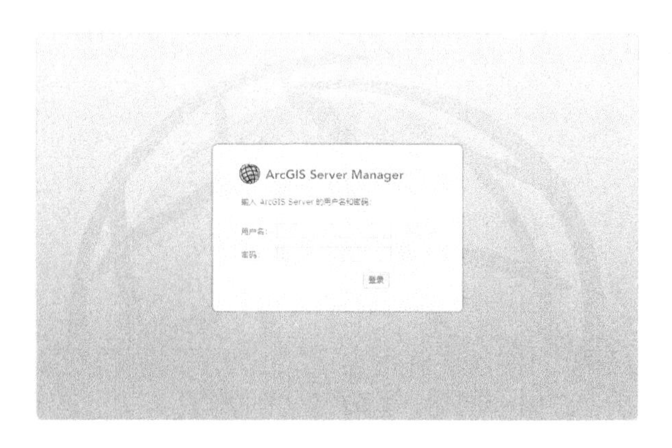

图 6.16　Manager 登录界面

2. 使用 ArcGIS Server Manager 发布服务

上一节中使用 Arc Catalog 发布了地图服务，本节介绍如何使用 ArcGIS Server Manager 发布服务。在登录 ArcGIS Server Manager 之后，进入管理界面，如图 6.17 所示。

在 ArcGIS Server Manager 中发布服务，需要先在 ArcMap 或者 ArcCatalog 中保存服务定

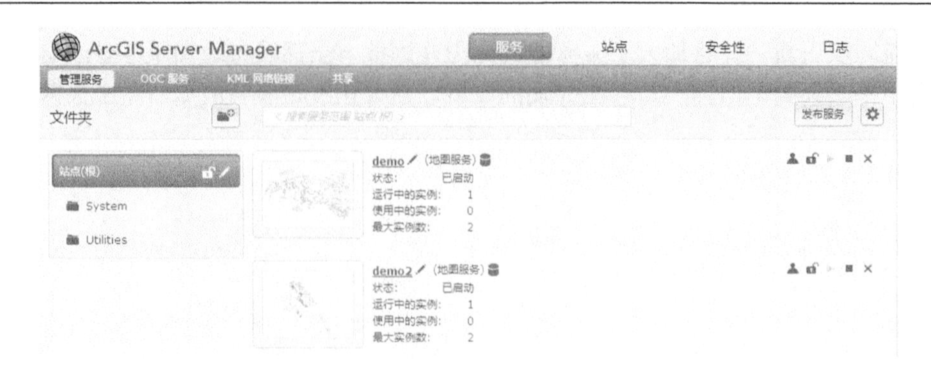

图 6.17　ArcGIS Server Manager 管理界面

义文件，然后点击右上角的“发布服务”按钮，选择相应的服务定义文件(. sd 文件)，最后进行发布。下面介绍如何在 AraMap 中保存服务定义文件，以及如何利用 ArcGIS Server Manager 发布服务。步骤如下。

(1) 打开 ArcMap，选择文件菜单下面的“分享为”→“服务”。

(2) 在弹出的 Share as Service 对话框中，选择 Save a service definition file。在之后的步骤中指定保存服务定义文件(. sd) 的路径即可。

(3) 在 Service Editor 界面中，选择相应的服务类型，单击“分析”(Analyze) 并“保存”(Stage)。这样，就可以生成一个服务定义文件，如图 6.18 所示。

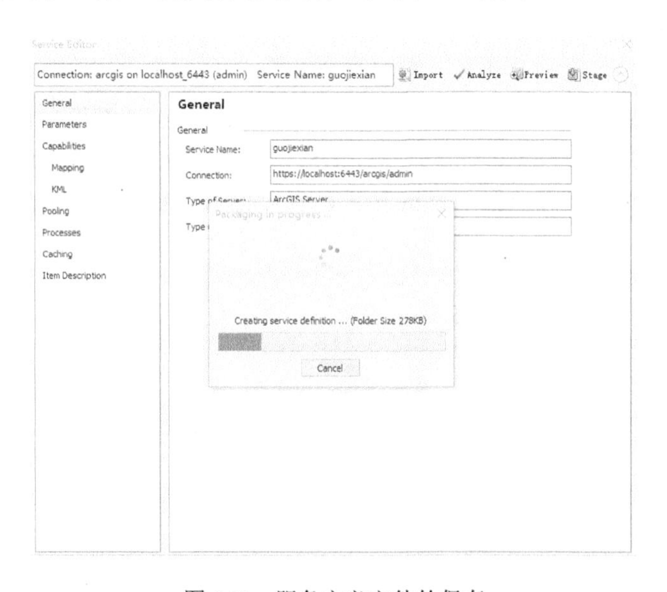

图 6.18　服务定义文件的保存

(4) 在 ArcGIS Server Manager 中单击右上角的“发布服务”按钮，选择刚才定义好的. sd 文件。这样就可以直接在 ArcMap 中发布定义好的服务了。图 6.19 是正在发布服务的过程。

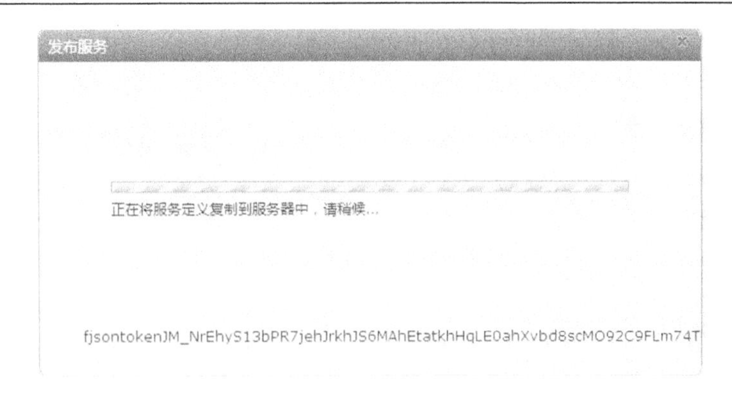

图 6.19　通过服务定义文件发布 GIS 资源

6.2.5　地 图 缓 存

ArcGIS Server 的缓存服务有地图缓存(2D)和 Globe 缓存(3D)两种，分别为二维地图和三维地图提供服务。为实现快速的性能，地图服务和 Globe 服务通常使用缓存。

1. 地图缓存概述

ArcGIS Server 发布地图服务时，可使用地图缓存来显著提升浏览性能。地图缓存是更快速浏览地图服务的一种非常有效的方法。为更高效、更快捷地访问地图，提升浏览性能，往往会使用地图缓存技术(也称瓦片技术)，目前流行的 Google 地图、Bing 地图等在线地图，都使用了该技术。地图缓存技术，就是按照一定的数学规则，在不同特定比例尺下把地图绘制并切成一定规格的图片存储到计算机硬盘里，如图 6.20 所示。当客户端进行地图访问请求时，服务器就直接返回当前地图坐标区域所对应的地图切片，从而缓解 Web GIS 服务器数据处理的压力，提高地图访问速度。

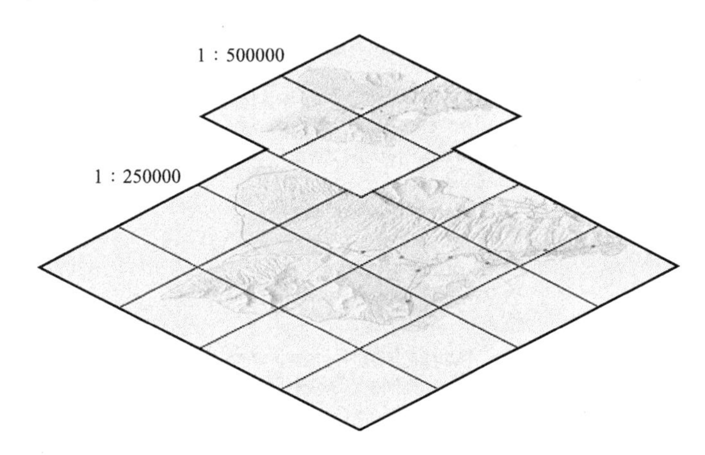

图 6.20　地图缓存

在不使用地图缓存的情况下，执行缩放、平移等操作时，服务器都将动态实时生成地图图片，再返回客户端。图层的渲染程度较复杂时，生成动态地图的过程中需要大量计算，地图浏览速度较慢，并且占用了服务器的大量资源，增加了后台的负载压力，多用户连接的时候可能会出现服务器不稳定。而地图缓存则弥补了这个缺陷。

在创建地图缓存时，服务器会以定义的一组比例级别来绘制地图，并以图片的形式储存，这样当服务器响应客户端的地图访问请求时，服务器直接将相应的切片返回客户端，而不需要生成动态地图图片。对于 ArcGIS Server 来说，返回一个已缓存的静态图片比动态生成地图要快得多。另外，已缓存的图片的质量和所表示的地图内容的详细复杂程度，对返回客户端的速度不造成显著的影响，即是否使用晕渲地貌、透明度或 Maplex 标注引擎创建地图，对浏览性能的影响都不明显，因为缓存只是地图图片的集合，服务器返回这些不同的缓存图片所花费的时间大致相同。

如果在创建缓存中选取的比例尺太小，用户可能感觉缺少信息或无法获得良好的影像服务视图。如果选取的比例过多或选取了不必要的比例，则会增加缓存的创建时间和所占用的存储空间。因此，定义符合应用的切片缓存方案是至关重要的。在切片方案中，需要确定缓存的某些属性，如创建哪种比例级别和像素大小的切片缓存。

地图缓存一般适用相对稳定的数据，即不经常更改的地图。因地图以图片形式保存，对于变化的数据无法做出反应。要使变化的数据及时反映出来，则必须重建地图缓存，而重建地图缓存，需要的时间可能会很长，这是缓存的不足之处。不过，可以采用一些缓存策略，来获得最佳性能。例如，将不常变化的底图与经常变化的图层分开，可从底图图层创建缓存地图服务，从实时更新的图层或者因分析或建模而更改的图层创建非缓存地图服务。

2. 创建地图缓存

ArcGIS 提供多种创建地图缓存的方式。可以直接在 ArcCatalog 中，通过服务属性的 Caching 项来创建；也可使用 Caching Tools 下的工具创建，Caching Tools 工具箱中有很多处理缓存的工具，如图 6.21 所示；还可以通过编程实现；当然，通常在 ArcMap 中发布地图服务时，可在 Server Editor(服务编辑)界面中，设置切片缓存方案。Caching Tools 提供的 Cache 操作工具比较齐全，而 ArcCatalog 提供的方式相对比较简单，但在 ArcMap 中发布服务的同时创建切片缓存比较直观易理解。下面，介绍如何在 ArcMap 中创建缓存服务。

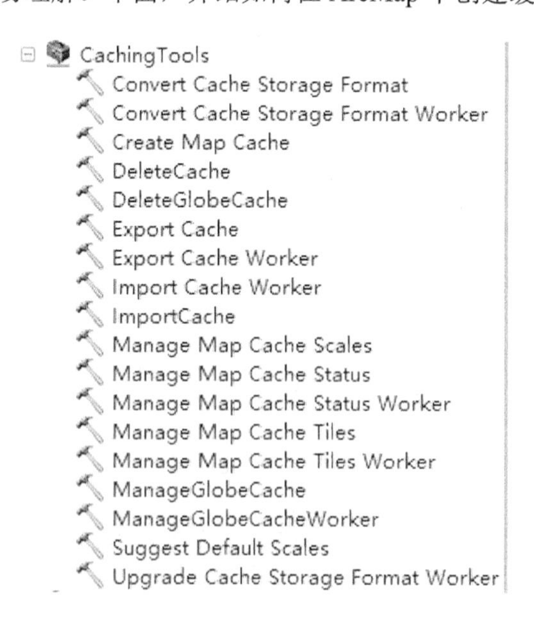

图 6.21　ArcToolbox 中 Server Tools 下的 Caching Tools

发布地图时，会进入 Service Editor 界面(图 6.22)。

(1)在左边的选项卡中选择 Caching(缓存)，选择 Using tiles from a cache 单选框。

(2)Tiling Scheme(切片设计)默认为 ArcGIS Online/Bing Maps/Google Maps 的切片方案。

(3)拖动滚动条，设置合理的缓存比例尺级别和像元大小，点击“Calculate Cache Size”(计算缓存大小)。

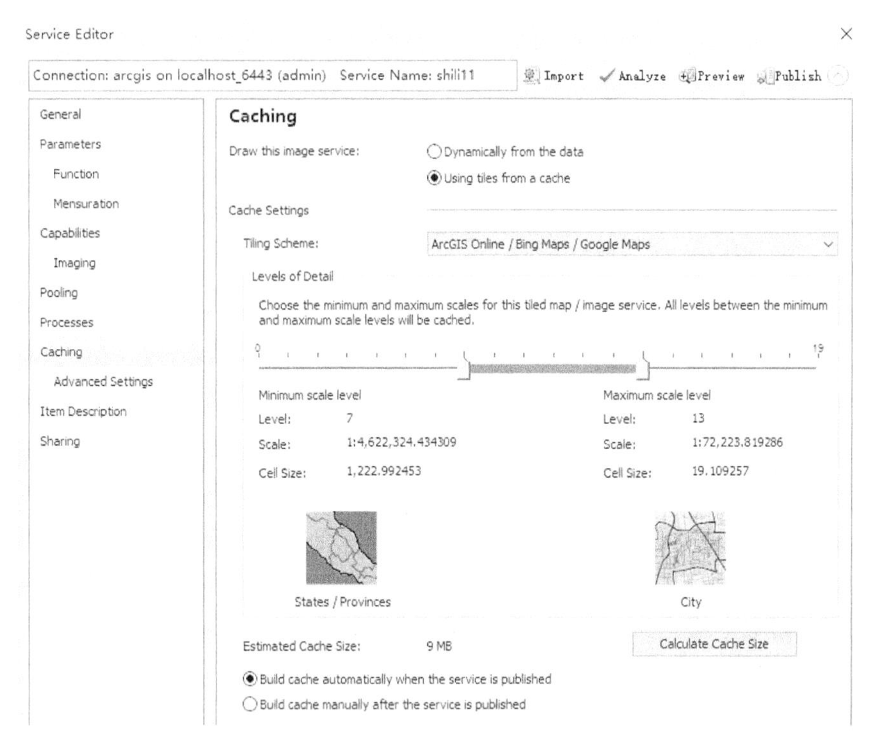

图 6.22 创建缓存服务

(4)在左边的选项卡中选择 Caching 下面的“Advanced Settings”(高级设置)，设置 Tile Format(缓存图片格式)为“JPEG”，并点击“Advanced”(高级)，设置 Storage Format(存储格式)为“COMPACT”(紧凑型)，如图 6.23 所示。设置完毕后，单击“Publish”对服务进行发布。若缓存较大，可能等待的时间比较长，通常需要几分钟到几十小时不等。

3. 地图缓存的深入理解

1)*切片方案*(Tiling Scheme)

切片方案包括比例尺等级、切片原点、切片大小和 DPI 等。ArcGIS Server 进行切图时，可通过多种方式选择切片方案。

(1)从在线地图服务，如 ArcGIS Online、Google Maps 或者 Bing Maps 中载入。

(2)从已有地图服务(Map Service)中载入。

(3)从一个切片方案文件载入，切片方案文件可以通过工具箱里 Server Tools 的 Caching 选项下的 Generate Map Server Cache Tiling Scheme 工具进行创建。

(4)根据需求自己创建，即直接在对话框里设置。

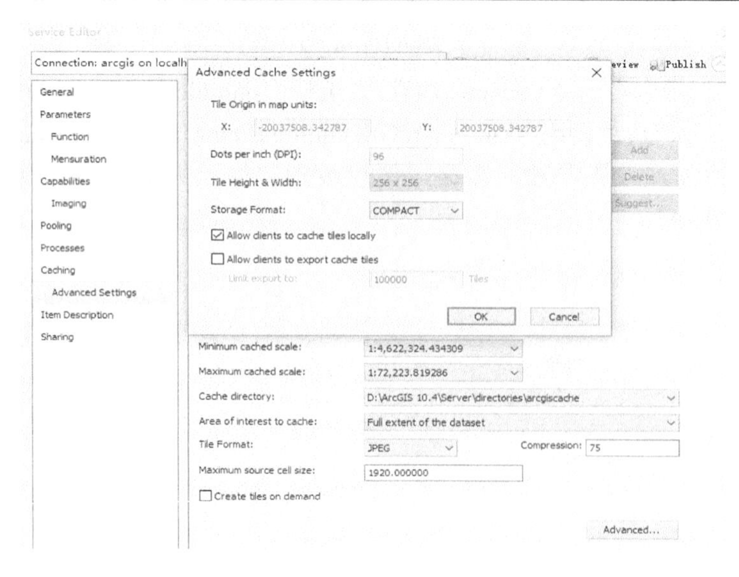

图 6.23　创建缓存服务高级设置

2) 缓存存储格式(Storage Format)

有两种缓存文件格式：紧凑型(COMPACT)与松散型(EXPLODED)。可选择将切片分组以获取更高的存储效率和移动性，或者以单个文件形式存储每个切片。

(1)紧凑型：在紧凑格式下，缓存中的每个文件都包含一包切片。每个包的宽度为 128 个切片，高为 128 个切片，最多包含 16384 个切片。紧凑缓存的复制速度大大快于松散缓存，且所占用的磁盘空间更少，如图 6.24 所示。

图 6.24　紧凑型文件

(2)松散型：在松散格式下，每个切片都存储为磁盘上的一个文件。这种方式便于查看缓存中的切片，但会使生成的缓存较大从而耗费更多的时间来创建，并且不容易被复制，如图 6.25 所示。

有时，缓存中数量巨大的文件和文件夹可能会使复制工具效率低下，包括 Windows 复制/粘贴。因此，紧凑缓存可极大地减少缓存复制时间。如果采用自动缓存更新工作流程，即在过渡服务器上创建切片后将其复制到生产服务器，建议使用紧凑缓存。此外，如果可用磁盘空间有限，也应使用紧凑缓存。

3) 比例尺级别(Scales)

创建切片方案时，采用哪些地图比例尺创建切片是最为重要的选择。可在两个位置输入比例尺级别。

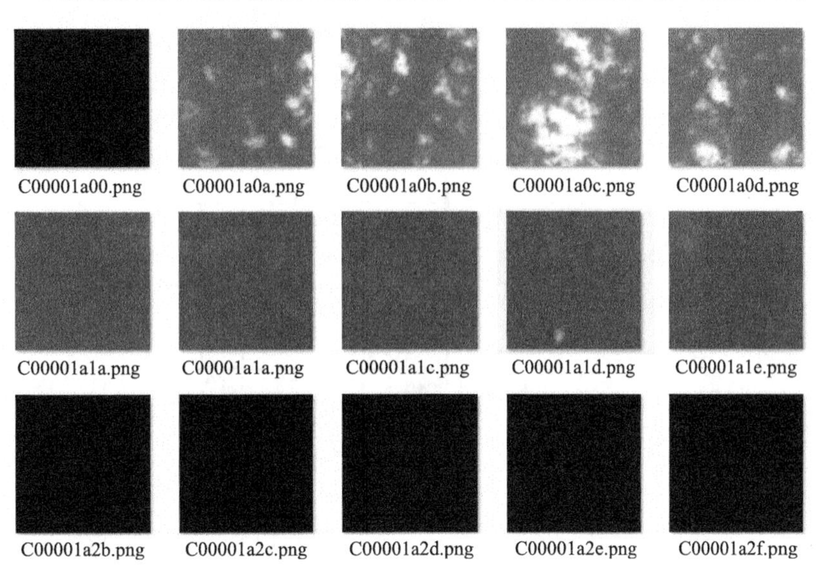

图 6.25　松散型文件

(1) 可在第一次创建切片方案时，在“生成地图服务器缓存切片方案”工具中直接输入比例。

(2) 在创建新缓存时，加载了切片方案以后，可对“服务编辑器的缓存” 下的“高级设置”子选项卡中的比例列表进行修改。处理影像时，在此输入比例非常方便，因为可以在列表中输入像素大小。

输入比例时，可以输入比例或仅输入比例的分母(例如，输入 36000，列表中将会显示 1∶36000)。如果输入像素大小，则可以输入像素大小值(采用地图单位)用于生成的切片。缓存图像时该选项十分有用，如向像素分辨率为 1m 的缓存中添加比例。

选择一组比例的简便方法是：确定用户查看地图时需要使用的最接近比例，然后重复地将比例的分母乘以 2，直至达到仅在一或两个切片内便可包含全部关注区域的比例。例如，如果正为某个城市设计切片方案，用户查看地图应使用的最接近比例为 1∶2400，则比例可能为 1∶2400、1∶4800、1∶9600、1∶19200 或 1∶38400，直到达到一个可在计算机屏幕上一次性看到整个城市的比例。

4) 切片原点(Tile Origin in map units)

切片原点位于切片格网的左上角，但并非创建切片的起始点。在默认的情况下，切图的范围是 mxd 文档的 full extent(全图范围)，创建切片的起始点便是全图范围的左上角的原点，而切片原点位于地图之外较远的地方，以确保覆盖整个地图区域。不过，如果切片原点位于全图范围内，则切图范围是切片原点的右下部分，此时切片原点才是切图的起始点。图 6.26 是切片原点的示意图。

5) 切片格式(Tile Format)

PNG 使用 PNG 格式的切片会降低存储空间，但不会降低显示效果的位深度，即图像仍会保持其清晰程度。这适用于很多矢量地图，尤其是颜色种类较少的地图、单色条带较多的地图或者叠加网络。如果不确定使用哪种格式，请首先尝试此格式。

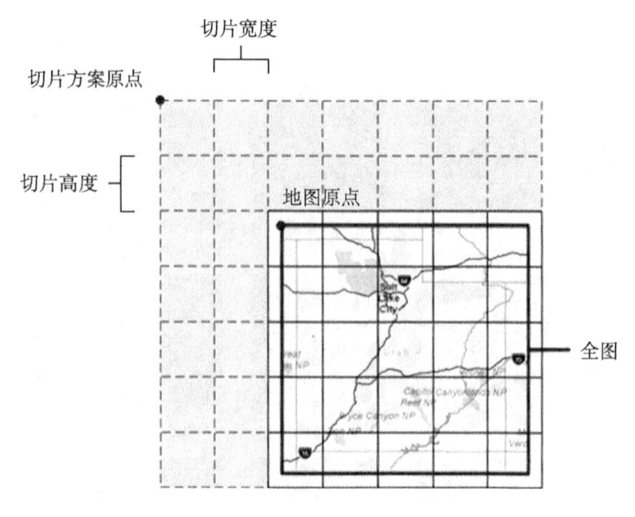

图 6.26　切片原点

PNG8 用于需要具有透明背景的叠加服务，如道路和边界。PNG 8 可在磁盘上创建非常小的切片且不损失任何信息。

当地图使用了抗锯齿功能时，采用 PNG 或 PNG 32 而非 PNG 8 将会看到较高质量的线和标注。如果因渐变填充或山体阴影而导致地图包含大量颜色，可能还需要采用 PNG 或 PNG 32。

PNG24 可用于超过 256 种颜色(如果少于 256 种颜色，使用 PNG 8)的叠加服务，如道路和边界。如果将在 Internet Explorer 6 或更早版本中查看切片，请勿使用 PNG 24。

PNG32 用于超过 256 种颜色的叠加服务，如道路和边界。PNG 32 特别适用于对线或文本启用了抗锯齿的叠加服务。PNG 32 在磁盘上创建的切片比 PNG 24 大，但所有浏览器都完全支持这种切片。

JPEG 用于颜色变化较大且不需要透明背景的底图服务。例如，栅格图像和非常详细的矢量底图特别适合使用 JPEG。JPEG 为有损图像格式，它会在不影响图像显示效果的情况下，尝试有选择地删除数据。这会在磁盘上产生很小的切片，但如果地图包含矢量线作业或标注，它可能会在线周围生成过多的噪声或模糊区域。如果发生这种情况，可尝试将压缩值从默认的 75 增加到更大的值。更大的值(如 90)可以生成可接受的线作业质量，同时还可保证 JPEG 格式的小切片优势。用户将确定可接受的图像质量。如果愿意接受图像中存在少量噪声，选择 JPEG 可节省大量的磁盘空间。更小的切片同样意味着浏览器可更快地下载切片。

MIXED 是混合缓存，在缓存中心使用 JPEG，同时在缓存边缘使用 PNG 32。如果要在其他图层上完全叠加栅格缓存，应使用混合模式。

创建混合缓存时，在检测到透明度的任何位置(也就是数据框背景可见的位置)都会创建 PNG 32 切片，其余切片使用 JPEG 构建。这可降低平均文件大小，同时可在其他缓存上进行完全叠加。如果在这种情况下不使用混合模式缓存，将在图像叠加其他缓存的外围看到不透明的凸边。

LERC(有限错误栅格压缩)是一种高效的有损压缩方法，建议用于较大像素深度的单波段或高程数据(如浮点型、32 位、16 位或 12 位数据)。对于浮点数据而言，LERC 比 LZ77

的压缩效果好 5～10 倍，压缩速度快 5～10 倍。对于整型数据而言，LERC 也优于 LZ77。使用整型数据并且指定的错误限制为 0.99 或更低时，LERC 被视为无损压缩。

6) 缓存目录(Cache directory)

缓存目录是用于储存地图服务缓存的位置，位于服务器上，默认路径为 C: \ArcGIS 10.4\Server\directories\arcgiscache。在缓存目录中，首先是以地图服务名称命名的文件夹，之后是以切图的数据框架名称命名的文件夹 Layers。如果创建的是融合缓存，那么接下来的是 _ alllayers 文件夹，若创建的是多图层缓存，则 Layers 目录下是每个图层的文件夹。再下来的就是切片方案设置的比例尺级别(layer of detail，LOD)，每个级别分别为一个文件夹，从小到大，对应着所设置的比例尺。

如果是松散型(EXPLODED)缓存，则每个比例尺文件夹下是切片行文件，行文件下面就是实际的地图切片。行文件的命名方式是 R 加 8 位数字的行号，这 8 位数是 16 进制的，如 R000000b 指的是行号为 11 的文件，而行文件里的切片命名方式差不多，C 加上列号，如图 6.25 所示。需要注意的是，行序号是从切片原点开始起算的，并从 0 开始，不过创建切片的起始点不一定在切片原点，所以，当某些行不在切图范围内，则不创建。行文件里面的切片也一样，不在切图范围的则不创建。如果是紧凑型(COMPACT)缓存，比例尺文件夹(L0X)下就是包文件和相对应的索引文件。包文件的命名是 R*x*C*y*，*x* 与 *y* 是十六进制的 4 位数，分别表示该包文件里第一个切片(最左上角)的行号与列号。由于包文件的切片最大数是 128×128(16384)个，而十进制的 128 等于十六进制的 0080，所以 *x* 与 *y* 可能取值为 0000，0080，0100，0180，…，即它们相邻之差为 0080(十进制的 128)，如图 6.24 所示。此外，Layers 目录下都还包含着一个 conf. xml 文件，该文件是切片方案文件，完整描述了该地图缓存。

当然如果急需使用一个较大的影像，可以先发布服务不切片，等到时间充足之后再对发布好的影像进行切片。同时，ArcGIS Server 支持全图范围创建缓存，也支持某个地图范围内创建缓存地图。在 Update Extent(Optional)下的框里可浏览至某一个图层，将该图层的范围作为要生成切片的地图范围，如果不选则按默认的全图范围。当数据量较大或者比例尺较大时，则可在 Update Specific Area Using a Feature Class 选项里，选定 feature class 范围(这个范围在所选要素的边界内)来创建缓存，这能节省缓存创建时间和硬盘空间。按这种缓存策略，当数据更新或修改时，根据更新要素的范围，可进行局部缓存的创建和更新，以节省时间。还有，在创建缓存时，可以根据要素的范围，预先创建用户感兴趣区域的缓存，而其他不常被访问的范围采用按需缓存。

6.3 ArcGIS Server 的开发框架

6.3.1 ArcGIS Server 开发概述

Silverlight、Flex、ArcGIS JavaScript API 曾经是 ArcGIS Server 支持的三大客户端。当时 JavaScript 是 HTML 原生支持的脚本，可以操作页面元素，也可以控制样式，功能强大，但受到开发语言门槛高、通用框架少、显示不够绚丽等因素影响，在 API 刚刚推出时，使用者较少。而 Silverlight 作为微软公司的客户端本来就有很多的开发者，而且开发较为简单，因此颇受. NET 用户支持。Flex API 当时是最方便开发的客户端，由于其依托 FLASH 插件，所以性能优化是一大优势。随着 HTML5 的出现，彻底打破了三大 Web API 三足鼎立的局面，使 JavaScript API 一枝独秀，随着其技术的发展，前两种技术已经渐渐退出了 ArcGIS Server Web 开发模式的舞台，如今 ArcGIS JavaScript API 以其轻巧、便捷的开发模式，成为了 Web GIS 最流行的开发框架。

ArcGIS Server 提供了灵活多样的开发方式，主要有以下几种。

(1) 在一个应用程序或客户端框架中，直接利用 ArcObject、简单对象访问协议(SOAP)、表述性状态转移(representational state transfer，REST)等核心服务器的 APIs。

(2) 利用 ArcGIS JavaScript APIs，创建纯客户端应用程序。

(3) 使用 ArcGIS Runtime SDK for Android 或者 ArcGIS Runtime SDK for IOS，开发和部署移动客户端应用程序。

(4) 还能利用服务器对象扩展(SOE)，在服务器上使用 ArcObject 扩展 ArcGIS Server 提供的服务类型对象的功能。

(5) 灵活的开发方式，给开发人员更多的开发技术选择空间。表 6.4 列出了应用程序类型和在这些应用程序里面所使用的框架与 API。

表 6.4　应用程序类型与 API 的关系

应用程序类型	①	②	③	④	⑤	⑥	⑦
Web 服务	■	■					
Desktop 客户端和控制台应用程序	■	■	■				
JavaScript 应用程序			■		■	■	■
Mobile 应用程序				■			

注：① ArcObjects API；② SOAP API；③ REST API；④ ArcGIS Runtime SDK for Android 或者 ArcGIS Runtime SDK for IOS；⑤ ArcGIS API for JavaScript；⑥ ArcGIS Extension for Bing Maps；⑦ ArcGIS Extension for the Google Maps API。

由表 6.4 可知，当前 ArcGIS Server 提供的开发方式中，主要是 Web APIs。而 ArcObject API、SOAP API 和 REST API，它们是 ArcGIS Server 的核心 API，ArcObjects 是 GIS 服务器的基础组成部分，而 SOAP 和 REST 是两种不同的 Web 服务构建方式。GIS 服务是基于 Web 服务标准发布的，同样可以作为 Web 资源使用。而 ArcGIS Server 的两个核心 API——SOAP 与 REST，提供了一系列标准协议，用来与作为 Web 资源的 ArcGIS Server 服务进行交互。基于 GIS 的 Web 应用程序的开发，离不开与 GIS 服务进行交互，因而 SOAP API 和 REST API 是 ArcGIS Server 主要开发框架的基础，如 JavaScript API，就是调用 ArcGIS Server REST API 的一组 JavaScript 脚本。如图 6.27 所示，REST 与 SOAP 是客户端与 ArcGIS 服务器的通信桥梁。

对于桌面端来说，开发人员可通过使用 ArcGIS Runtime SDK for Java 或 ArcGIS Runtime SDK for. NET 来开发桌面应用程序；对于移动端来说，开发人员可通过使用 ArcGIS Runtime SDK for Android 或者 ArcGIS Runtime SDK for IOS 来开发移动端应用程序。

此外，当 Web APIs 无法满足要求时，还可扩展 ArcGIS Server 以实现用户的业务逻辑，此时，就可以选择使用 SOE，利用 ArcObjects 扩展 ArcGIS Server 提供的现有服务功能。另

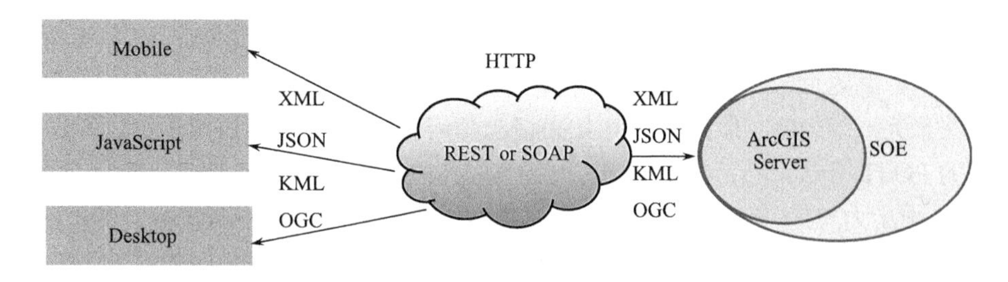

图 6.27 客户端与服务器端通信架构图

外，可使用地理处理(Geoprocessing，GP)服务，以加强 GIS 功能。GP 服务与 SOE 一样，调用了服务器端的 ArcObjects，从而有助于在 Web 应用程序中提供大量的 GIS 功能。在使用 GP 服务的过程中，先创建功能强大的工具，然后发布为 GP 服务，并通过 Web 应用程序访问，从而轻松地获取了强大的 GIS 功能。因此，SOE 与 GP 服务在 ArcGIS Server 开发中扮演着很重要的角色。

6.3.2 SOAP 与 REST

Web 服务是互联网上基于标准互联网协议(HTTP)使用的软件组件，可以实现组件最新的和改进的请求过程。Web 服务可独立于平台和语言实现分布在 Internet/Intranet 上的应用程序或组件的无缝互操作。通过在 ArcGIS Server 中引入 REST，就可以通过网络轻松直观地实现 GIS 的无缝互操作。Web 服务已成为了流行的 Web 信息系统的一个重要模块，并使用了一种新的系统规划——面向服务架构(service-oriented architecture，SOA)。对比传统的方法，Web 服务有以下优势。

(1)用户不必在本地机器安装执行服务所需的软件。例如，用户不必安装地理信息系统软件，就可以进行 GIS 分析。

(2) Web 服务特别适合于复杂环境中、数据快速变化的操作；一个单一的具有中央副本的数据比多个用户计算机上的数据更容易维护。

(3)软件授权和知识产权问题更容易得到解决。

(4)系统客户端只需在特定的时间点，即可通过 Web 服务接收数据。

基于这些优势，Web 服务已成为面向服务架构的理想实现方式。本质上讲，SOA 只是一种计算方法，其所有的功能都是独立的，通过友好界面、松散耦合的服务可以按照特定序列被调用。通过提供整合基于位置独立的应用和平台异构的服务功能，Web 服务和 SOA 正在成为流行的信息技术。

基于 SOAP 的 Web 服务和 REST 风格的 Web 服务是 Web 服务中的两种主要类型。相应的，ArcGIS Server 提供了两种 Web 服务方式 API，SOAP API 和 REST API。

1. ArcGIS Server SOAP API

SOAP 是一种基于 XML 的协议。SOAP 消息可使用多种传输协议进行传递，如 HTTP 和 SMTP 等。接收和传送数据参数时都采用 XML 作为数据格式，即一个 SOAP 消息就是一个特定格式和内容的 XML 文档。

ArcGIS Server SOAP API 依赖两个标准：WDSL 和 SOAP。WSDL 也是基于 XML 格式，用于描述 Web 服务及如何访问 Web 服务。SOAP 经常结合使用 WSDL 来提供互联网上的 Web

服务。使用 Web Service 时，先获得该服务的 WSDL，然后根据 WSDL 构建一条 SOAP 请求发送给服务器，并返回一个 SOAP 应答，最后根据先前的 WSDL 解码 SOAP 消息确定需要调用的方法来完成该 Web 服务调用。如果请求和应答使用 HTTP 协议传输，发送请求就使用 HTTP 的 POST 方法。

WSDL 用于为每个 ArcGIS Server 服务类型生成代理类(proxy classes)和值对象(value objects)。每个服务类型有一个 WSDL 和一个 SOAP 代理类。ArcGIS 服务器 SOAP Web 服务的功能是通过代理的方法定义的。代理的设计目的是以无状态的方式与 ArcGIS Server 服务一起工作，因此代理类提供了将无状态请求发送到 ArcGIS Server 服务并返回结果的方法。ArcGIS 服务器 SOAP 代理在调用方法并返回结果时使用值对象。SOAP 代理和值对象通常是通过 SOAP 工具包设计为一个特定的开发环境，如生成的. NET 和 Java。

ArcGIS Server SOAP Web 服务使用如下的 URL 格式：

http:/<Web Server Hostname>/<ArcGIS Instance>/services/<FolderName>/<ServiceName>/ <ServiceType>

(1) <Web Server Hostname>是部署 ArcGIS Server Web 服务应用程序的 Web 服务器的主机名或 IP 地址。

(2) <ArcGIS Instance>是 Web 服务的虚拟路径的名称，每个服务器都对应一个实例，在 ArcGIS Server 安装过程中所指定，一般默认为 ArcGIS。

(3) <FolderName>是 ArcGIS Server 的一个虚拟文件夹的名称，一个或一个以上的服务可能包含在一个文件夹内。如果一个服务不在一个文件夹，则 FolderName 这部分可忽略。

(4) <ServiceName>是 ArcGIS Server 服务的名称。

(5) <ServiceType>是服务或者服务扩展类型，每个类型必须通过 SOAP 提供一个 WSDL。

例如对 ArcGIS Server 10.4 中自带的地图服务进行访问：

https:/localhost: 6443/arcgis/services/SampleWorldCities/MapServer?wsdl

一个服务或服务扩展的 WSDL 将提供如何通过 SOAP 与 Web 服务交互的必要信息，可在服务的 URL 后面加上“?wsdl” 进行访问 WSDL。连接之后将在浏览器看到基于 XML 格式的内容。基于 XML 格式的 SOAP 风格的服务如下。

```
<definitions targetNamespace="http://www.esri.com/schemas/ArcGIS/10.4">
        <types>
          <xs:schema targetNamespace="http://www.esri.com/schemas/ArcGIS/10.4">
               <xs:element name="GetServiceDescriptions">
                  <xs:complexType/>
                    </xs:element>
                 <xs:element name="GetServiceDescriptionsResponse">
        <xs:complexType>
              <xs:sequence>
                    <xs:element name="ServiceDescriptions" type="ArrayOfServiceDescription"/>
              </xs:sequence>
  </xs:complexType>
  </xs:element>
  <xs:element name="GetServiceDescriptionsEx">
```

```
    <xs:complexType>
        <xs:sequence>
            <xs:element name="FolderName" type="xs:string"/>
        </xs:sequence>
    </xs:complexType>
</xs:element>  ……
```

ArcGIS Server 服务类型与对应的服务器对象(或服务器对象扩展)类型如表 6.5 所示。开发环境(如. NET 或 Java)都提供了基于 SOAP 的工具包，可自动生成本地类，进而确保服务使用者保持与 Web 服务的交互。安装 ArcGIS Server 之后，可以找到 SOAP 开发帮助文档，在浏览器打开 http:/localhost: 6080/arcgis/sdk/soap/即可获取相应的帮助。

表 6.5 ArcGIS Server 服务类型与对应的服务器对象(或服务器对象扩展)类型

服务	服务类型	描述
Catalog	无	用于访问 ArcGIS Server 站点上的服务列表和属性
Feature	矢量服务	用于查询和编辑特性
Geocode	地理编码服务	用于分配位置以处理属性信息
GeoData	地理数据服务	用于创建远程数据的本地副本，执行数据库查询，并同步编辑其他地理数据库
Geometry	几何服务	在几何数组上提供一组有用的通用操作(缓冲区、投影等)
Geoprocessing	地理处理服务	用于与 GIS 操作进行数据分析、数据管理和数据转换
Globe	三维服务	用于在三维环境中访问和显示 ArcGIS 全局层。它的设计仅用于 ArcGIS 桌面应用程序
Image	影像服务	用于从栅格数据生成地图内容
Map	地图服务	用于生成和检索地图内容或查询属性和特性
Mobile	移动服务	用于为使用移动 SDK 开发的应用程序提供地图和数据访问。它是专为移动 SDK 客户端提供的服务
Network Analysis	网络服务	用于生成网络解决方案，如路由、服务区域生成、确定最接近的设施和计算原始目的地成本矩阵

2. ArcGIS Server REST API

REST 是 Roy Thomas Fielding 在其 2000 年的论文中首次提出的一种软件架构。具体地说，REST 用来定义一个 Web 服务应用程序编程接口(API)，REST 本身并不涉及任何新技术，它通过 HTTP 来进行资源管理，如 CRUD(即 create、read、update 和 delete)。本质上讲，REST 是一种针对网络应用的设计和开发方式，它不是一个标准而是一个设计风格，通常是基于 HTTP、URL 和 XML 及 HTML 这些广泛流行的协议与标准。REST 使用很简单，只要使用网址，就可以很容易地创建、发布和使用“REST 风格”的 Web 服务。

REST 提出了如下概念和设计准则。

(1)网络上的所有事物都被抽象为资源。GIS 服务器上的服务同样是一种资源。

(2)每个资源对应一个唯一的资源标识。为每个资源定义唯一的 ID，在 Web 中，使用 URI 来表示这个 ID，通过对应的 URL 便可访问该资源。

(3) 通过通用接口对资源进行访问。使用标准方法来操作资源。为使客户端程序能与资源相互协作，资源应该正确地实现默认的应用协议(HTTP)，也就是使用标准的 GET、PUT、POST 和 DELETE 方法。

(4) 资源形式进行多重表达。为满足不同的客户端应用的需要，资源多重表述将资源用多种数据格式进行表述，常用数据格式有 HTML、XML 和 JSON 等，对于 GIS 资源，还有 image、kmz (Google Earth 格式) 和 lyr 等。

(5) 所有通信是无状态的。

每个请求都是独立的，也就是说，服务器不保存除了单次请求之外的客户端通信状态。ArcGIS 平台提供了丰富的 REST 风格的 Web 服务，以 ArcGIS REST API 方式对外提供，通过 ArcGIS REST API 可以访问地图服务、几何服务、要素服务、影像服务、地理处理服务、流服务、网络分析等多种类型的 Web 服务。

从 ArcGIS Server 9.3 开始，引入 REST 作为新型强大的功能，使用户能够较容易地发布和使用 Web 服务，对 ArcGIS Server 客户端应用开发起到很大的作用，如 JavaScript API 等。REST 是各层次开发者利用 ArcGIS Server 创建自定义应用的最简便方法。

总结起来，通过 ArcGIS REST API 用户可以实现如下功能：①直接访问 ArcGIS Online 发布的各类服务；②发布各种类型的 Web 服务；③在 ArcGIS Online 或组织内部的 Portal for ArcGIS 上创建并分享 item；④管理和配置 ArcGIS for Server 或 Portal for ArcGIS。

ArcGIS Server REST API 提供了一个简单、开放的 Web 接口来访问和使用 ArcGIS Server 发布的服务。利用 REST API，只要通过 URL，即可获取和使用 GIS 服务器上每个 GIS 服务中的所有资源和操作，也就是说，REST API 就是通过 URL 向 GIS 服务器获取资源及其操作。

通常，使用不同的语言构造 HTTP 请求，然后解析 JSON 格式返回的处理结果就可以使用 REST，但 ArcGIS JavaScript API 以面向对象的方式封装了与 ArcGIS REST API 的交互，大大节约了开发时间，提高了开发效率。

下面使用 REST API 访问 ArcGIS Online 上的 GIS 服务器，启动浏览器，输入网址：https:/server. arcgisonline. com/arcgis/rest/services，就可以查看 ArcGIS Online 上已启动的服务目录，如图 6.28 所示。

使用 REST API 时，需要一个明确的端点(endpoint)。对于 ArcGIS 服务器来说，默认的端点格式是

http:/<ArcGIS Hostname>/<ArcGIS instance>/services/<FolderName>/

其中，<ArcGIS instance>默认为“ArcGIS/rest”。若服务不包含在某个文件夹里，则<FolderName>可省去。

ArcGIS REST 体系架构由一系列的资源组成，所有的 GIS 服务都被暴露为资源接口。这一系列的“资源”，包括资源和操作两种类型。资源直接反映服务本身属性信息，如服务目录、地图和图层等，而操作是基于不同的服务所启动的功能，如地图服务的地图输出、图层查询等。ArcGIS REST 的体系架构如图 6.29 所示。

从 ArcGIS REST 的体系架构中可以看到，Catalog 是整个体系的根，在这个根下面，就是 ArcGIS Server 发布的服务。而在每种服务下面，都有相应的资源与操作，需要特别注意的是，获取这些资源和使用这些操作，都是通过 URL 进行的，也就是说，一切皆 URL。

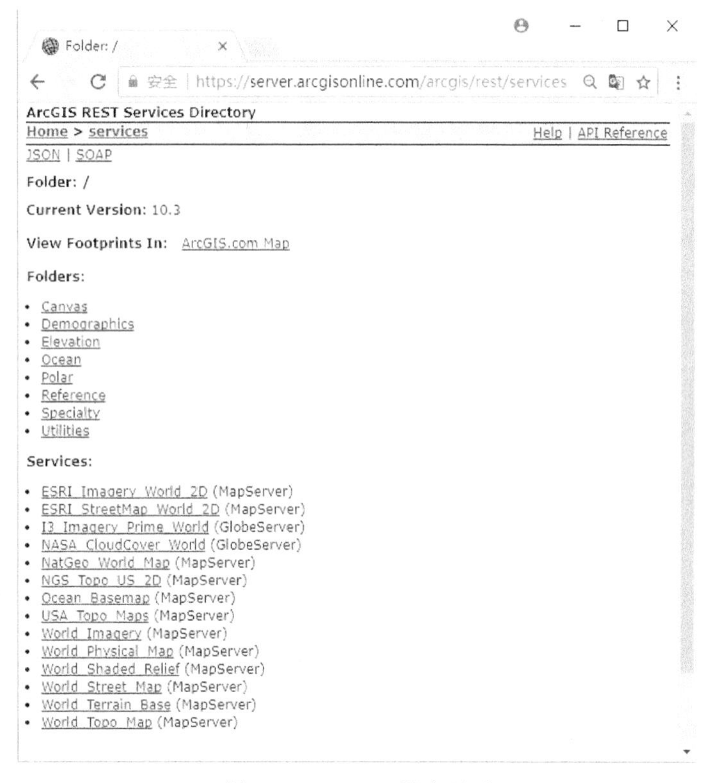

图 6.28　ArcGIS 服务目录

那么，如何使用 REST API 呢？其实就是构建请求 URL 的问题，可以根据实际需要来构建相应的 URL，一般来说，URL 格式如下：

http://<host>/<site>/rest/services/<folder>/<serviceName>/<serviceType>/<operation>?<parameter1=value1>&<parameter2=value2>&<…>& f=<OutputFormat>

该 URL 可分成以下四部分。

(1) 服务端点。每个服务都有一个端点，使用时，需要具体确定某个服务的服务类型及其所使用的资源，对应着 URL 的前面部分，即

http://<host>/<site>/rest/services/<folder>/<serviceName>/<serviceType>

若所使用的资源包含在某个服务下，则在“<service Type>/”后面添加该资源。如 http://<ArcGIS Server name>/ArcGIS/rest/services/<folder name>/<service name>/<service type>/tile/<level>/<row>/<column>

(2) 操作类型。每个服务下面都有相应的资源与操作，如 Map Service 下的图层(Layer)资源包含着一个查询(Query)操作。<operation>这部分是指定操作类型。

(3) 请求参数。每个操作都有其对应的参数，例如，地图服务的输出地图操作，需要设置地图图片的范围参数。参数是在 URL 中的“？”后面设置，多个参数则用“&”隔开。

(4) 输出格式。资源多重表述是 REST 的基本原则之一，因而 REST API 支持多种格式的响应，如 json、kmz 和 image 等。使用查询参数 f，用户就可以指定返回响应的格式，即在请求参数后面加上“f=<输出格式>”。例如，如果指定 f=json，则 REST API 响应的格式是一个 JSON 对象，这种格式主要用于 JavaScript API。如果 f=html，则响应格式就是 HTML 网页格

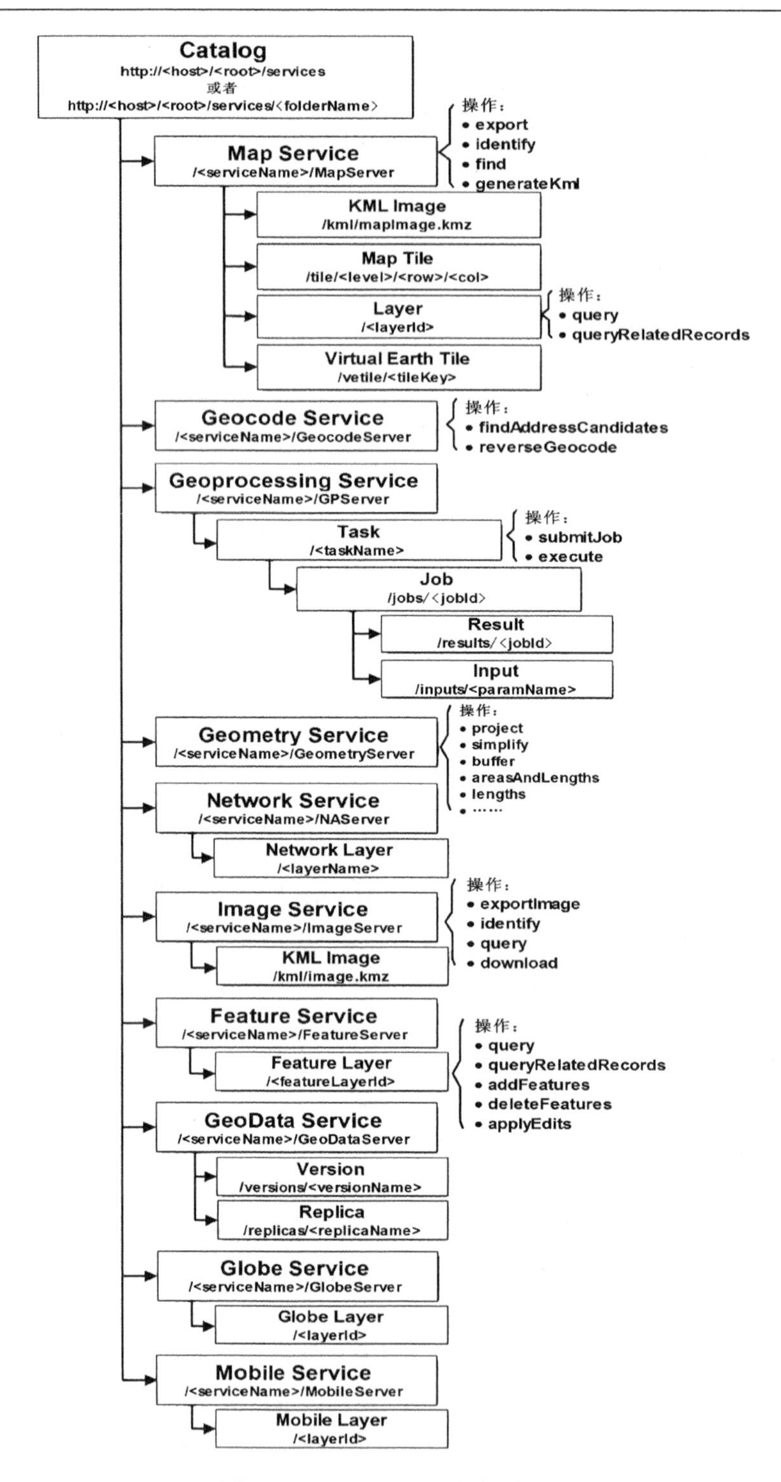

图 6.29　ArcGIS REST 的体系架构

式，其实每个资源的 HTML 网页集就是所谓的服务目录，这种格式是默认格式，所以若没指定 f，则默认这种格式。更多的格式，可以参考帮助文档。

例如，使用 World 地图服务，输出全世界范围的地图，则其请求的 URL 为：

https://localhost: 6443/arcgis/rest/services/SampleWorldCities/MapServer/export?bbox=73, 3, 135, 53&size=800, 600&f=image

在浏览器输入该地址后，结果如图 6.30 所示。

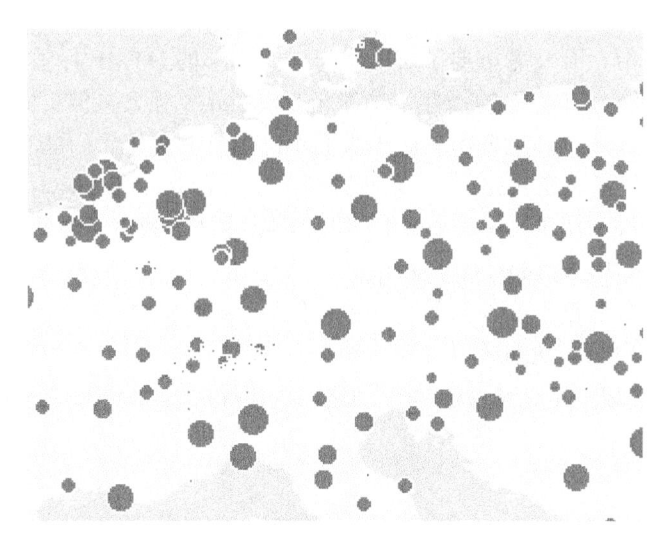

图 6.30　请求结果

基于 SOAP 的 Web 服务是以操作为中心，每个操作接受 XML 文档作为输入，提供 XML 文档作为输出。从本质上讲，它们是远程过程调用(remote procedure call，RPC)风格的。而在遵循 REST 原则的面向资源的架构(resource-oriented architecture，ROA)应用中，服务是以资源为中心的，对每个资源的操作都是标准化的 HTTP 方法。相比 SOAP，REST 使用比较简单。

总之，利用 REST，输入网址即可访问所有资源及执行所有操作。

6.3.3　ArcGIS API for JavaScript

1. ArcGIS API for JavaScript 简介

ArcGIS API for JavaScript 是由 ESRI 公司发布的基于 Dojo 框架，同时符合 REST 风格的 Web 客户端的编程接口。通过 ArcGIS API for JavaScript，人们可以访问 ArcGIS Server 中的服务，并将其中的资源整合到自己的 Web 应用中。在编写本书时，ArcGIS API for JavaScript 的最新版本是 4.4 版本，较之以前的版本，它最大的特点在于对三维服务的功能。ArcGIS API for JavaScript 的官方访问地址是 https://developers. arcgis. com/javascript，其中包含了 API 参考和一些简单的例子，读者可以从官网下载。

在使用 ArcGIS API for JavaScript 之前，对它的运行原理做简单的说明。ArcGIS API for JavaScript 开发的应用系统可以部署在 Web 应用服务器中，用户可通过浏览器对其进行访问和操作；ArcGIS API for JavaScript 会把用户的行为按照 REST API 的格式转化为 HTTP 请求，提交参数给 ArcGIS for Server，ArcGIS for Server 收到请求后，对参数进行处理，得到结果，返回 JSON，将其作为 REST 的响应返回给 ArcGIS API for JavaScript，然后 ArcGIS API for JavaScript 对数据进行解析，转化为 API 中的对象。

2. JQuery EasyUI 简介

JQuery EasyUI 是一款优秀的前端 JS 框架，提供了很多的 UI 控件，能更好地重用代码。JQuery EasyUI 是一组基于 JQuery 的 UI 插件集合体，而它的目标就是帮助 Web 开发者更轻松地打造出功能丰富并且美观的 UI 界面。开发者不需要编写复杂的 JavaScript，也不需要对 CSS 样式有深入的了解，开发者需要了解的只有一些简单的 HTML 标签。JQuery EasyUI 是基于 JQuery 的一个前台 UI 界面的插件，功能相对没 ExtJS 强大，但页面也是相当好看的，同时页面支持各种 theme 以满足使用者对于页面不同风格的喜好。一些功能也足够开发者使用，相对于 ExtJS 更轻量。在 6.3.4 节，会在案例中使用到 JQuery EasyUI 这个框架，由于篇幅的原因，在此不详细介绍 JQuery EsayUI，但会对某些地方做出必要的说明。

3. 如何使用 ArcGIS API for JavaScript

下面给出一个简单的例子，说明怎么简单地使用 ArcGIS API for JavaScript。这个示例的效果是简单在浏览器中显示地图。

首先用编辑器(如记事本、Notepad++)创建一个拓展名为 html 的文件，将下面的代码输入文件中。

```
<!DOCTYPE html>
<html>
<head>
<meta charset="utf-8">
<meta name="viewport" content="initial-scale=1, maximum-scale=1, user-scalable=no">
<title>Get started with MapView - Create a 2D map</title>
<style>
  html, body, #viewDiv {
    padding: 0;
    margin: 0;
    height: 100%;
    width: 100%;
  }
</style>
<link rel="stylesheet" href="https:/js. arcgis. com/4.4/esri/css/main. css">
<script src="https:/js. arcgis. com/4.4/"></script> ①
<script>
require([ ②
  "esri/Map",
  "esri/views/MapView",
"esri/layers/TileLayer",
  "dojo/domReady!" ③
], function(Map, MapView, TileLayer) {
  var map = new Map({
    basemap: "topo"
```

```
    }); ④
    var view = new MapView({
      container: "viewDiv",
      map: map,
  zoom: 4,
  center: [15, 65] ⑤
    });
  var transportationLyr = new TileLayer({
  url: "https:/server. arcgisonline. com/ArcGIS/rest/services/Reference/World_Transportation/MapServer",
    id: "streets",
    opacity: 0.7
  }); ⑥
  map. layers. add(transportationLyr); ⑦
  });
  </script>
  </head>
  <body>
    <div id="viewDiv"></div>
  </body>
  </html>
```

在上面的代码中，①应该引入 ArcGIS API for JavaScript 的样式表和 JS 文件，这样才能在自己的应用程序中使用 ArcGIS API for JavaScript 的 API 和它内置的样式。②require()是 Dojo 中的函数，不管 ESRI 还是 Dojo 都有一系列的首选参数，用于资源的引用，即在 require()中的每一个资源都有一个相应的参数用于提供访问到该资源对象。③当一个网页加载时，HTML 会被解析并加载为 DOM 元素，脚本在 DOM 元素没有被加载完之前是不能访问该 DOM 元素的，假如 JavaScript 代码访问了一个没有加载好的元素，就很明显会报错，为了避免这种情况的发生，在 require()中使用 dojo/domReady!，它保证了所有的 HTML 的 DOM 元素加载后，脚本才会被执行。④地图是通过 Map 类创建的，Map 类是经装载好的 ESRI/Map 模型，用户可以通过构造器设置 Map 对象的一系列属性，如 basemap、allLayers、layers、ground 等。⑤视图是需要通过 HTML 标签渲染才能生成的，它的作用是使被引入 HTML 文件的地图可视化。创建视图时，需要给出它所包含的地图和承载它的 HTML 标签的 id。⑥这个 TileLayer 对象的 URL 地址是一个服务端点，这里使用了 ArcGIS Online 的服务资源。在实际开发应用中，可以使用自己发布的服务的端点。⑦Map 对象中包含了一个图层的集合，不能直接在地图中添加图层，必需首先获取到这个集合，然后在这个图层集合中添加上一步从 ArcGIS Online 服务器中获得的 transportationLyr 图层，这样就可以使它显示到地图中了。

用浏览器打开这个写好的 html 文件，效果如图 6.31 所示。

从图 6.31 中可以看到从 ArcGIS Online 中调用的交通图层。默认地，可以放大和缩小地图，也可以拖拽地图。

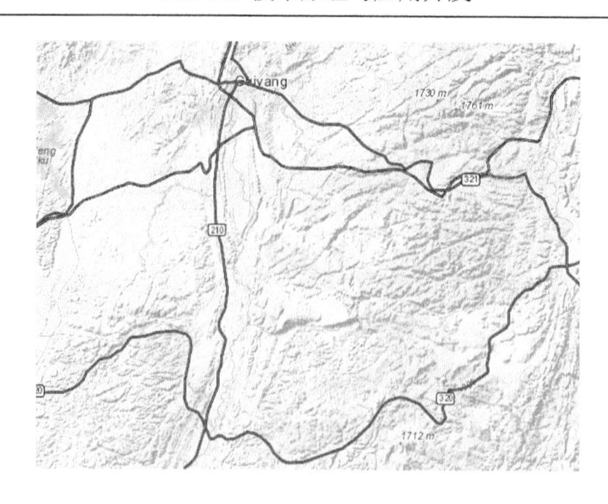

图 6.31　JavaScript 应用程序例子

由上面代码可以知道，ArcGIS JavaScript API 使开发者仅仅通过编写纯客户端脚本代码，然后通过互联网，便能浏览地图、使用地图。

ArcGIS JavaScript API 提供了一种纯客户端的开发方式，为创建 Web GIS 应用提供了轻量级的解决方案，在客户端可以轻松地利用 JavaScript API 调用 ArcGIS Server 所提供的服务，实现地图应用和地理处理功能。它是基于 Dojo 库的，并用面向对象的方式对其提供的功能进行了重新封装。由上面的例子可知，所有操作都是在客户端仅仅用脚本调用服务器端的接口完成的，而不需要编写任何服务器代码。也就是说，所有代码都在浏览器运行，而客户端无需安装任何 GIS 软件，只要能通过一个 URL 连接到 ArcGIS 服务器，就可以进行 Web 应用程序开发。

ArcGIS Server 提供了三种 JavaScript API：①ArcGIS API for JavaScript；②ArcGIS Extension for Bing Maps；③ArcGIS Extension for the Google Maps API。

ArcGIS API for JavaScript 是基于浏览器的 API，用于开发高性能 Web 应用程序，能根据 ArcGIS Server 服务将地图及其功能轻松地嵌入网页。另外，ArcGIS 提供了两种 JavaScript API 扩展。ArcGIS Extension for Bing Maps，将 Microsoft Bing 地图的制图简易性与 ArcGIS Server 的功能集合，而 ArcGIS Extension for the Google Maps API ，用于将 Google Maps API 扩展为在 Google 地图上使用 ArcGIS Server 服务，可将自己的数据添加到 Google 地图并嵌入网页。这里将重点介绍 ArcGIS API for JavaScript。

可以使用 ArcGIS API for JavaScript，将 ArcGIS Server 的地图和功能添加到 Web 应用程序。可以实现以下功能：①将自己的数据与服务器上的资源组合显示交互性的地图；②在服务器上执行 GIS 模型并显示结果；③在 ArcGIS 在线基础地图叠加自己的数据；④在 GIS 数据中搜索要素或属性并显示结果；⑤搜索地址并显示结果。

可以使用 ArcGIS API for JavaScript，在一个 Web 应用程序中访问多个不同服务器的服务。这么做，一般是为了在 ArcGIS 在线基础地图或其他 Web 资源的地图上叠加自己的 GIS 数据，或者，在一个服务器上执行一个 GIS 模型，然后在其他服务器上的地图上面显示执行结果。

ArcGIS API for JavaScript 包含以下主要内容。

(1) Maps (地图显示类)：支持 ArcGIS Server 上动态生成和缓存的地图服务，并在任一指定的投影参考系显示地图。

(2) View(视图类)：视图给地图提供了可视化的方式，地图是一个容器，保存了基础图层和操作图层的图形信息，而视图用于渲染地图和地图上的各种图层，并且使它们可视化。视图分为三维的视图和二维的视图。

(3) Layer(图层类)：图层类包含了很多子类，如矢量图层、影像图层、特征图层等。图层是地图上最重要的组件。创建图层时，必须使用相应的 Layer 子类创建。

(4) Graphics(图形要素类)：当用户单击或鼠标移动到地图上的图形要素时，绘制图形或提供弹出的信息窗口，以增强应用程序的功能。

(5) Tasks(功能任务类)：ArcGIS API for JavaScript 以任务的形式，提供了一系列类和方法，以实现查询、地址查找、属性查询、地理处理等 GIS 功能。

(6) Access to Dojo and other libraries(Dojo 与其他类库的扩展使用)：ArcGIS API for JavaScript 是基于 Dojo 工具包开发的，因而可以使用 Dojo 小部件(dijits)和其他 JavaScript 工具。还可以在 Web 应用程序中集成其他类库，如 Google Chart API。

使用 ArcGIS API for JavaScript 开发，有两种方法：一种是使用 ArcGIS Online 提供的在线 JavaScript API；另一种是使用 ArcGIS API for JavaScript 离线包。图 6.32 是该离线包的文件目录结构。

dgrid
dijit
dojo
dojox
dstore
esri
moment
builddate.txt
build-report.txt
buildsources.txt
init.js

图 6.32　ArcGIS API for JavaScript 离线包的文件目录结构

在上面的例子中，有两个重要的 URL：

https://js. arcgis. com/4.4/esri/css/main. css

https://js. arcgis. com/4.4/init. js

使用第一种方法，直接连接 ArcGIS Online 便可开始进行开发。上面这两个 URL 就是访问 ArcGIS 在线的 JavaScript API 的地址。第一个 URL 是使用样式，第二个是引用类库。另外一种是在 ESRI 官网上注册账号并下载 ESRI 提供的 JavaScript API Library，也就是开发所需要的离线包，对其进行部署后就可以使用。另外，还可以下载 ArcGIS API for JavaScript 的 SDK，也就是开发的帮助文档，里面包括了很多的参考例子。在部署完离线包以后，如果下载的 JavaScript API 是 4.4 版本，且按照其默认安装方法部署在 Tomcat 上，那么以上两个 URL 就可以分别改为

http://localhost: 8080/arcgis_js_api/library/4.4/esri/css/main. css

http://localhost: 8080/arcgis_js_api/library/4.4/init. js

JavaScript 程序，可以在记事本里面编写，但当程序较复杂时，就会出现很大的麻烦，且无法实时错误检查，也不能断点跟踪调试。因而需要一个开发工具来进行 JavaScript 程序开发。目前，已有很多工具支持 JavaScript 程序的开发。Aptana Studio 是比较常用的一种，ESRI 已推出 Aptana Studio 集成开发环境中的 ArcGIS JavaScript API 代码的帮助提示代码，它可以实现代码的自动补全。另外，人们比较熟悉的 Visual Studio，提供了强大的 JavaScript 调试功能，这使得使用 JavaScript 及构建 AJAX 应用都变得容易很多。此外，还可使用火狐浏览器的开源扩展 Firebug，进行监视、编辑和调试 CSS、HTML、DOM 和 JavaScript 等。总之，可根据自己熟悉的集成开发环境，选择合适的开发工具进行 JavaScript 程序开发。更多的帮助，可参考 JavaScript API 离线包的 SDK 文件夹里的内容(即开发帮助文档)。

6.3.4　案例：Web GIS 开发入门

这个例子将使用 JQuery EasyUI 来设计一个简单的界面，通过 ArcGIS JavaScript API 调用地图服务并实现一个添加图例的功能。同时，会对必要的地方进行解释和说明。强烈推荐读者在学习的过程中参考 ESRI 官方网站上的有关 ArcGIS JavaScript 的参考文档，里面包含了很多简单的例子，十分适合初学者学习。

首先，给出这个例子最终的效果，如图 6.33～图 6.35 所示。这个例子包含了四个部分，它们分别是 Web GIS 案例标题、图例内容、地图显示和搜索。其中，地图显示主题包含了四个按钮：放大、缩小、HOME 和底图切换。在右侧搜索栏里输入地址，可以在地图上显示地理位置。单击左侧人口图层，可以加载一个点图层到地图中。

图 6.33　Web GIS 案例的最终效果图(1)

图 6.34　Web GIS 案例的最终效果图(2)

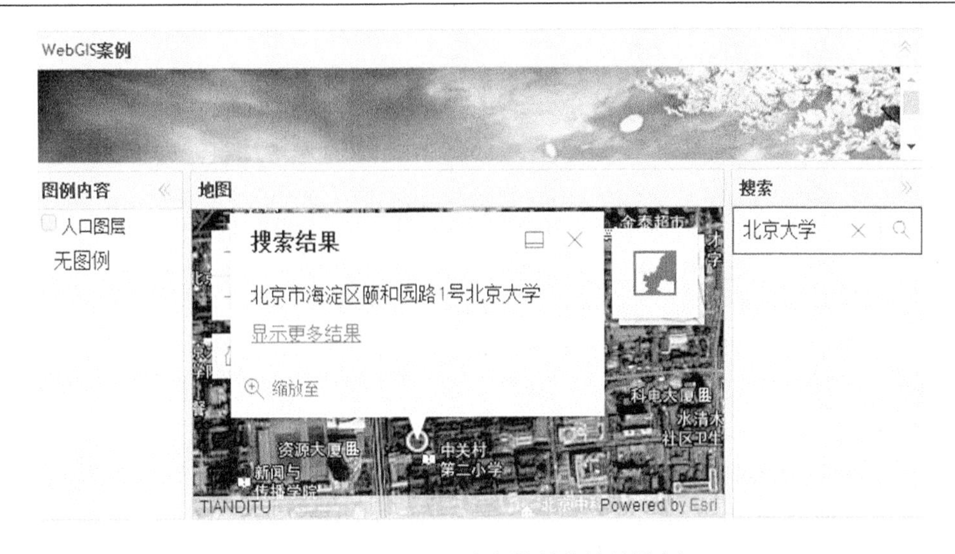

图 6.35　Web GIS 案例的最终效果图(3)

在了解基本功能后，给出程序的源代码，然后对一些重要的内容进行必要的解释和说明。读者只要对 HTML、CSS、JavaScript 有一定的了解就能很快读懂这个例子的源代码。如果读者对上述技术不了解，建议访问 W3C 官网 http://www. w3school. com. cn/先进行学习。

(1) 在 head 标签中，先用 link 标签引入 JQuery 的样式文件和图标文件，然后用 script 标签分别引入 JQuery 和 JQuery EasyUI 的核心 JS 文件。需要注意的是，因为 JQuery EasyUI 是依赖 JQuery 的，所以在引入核心文件时，必须要先引入 JQuery 核心文件，后引入 JQuery Easyui 的核心文件。

(2) 在 style 标签中，使用了类选择器，选择了一个 class 属性为 map 的 div，然后给这个 div 标签和 html、body 标签设置了相应的样式。

(3) 分别使用 link 标签和 script 标签引入 ArcGIS for JavaScript API 线上的样式文件和核心 JS 库。

(4) 在下一个 script 标签中书写 JavaScript 代码，其中包含了这个页面的基本功能。require([], function() {}); 函数是 Dojo 的写法，因为 ArcGIS for JavaScript API 是基于 Dojo 开发的。这个写法是固定的，它可以在读取页面所有的标签之后再执行脚本中的内容，这样避免了脚本在执行过程中找不到对应标签的问题。

(5) 为了使用 ESRI 提供的模块和模块中的类，在使用前需要导入开发包，这里用到了 Map、MapView、TileLayer、Home、BasemapToggle、WebMap、Legend、Search 等类。同时，也使用了 Dojo 框架的事件绑定和 DOM 节点操作。

(6) MapView 类表示整个视图，而 Map 在 MapView 中显示，即 MapView 包含了 Map。MapView 类本身需要一个 div 标签来承载和渲染，本例使用了<div id="map"></div>。

(7) WebMap 类可以从 ArcGIS Online 中加载地图。PortalItem 中的必选属性是 ID，这个 ID 唯一标识了 ArcGIS Online 上的一个地图服务。

(8) view. then() 方法是一个异步请求的方法，它意味着当地图的 view 一加载完，就会执行 then 里面的内容，then 方法有成功的回调函数和失败的回调函数。

复制以下代码并保存到后缀名为. htm 或. html 的文件中，用浏览器打开即可运行。

```
<!DOCTYPE html>   //HTML5 声明
<head>
 <meta charset="utf-8">
 <title>Demo </title>
 <link rel="stylesheet" type="text/css" href="jquery_easyui/themes/default/easyui. css">
 <link rel="stylesheet" type="text/css" href="jquery_easyui/themes/icon. css">
 <script type="text/javascript" src="jquery_easyui/jquery. min. js"></script>
 <script type="text/javascript" src="jquery_easyui/jquery. easyui. min. js"></script>
 <style>
        html, body, #map {
            height: 100%;
            width: 100%;
            margin: 0;
            padding: 0; }
        body {
            background-color: #FFF;
            overflow: hidden;
            font-family: "Trebuchet MS";
        }
    </style>
  <link rel="stylesheet" href="https:/js. arcgis. com/4.4/esri/css/main. css">
  <script src="https:/js. arcgis. com/4.4/"></script>
    <script>
      require([
        "esri/Map",
        "esri/views/MapView",
        "esri/layers/TileLayer",
        "esri/widgets/Home",
        "esri/widgets/BasemapToggle",
        "esri/WebMap",
        "esri/widgets/Legend",
        "esri/widgets/Search",
       "dojo/dom",
       "dojo/on",
        "dojo/domReady!"
 ], function(Map, MapView, TileLayer, Home, BasemapToggle, WebMap, Legend, Search, dom, on) {
          //从 ArcGIS Online 中加载 id 为"d1d5fedd499046fc9a4ae74c92f1f99e"的图层
          var webmap = new WebMap({
            portalItem: {
```

```
            id: "d1d5fedd499046fc9a4ae74c92f1f99e"
          }
        });
    var view = new MapView({
      container: "map", // Reference to the scene div created in step 5
      map: webmap, // Reference to the map object created before the scene
      zoom: 4,
    });
  //定义图例
    var lengend;
  //定义矢量图层
    var featureLayer;
    view. then(function() {
        //加载地图的第一个图层
        featureLayer = webmap. layers. getItemAt(0);
        //图层默认不显示
        featureLayer. visible = false;
  });
 //定义 Home 键组件
 var homeBtn = new Home({
       view: view
   });
 //定义底图转换组件
 var toggle = new BasemapToggle({
  view: view, // view that provides access to the map's 'topo' basemap
  nextBasemap: "topo" // allows for toggling to the 'hybrid' basemap
});
 //定义搜索组件
 var search = new Search({
      view: view,
      container: "search"
});
 //把以上定义的组件加入到视图中
view. ui. add([{component: search, position: "search"},
        {component: homeBtn, position: "top-left"},
        {component: toggle, position: "top-right"}]);
 //选中 id 为 target 的单选框
 var target = dom. byId("target");
        //给单选框注册事件，当单选框被选中时，创建图例并显示图层；当单选框没//有被选中时，
```

```
            需要移除图例，并隐藏图层
        on(target, "change", function() {
            if(target. checked) {
                if(lengend==null) {
                    lengend= new Legend({
                    view: view,
                    container: "lengend",
                    layerInfos: [{
                      layer: webmap. layers. getItemAt(0),
                    }]
                  });
                }
            }else{
                view. ui. move(lengend);
            }
            featureLayer. visible = target. checked;
        });
        });
    </script>
    </head>
    <body>
     <h2>一个简单的例子</h2>
     <p>jquery——ArcGIS JavaScript API</p>
     <div style="margin: 20px 0; "></div>
     <div id="cc" class="easyui-layout" style="width: 669px; height: 350px; ">
        <div data-options="region: 'west', split: true" title="图例内容" style="width: 100px">
                        <span id="layerToggle">
                <input type="checkbox" id="target">人口图层
                  </span>
            <div id="lengend"></div>
        </div>
        <div data-options="region: 'east', split: true, hideCollapsedContent: false" title="搜索" style="width:
250px; ">
            <div id="search" style="border: 1px solid blue; width: 100%"></div>
        </div>
        <div data-options="region: 'north', split: true, collapsed: false,
            " title="WebGIS 案例" style="width: 100px; height: 100px">
            <img src="demo. jpg"></img>
        </div>
```

```
        <div data-options="region: 'center', title: '地图'">
            <div id="map"></div>
        </div>
    </div>
</body>
</html>
```

6.4　ArcGIS Runtime SDK for Android 开发简述

6.4.1　Android 概述

Android 是一种基于 Linux 的自由及开放源代码的操作系统，主要使用于移动设备，如智能手机和平板电脑，由 Google 公司和开放手机联盟领导开发。Android 操作系统最初由 Andy Rubin 开发，2005 年 8 月由 Google 收购注资。2007 年 11 月，Google 与 84 家硬件制造商、软件开发商及电信运营商组建开放手机联盟共同研发改良 Android 系统。随后 Google 以 Apache 开源许可证的授权方式，发布了 Android 的源代码。第一部 Android 智能手机发布于 2008 年 10 月。Android 逐渐扩展到平板电脑及其他领域上，如电视、数码照相机、游戏机等。2011 年第一季度，Android 在全球的市场份额首次超过塞班系统，跃居全球第一。 2013 年第四季度，Android 平台手机的全球市场份额已经达到 78.1%。2013 年 09 月 24 日谷歌开发的操作系统 Android 迎来了 5 岁生日，当时全世界采用这款系统的设备数量已经达到 10 亿台。当今，Android 已经成为了最受大众青睐的操作系统之一。表 6.6 列出了部分安卓版本的平台版本号、API 级别及版本代号。

表 6.6　GIS 部分安卓版本的平台版本号、API 级别及版本代号

平台版本号	API 级别	版本代号
Android 5.0	21	LOLLIPOP
Android 4.4W	20	KITKAT_WATCH
Android 4.4	19	KITKAT
Android 4.3	18	JELLY_BEAN_MR2
Android 4.2, 4.2.2	17	JELLY_BEAN_MR1
Android 4.1, 4.1.1	16	JELLY_BEAN
Android 4.0.3, 4.0.4	15	ICE_CREAM_SANDWICH_MR1
Android 4.0, 4.0.1, 4.0.2	14	ICE_CREAM_SANDWICH
Android 3.2	13	HONEYCOMB_MR2
Android 3.1. x	12	HONEYCOMB_MR1
Android 3.0. x	11	HONEYCOMB
Android 2.3.4 Android 2.3.3	10	GINGERBREAD_MR1
Android 2.3.2 Android 2.3.1	9	GINGERBREAD
Android 2.2. x	8	FROYO
Android 2.1. x	7	ECLAIR_MR1

续表

平台版本号	API 级别	版本代号
Android 2.0.1	6	ECLAIR_0_1
Android 2.0	5	ECLAIR
Android 1.6	4	DONUT
Android 1.5	3	CUPCAKE
Android 1.1	2	BASE_1_1
Android 1.0	1	BASE

1. Android 开发的四层架构

Android 平台是建立在 Linux 系统上的，共分为四层：Linux 内核层、Libraries+Android Runtime 层、Application Framework 层及 Application 层，采用软件堆层(software stack)的方式进行构建。图 6.36 是 Android 系统的架构图。

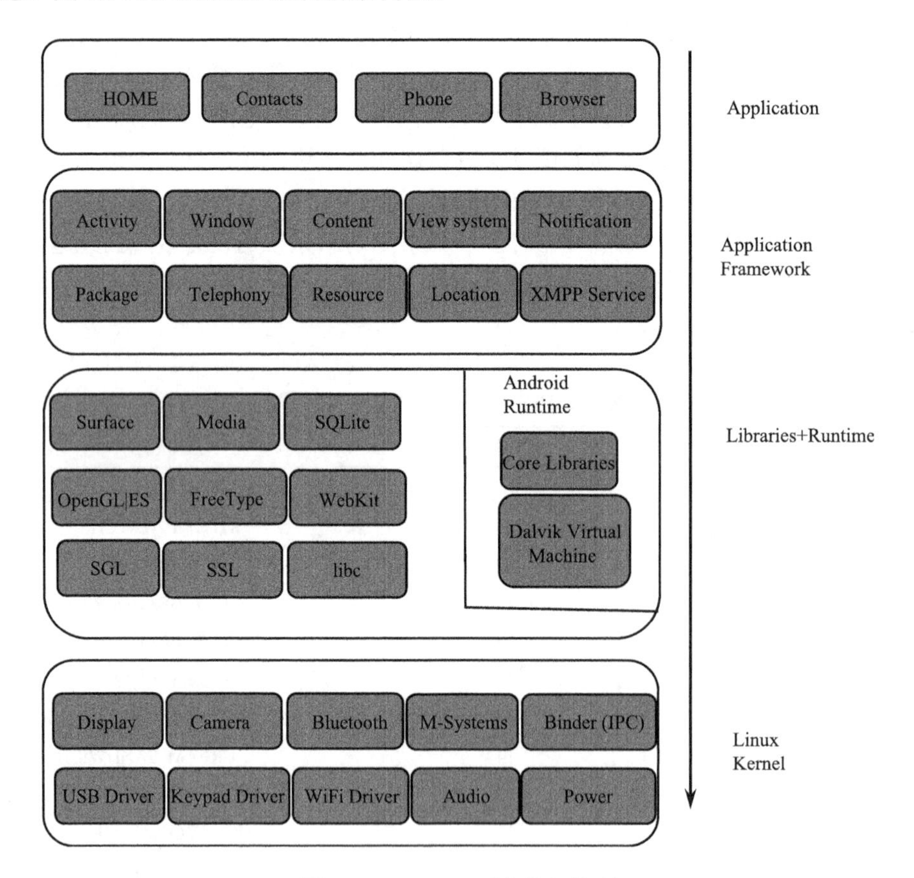

图 6.36　Android 系统的架构图

(1)第一层：应用层(Application)。Android 的应用程序主要是用户界面(User Interface)方面的，通常以 Java 程序编写，其中还可以包含各种资源文件(放置在 res 目录中)。Java 程序及相关资源经过编译后，将生成一个 APK 包。Android 本身提供了主屏幕(Home)、联系人(Contact)、电话(Phone)、浏览器(Browers)等众多的核心应用。同时，应用程序的开发者可以使用应用程序框架层的 API 实现自己的程序。这也是 Android 开源的巨大潜力的体现。

(2) 第二层：应用程序框架层(Application Framework)。Android 应用程序主要是基于该层功能组件提供的 API 进行开发，如常用的负责应用程序生命周期管理的 Activity Manager、负责界面标准组件和界面布局的 View System、负责应用程序之间交换数据的 Content Providers，以及负责资源管理的 Resource Manager。

(3) 第三层：各种库(Libraries)和 Runtime 层。本层次对应一般嵌入式系统，相当于中间件层次。Android 的本层次分成两个部分：一个是各种库；另一个是 Android 运行环境。本层的内容大多是使用 C++实现的。这些函数库供 Android 系统的各个组件使用，这些功能通过 Android 的应用程序框架(Application Framework)暴露给开发者。

(4) 第四层：Linux Kernel 层。Linux Kernel 作为硬件和软件之间的抽象层，它隐藏具体硬件细节而为上层提供统一的服务，负责硬件的驱动程序、系统安全、内存管理、进程管理、网络堆栈、电源管理等。

2. Android 的市场前景

Android 现在已经占了国内移动平台的半壁江山，其市场占有率一直稳定在 50%左右。由于 Android 的开放性，它得到了很多厂商的青睐。现在 Android 不仅仅在手机端大显身手，在智能电视、平台电脑等各种设备上也能看到 Android 的身影。早在 2014 年 9 月，在与 Android 的比拼中，IOS 就遭到了首次失败，IOS 的市场占有率从 53.68%降至 44.19%。随着 Android 的发展，Android 的市场占有率会越来越高，Android 的应用程序也会越来越火。

6.4.2　ArcGIS Runtime SDK for Android 概述

1. ArcGIS Runtime SDK for Android 简介

ArcGIS 作为全新的 Web GIS 平台，可以将 GIS 的功能和资源进一步整合化、云端化，而移动设备可以快速地访问 Web 资源。ArcGIS Runtime SDK for Android 包括一个用于 Android Studio 的 Lib-Project 和一个用于 Eclipse 等环境的函数库，并提供了丰富的工具、文档和示例，使用户能够使用 Java 构建移动应用程序(这些应用程序将运用 ArcGIS for Server 提供的强大的制图、地理编码、地理处理和自定义功能)并将它们部署到 Android 系统的智能手机和平板上。

ArcGIS Runtime SDK for Android 可以通过 ArcGIS for Server REST 服务获取数据和服务资源。ESRI 发布了 GeoServices REST Specification，这一标准规定了 ArcGIS REST Service 各种接口的访问参数及返回数据的结构，ArcGIS Runtime SDK for Android 正是基于这一标准封装的。其实，ArcGIS 基于 REST 接口的 API，包括 ArcGIS Runtime SDK for Android/iOS/Windows Phone、ArcGIS API for JavaScript，以及 ArcGIS Runtime SDK for Java/. NET，都是基于这一标准进行封装的。尽管不同平台、不同语言的开发包有其自己的特性，但其对应服务端的编程模型是一致的。

使用 ArcGIS Runtime SDK for Android，用户能够开发出功能强大的移动端 GIS 应用程序并将它们部署到 Android 系统的智能手机和平板上。主要功能可覆盖以下方面。

(1) 地图浏览：实现常见的地图缩放、平移、旋转操作，并且支持手势响应；能加载和显示图例、指南针、罗盘等多种地图辅助元素。

(2) 地图测量：能实现长度、面积、周长及测地线等的测量。

(3) 数据查询：提供多种类和接口，用来进行基于图层的搜索、关键词搜索、模糊查询、周边搜索等，还能实现空间查询和非空间查询的结合。

(4) 几何计算：包括简单的叠加分析、缓冲区分析，以及并、交、差等空间关系的运算。

(5) 分析：包括最小/最短路径分析、地理编码、通视分析等。

(6) 数据编辑：可编辑要素的空间信息或属性信息。空间信息包括更改要素的符号、改变要素的形状、移动要素的位置等，属性信息可更改其名称、照片等；还可新增、删除要素，并对编辑的数据进行保存。

(7) 离线功能：可将数据下载到本地，或者直接使用本地数据源，在移动端实现数据的编辑、保存等功能，从而实现离线的外业作业流程。

(8) 数据可视化：可使用要素符号、弹出框、图标、表格、柱状图等多种方式对数据进行展示和直观表达。

(9) 访问云中的资源：可轻松访问 ArcGIS Online 和 Portal for ArcGIS 中的资源和服务，实时同步，随时随地使用云中资源。

(10) GPS 定位：使用设备的 GPS 模块，进行准确的定位和导航，精度能满足大众和专业用户的需求。

2. ArcGIS Runtime SDK for Android 开发环境搭建

ArcGIS Runtime SDK for Android 从 10.25 版本起已经更换了官方指定的集成开发环境(integrated development environment，IDE)，从原本的 Eclipse ADT 转换为 Android Studio。因此，这里只介绍 Android Studio 的开发环境。Android Studio 是 Google 开发的一款面向 Android 开发者的 IDE，支持 Windows、Mac、Linux 等操作系统，基于流行的 Java 语言集成开发环境 IntelliJ 搭建而成。该 IDE 在 2013 年 5 月的 Google I/O 开发者大会上首次露面，当时的测试版出现了各种莫名其妙的 Bug，但是 2014 年 12 月 8 日发布的版本就是稳定版了。Android Studio 1.0 推出后，Google 官方逐步放弃对原来主要的 Eclipse ADT 的支持，并为 Eclipse 用户提供了工程迁移的解决办法。2015 年 5 月 29 日，在 Google I/O 开发者大会上，Google 发布 Android Studio 1.3 版，支持 C++编辑和查错功能。截至 2017 年 11 月，Android Studio 已经升级至 3.0 版。

下面介绍 Android Studio 的安装和环境部署，并编写一个 HelloMap 程序。

首先，在 Android Studio 的中文社区官网上 http://www. android-studio. org/下载对应版本的 IDE。下载完成后，启动安装程序，如图 6.37 所示。

安装时，选择 Android SDK 和 Android Virtual Device 进行完全安装，当然 Android Studio 是默认必须安装的。需要注意的是，安装完全版需要超过 5G 的磁盘空间，如图 6.38 所示，单击“Next”。

然后需要选择安装的路径，第一个路径是安装 Android Studio 的路径，第二个路径是安装 Android SDK 的路径。首次接触 Android 的读者很容易对 Android Studio 和 Android SDK 产生混淆。Android SDK 是 Android 开发的核心工具包，它和 Java 的 JDK 类似，而 Android Studio 是 Android 开发的工具，是一个集成开发环境，它与 Eclipse 或者 MyEclipse 类似。在第一次启动 Android Studio 时，需要指定 Android SDK 的路径，这与 Eclipse 在首次启动时指定 JDK 的路径的目的是相同的，都是要找到对应的开发工具包和依赖。如图 6.39 所示，分别设置好 Android Studio 和 Android SDK 的安装路径。

图 6.37　Android Studio 安装启动页面

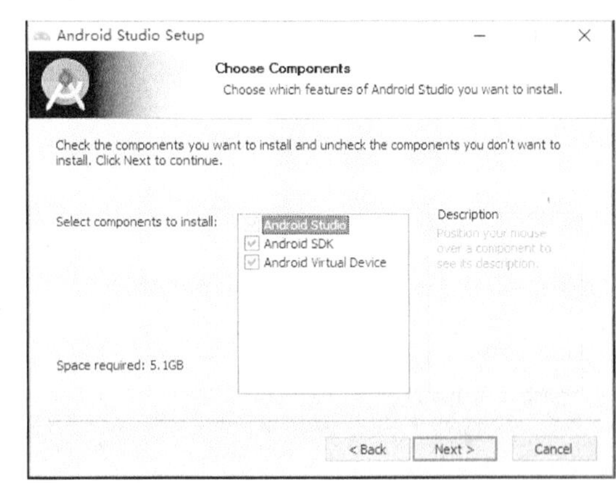

图 6.38　选择 Android Studio 安装组件

单击“Next”完成安装，如图 6.40 所示。

启动 Android Studio，如图 6.41 所示。现在尝试建立第一个 HelloMap 的示例。首先点击“Start a new Android Studio project”创建一个新的 Android Studio 工程。

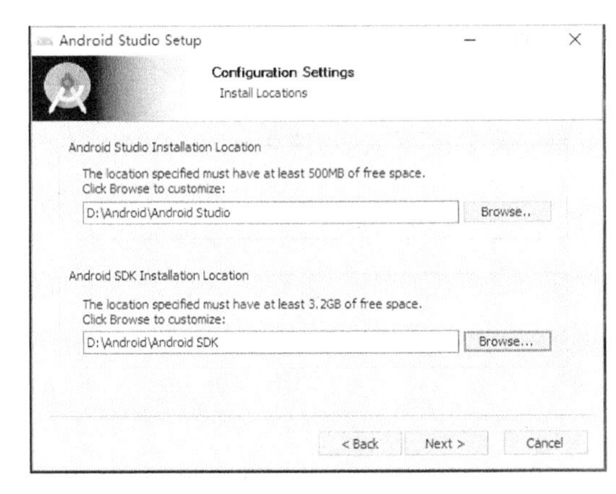

图 6.39　选择 Android Studio 安装路径

图 6.40　Android Studio 安装完成

将新建项目命名为“HelloMap”，如图 6.42 所示。点击“Next”开始选择 Android 应用程序的目标版本，笔者采用的是 Android5.1 版本(图 6.43)。当然 Android SDK 的版本要和 Android 手机的版本一致。

然后选择“Empty Activity”即可开始项目的创建，如图 6.44 所示。

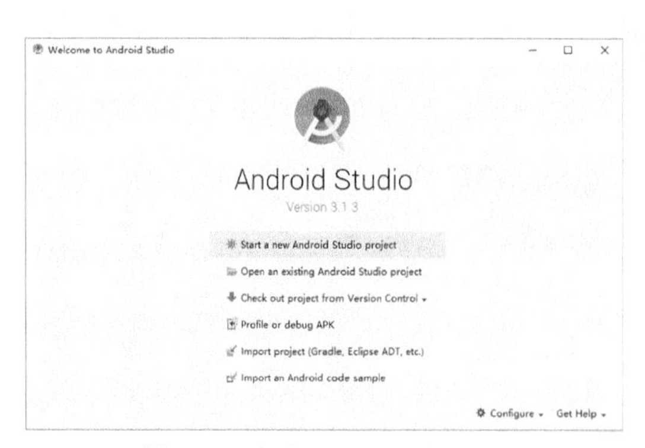

图 6.41　启动 Android Studio

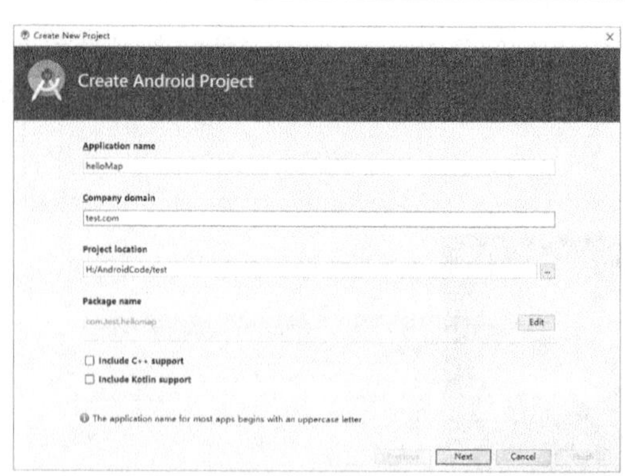

图 6.42　创建 Android Studio 工程

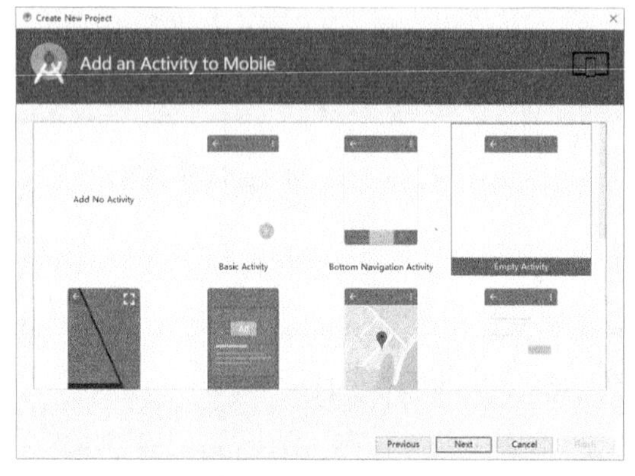

图 6.43　选择模版

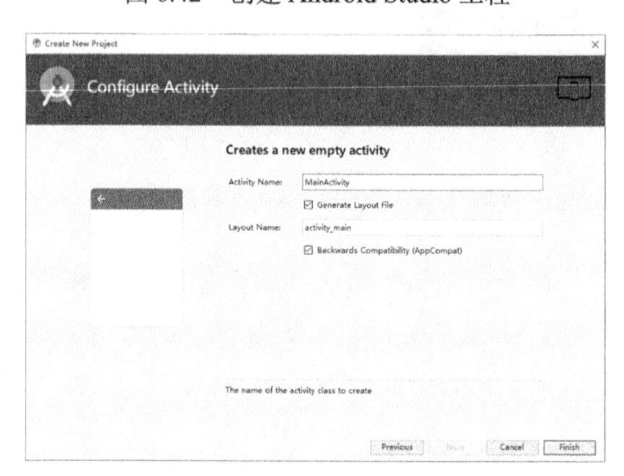

图 6.44　自定义 Activity 名称

现在，已经创建好了一个 Android 项目。接下来，需要配置 ArcGIS Runtime SDK。由于 Android Studio 使用了新的构建系统 Gradle，而每个使用 Gradle 进行构建的 Android 项目都需要一个对应的 build. gradle 文件，在文件中可以定义任务、继承 Maven 仓库及管理依赖。所以，使用 Android Studio 开发 ArcGIS Android 应用程序，首先要让 Gradle 知道 ArcGIS Runtime SDK 的 aar 包的位置，其次是让 Gradle 知道 ArcGIS Runtime SDK 所依赖的开发包。

在左侧文档目录中找到 build. gradle(项目)文件，在里面定义 ArcGIS Runtime SDK aar 包的仓库位置，添加如下内容：

```
allprojects {
    repositories {
        jcenter()
        maven{
         //这个就是 ArcGIS 所需要的依赖的 maven 仓库的地址。
            url 'http:/dl. bintray. com/esri/arcgis'
        }
    }
}
```

接下来，打开 build. gradle(模型)文件，在其中定义 ArcGIS Runtime SDK 所依赖的开发包。注意：在整个项目结构中有两个 build. gradle。其中一个是配置整个项目的文件，另一个是配置 APP 的文件。简单来说，Project 中的 Gradle 声明的资源包括依赖项、第三方插件、Maven 仓库地址，是用来加载 Gradle 脚本自身需要使用的资源，而 Module 中的 Gradle 添加的是应用程序所需要的依赖包，也就是项目运行所需要的东西。因此，在编辑时需要注意它们的区别。图 6.45 是工程打开后的 IDE 界面。

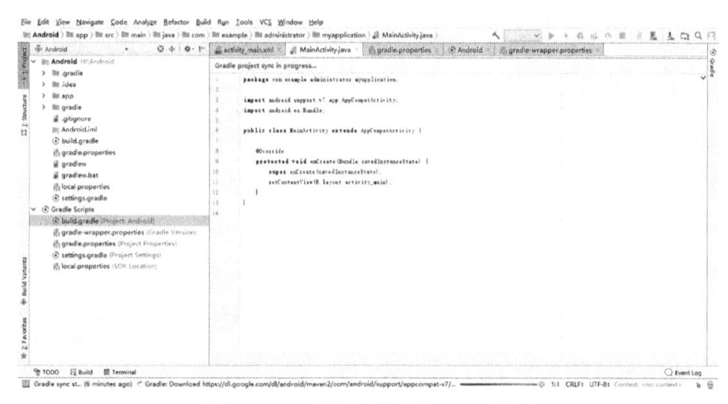

图 6.45　工程打开后的 IDE 界面

```
dependencies {
  compile fileTree(dir: 'libs', include: ['*. jar'])
  compile(name: 'arcgis-android-100.1.0', ext: 'aar')
}
```

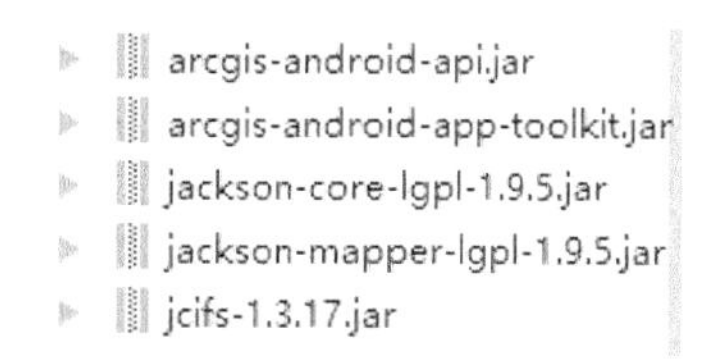

至此，Android Studio 的基础环境已经搭建完成。当然也可以通过人们比较熟悉的方法引入 jar 包，但必须首先下载好离线 ArcGIS 的 Android SDK。打开之前已经建好的应用程序目录，将上图中的五个 jar 包放至应用程序目录下的 app/libs 中。同时，在 app/main 中新建目录 jniLibs，并且将另外三个文件夹拷贝至该目录下。最后得到的目录结构如图 6.46 所示。

打开 activity_main. xml 文件，在左下角有两个选项卡，分别是 Design 和 Text，如果需要查看 UI 界面的效果，则可以切换到 Design 选项卡下；如果需要编辑该. xml 文件，则需要切换到 Text 选项卡下。在此点击 Text 选项卡，并在其中加入以下代码，就会添加 MapView 组件。这样重新切换到 Design 选项卡下，就会在 Component Tree 下显示出一个 MapView 的组件，如图 6.47 所示。

```
<com. esri. android. map. MapView
    android: id="@+id/map"
    android: layout_width="fill_parent"
    android: layout_height="fill_parent">
</com. esri. android. map. MapView>
```

在 MainActivity 中设置需要显示的地图，在这个例子中，

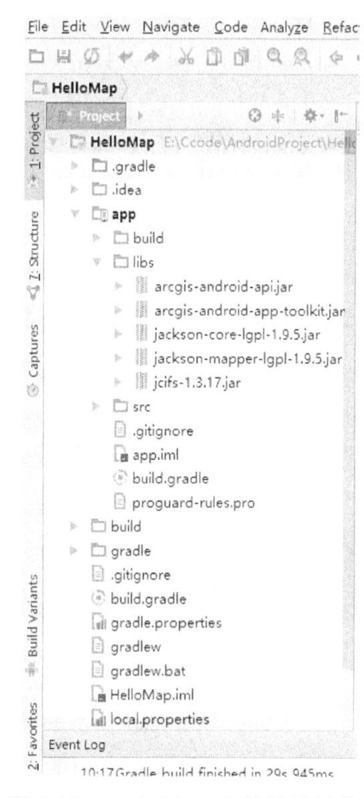

图 6.46　Android SDK 的目录结构

从 ChinaOnlineCommunity 的服务器中调用一个世界地图图层并把它加入到 MapView 中。首先导入所需要的MapView类、ArcGISTiledMapServiceLayer类和ESRI. Android下的所有类，之后在构造函数中声明一个 MapView 对象，在获得地图服务后，新建 ArcGISTiledMapServiceLayer 图层对象，并把这个图层加入到 MapView 中，如图 6.48 所示。完整代码如下：

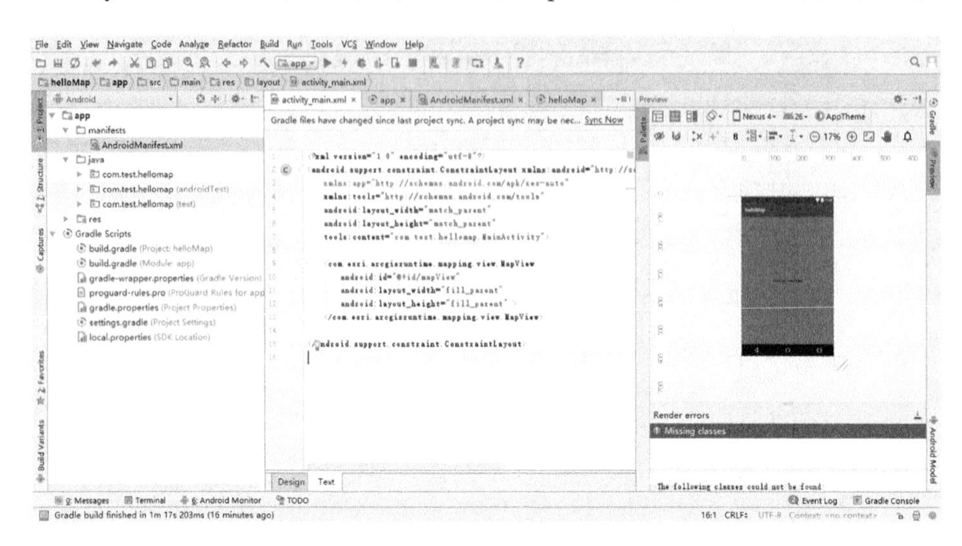

图 6.47　activity_main. xml 的编辑

```
import com. esri. android. map. MapView;
import com. esri. android. *;
import com. esri. android. map. ags. ArcGISTiledMapServiceLayer;

public class MainActivity extends AppCompatActivity {

    private MapView mapView=null;

    @Override
    protected void onCreate(Bundle savedInstanceState) {
        super. onCreate(savedInstanceState);
        setContentView(R. layout. activity_main);

        this. mapView =(MapView) this. findViewById(R. id. map);
        String strMapUrl="http:/map. geoq. cn/ArcGIS/rest/services/ChinaOnlineCommunity/MapServer";
        ArcGISTiledMapServiceLayer arcGISTiledMapServiceLayer = new ArcGISTiledMapServiceLayer
(strMapUrl);
        this. mapView. addLayer(arcGISTiledMapServiceLayer);
    }
}
```

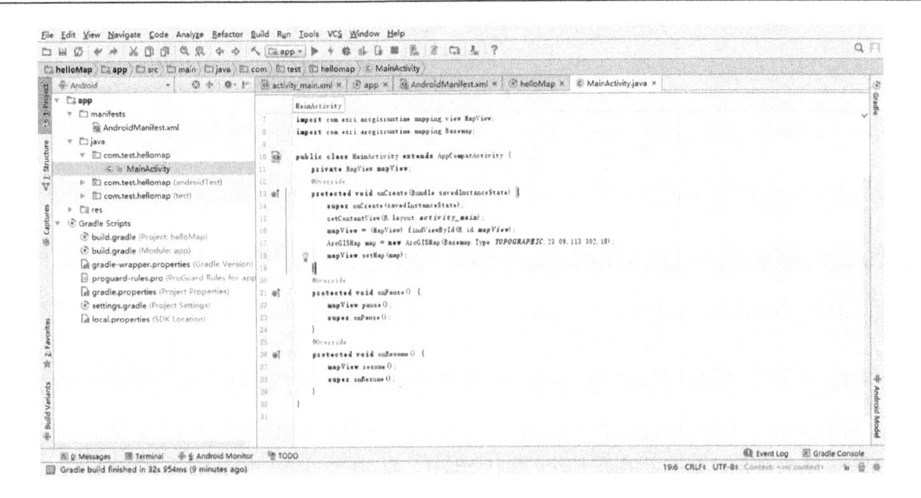

图 6.48　MainActivity. java 的编辑

最后给应用程序赋予权限。绝大多数 ArcGIS Android APPs 的应用几乎都需要网络的支持；也有一些应用可能会需要访问设备的 sdcard，需要对该卡有读写的权限；除此对于 GIS 来说最常用的功能就是定位，所以，应用应该具备定位权限。ArcGIS Android APPs 的 MapView 使用了 OpenGL2. x 技术，所以在 Android 应用程序的配置文件 AndroidManifest. xml 中还需添加 OpenGL 的支持，因此应用的配置文件至少包含下面的配置信息添加以下所显示的权限。打开 Android Manifest. xml 文件并添加这些权限。

<uses-permission android: name="android. permission. INTERNET" />

<uses-permission android: name="android. permission. WRITE_EXTERNAL_STORAGE" />

<uses-permission android: name="android. permission. ACCESS_FINE_LOCATION" /

<uses-feature android: glEsVersion="0x00020000" android: required="true" />

至此，所有配置完成，在真机或者模拟器中运行即可。安装虚拟机的过程比较复杂，而且十分消耗计算机的资源，因此这里通过直接连接 Android 手机的方式进行测试，在测试时，需要在 Android 手机上开启 USB 开发者调试。最终效果如图 6.49 所示。

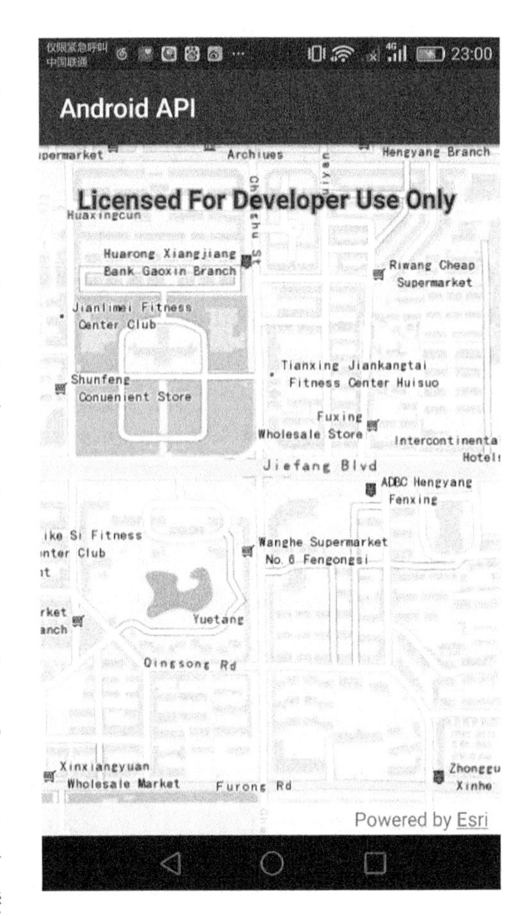

图 6.49　HelloMap 界面

第7章 开源Web GIS平台

地理信息系统(GIS)被越来越多的人所熟悉，在这背后有着众多优秀的开源 GIS 项目在支撑，这些开源 GIS 项目的存在，为 GIS 系统的发展贡献了巨大的力量。然而，众多的软件项目如果没有统一的标准则无法实现兼容互补，反而会导致更多的问题产生，出现山头林立、闭门造车的情况。开放地理空间信息联盟(OGC)制定了一系列的标准和规范，致力于为地理信息系统之间的数据和服务互操作提供统一标准，以帮助和促进 GIS 的发展。

OGC 是一个非营利的志愿的国际标准化组织，引领着空间地理信息标准及定位基本服务的发展。目前在空间数据互操作领域，基于公共接口访问模式的互操作方法是一种基本的操作方法。通过国际标准化组织(ISO/TC211)或开放地理空间信息联盟(如 OGC)制定空间数据互操作的接口规范，GIS 软件商开发遵循这一接口规范的空间数据的读写函数，可以实现异构空间数据库的互操作。

开源 GIS 项目的产品是免费提供使用的，在没有大量资金投入的情况下是很难长久维持的，因此就需要一些基金会提供资源，目前国际上最著名的开源 GIS 基金会是开源地理空间基金会(Open Source Geospatial Foundation，OSGeo)。OSGeo 成立于 2006 年 2 月，是全球性非营利性组织，其目标是支持全球性的合作，建立和推广高品质的空间信息开源软件。OSGeo 基金会支持的软件项目包括 MapServer、GeoServer、地理资源分析支持系统(geographic resources analysis support system，GRASS)、地理空间数据抽象库(geospatial data abstraction library，GDAL)等，已迅速在国际开源地理信息领域得到普及，包括 Autodesk、ERMapper 等公司都曾给予过资助。OSGeo 已经囊括了 12 个重要的地理空间软件项目，产品包括桌面端软件、服务器端软件、众多的空间数据中间件等。OSGeo 还有计划开放一部分空间数据，同时支持书籍撰写等。此外，OSGeo 还主办年度的盛会 FOSS4G(Free and Open Source Software for Geospatial)，此大会是国际自由和开源地理空间软件开发者和用户的盛会，包括大量的讨论组和个人讲演，许多著名的项目都会有案例发布，同时各大项目的负责人会就一年来各个项目的发展和未来的展望做详细的介绍。从 2007 年在维多利亚举行的 FOSS4G 大会开始，还增加了 WMS 服务器之间的性能比较的评测 benchmarking。

本章重点介绍 GeoServer 的使用。

7.1 开源 Web GIS 平台介绍

7.1.1 MapServer

MapServer 是美国明尼苏达大学(University of Minnesota，UMN)在 20 世纪 90 年代中期利用 C 语言开发的开源 Web GIS 项目。它的分发是基于 MIT 许可证，可与其他授权条款并存，同时可以在所有的主流平台(Windows、Linux、MacOS)运行。

它起源于 UMN 和美国国家航空航天局的合作项目 ForNet，以及之后的 TerrSIP 项目。可以说政府的支持在 MapServer 前期的发展中起了很大的作用，1994 年 MapServer 之父 Steve

Lime 和他的 MapServer 为更多的人所熟悉。MapServer 在发展壮大中，并不是孤立的，它得到了许多开源社区和开源爱好者的支持。2005 年 11 月，MapServer 基金会成立，基金会本着“促进专业的开源网络制图开发环境和社区，即使最初集中于网络制图的项目，但希望能够给其他开源地理信息的项目提供资助”的宗旨，不仅促进了 MapServer 的专业化发展，而且促进了整个开源网络制图技术的发展。随着开源地理信息系统软件的进一步发展及开源网络制图环境的进一步优化，2006 年 2 月 MapServer 基金会正式改名为开源地理空间基金会（OSGeo），Autodesk 公司将 MapGuide 作为开放源代码加入了该基金会，进一步促进了 MapServer 的发展。

MapServer 基于 C 语言，利用 GEOS、OGR/GDAL 对多种矢量和栅格数据的支持，通过 Proj. 4 共享库实时地进行投影变换。同时，还集合 PostGIS 和开源数据库 PostgreSQL 对地理空间数据进行存储和 SQL 查询操作，基于 KaMap、MapLab、CartoWeb 和 Chameleon 等一系列客户端 JavaScript API 来支持对地理空间数据的传输与表达，并且遵守 OGC 制定的 WMS、WFS、WCS、WMC、SLD、GML 和 Filter Encoding 等一系列规范。

MapServer 有以下主要特性。

(1) 高级制图输出。可缩放的要素绘制及应用程序扩展要素标签，包括标签压盖冲突检测，模板驱动输出 TrueType 字体，支持地图的自动化元素（比例尺、基准图、图例等），使用逻辑或正则表达式的基础类的专题图制作。

(2) 支持流行的脚本语言和开发环境，PHP、Python、Perl、Ruby、Java 和. NET。

(3) 跨平台支持，如 Linux、Windows、MacOS、Solaris，甚至更多。

(4) 支持众多的 OGC 标准（但不是全部），包括 WMS（C/S）、非事务的 WFS（C/S）、WMC、WCS、Filter Encoding、SLD、GML、SOS 等。

(5) 众多栅格和矢量数据格式，如 TIFF/GeoTIFF、EPPL7，以及通过 GDAL 支持更多的格式，如 ESRI shapfile、PostGIS、ESRI ArcSDE、Oracle Spatial、MySQL 等。

(6) 地图投影。通过 Proj. 4 支持超过 1000 个地图投影。

7.1.2　GeoServer

GeoServer 是一个允许用户共享地图的服务端地图软件，它是基于 Java 的一种开源软件，可以发布多种主流地图源文件。作为一个社区驱动项目，GeoServer 由来自全球各地不同的、独立的组织来开发和测试。

GeoServer 是各种 OGC 标准的重要参与者，如 WFS、WCS 和高性能的 WMS。GeoServer 是基于网页的地理信息系统中的重要成员。它采用 GNU 许可，可以发布大多数使用开放标准的空间数据库源；允许用户共享及编辑空间数据（WFS-T），通过功能扩展，再结合 PostGIS 空间数据库甚至可以支持带版本的空间数据（WFS-V）。

在 2001 年由 TOPP（开源项目）发起创建。TOPP 是一个非营利性的技术性团体，总部设在纽约。TOPP 创建了很多种工具用于促使公众去参与和促进政府透明化办公，其中主要的一个工具就是 GeoServer。在纽约市民认识到公众应该高度参与政府的土地规划工作这一点之后，GeoServer 就产生了，它通过共享地理数据，来提高地理数据的价值和准确度。

GeoServer 的创始人构想了一个地图网，就像互联网一样。在互联网上，一个人可以搜索并下载文本，对应地，在地图网上，一个人可以搜索并下载地理数据。地理数据提供者可以直接向网络发布他自己的地理数据，其他用户可以直接使用这些数据。这同现在那种杂乱的、无规律的数据共享是不同的。GeoServer 现在能直接输出给其他各种地图数据浏览器，如 Google Earth，一种流行的 3D 地球。另外，GeoServer 正在和 Google 紧密合作，使得 Google 可以快速查询到用 GeoServer 发布的地理数据，因为 GeoServer 的宗旨就是让地理数据能够被其他人快捷地获取到。

GeoServer 的基本架构如图 7.1 所示。

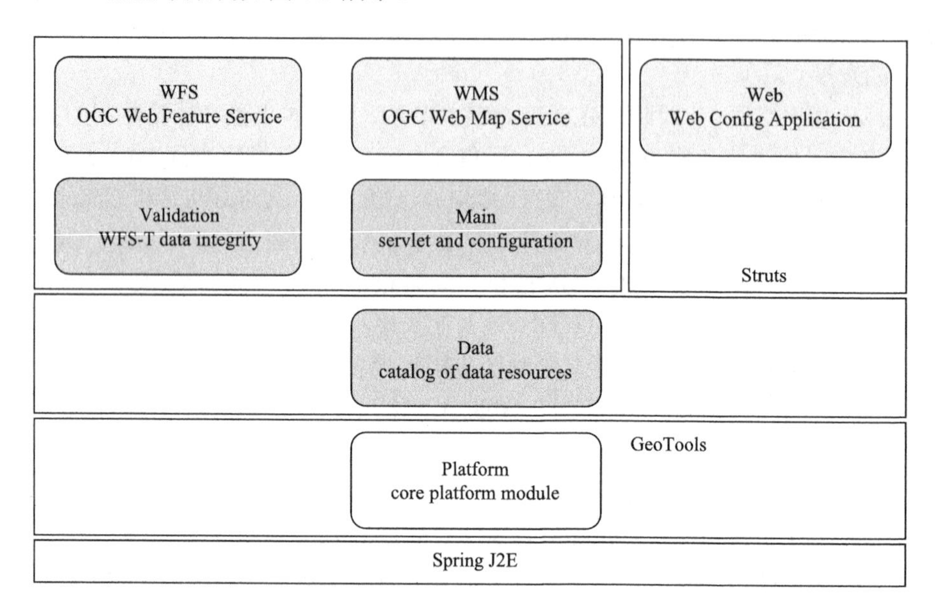

图 7.1　GeoServer 的基本架构

GeoServer 有以下主要特性。

(1) 跨平台支持，如 Linux、Windows、MacOS、Solaris，甚至更多。

(2) 支持众多的 OGC 标准，包括 WMS、WCS、WFS、WFS-T(支持编辑事务)、Filter Encoding、GML、SLD，2.1.1 版本甚至还支持 WPS。

(3) 众多栅格和矢量数据格式，GeoTIFF、ArcGrid、Gtopo30、ImageMosaic、WorldImage，通过各种官方的插件还支持 ArcSDE Raster、Oracle GeoRaster 等；以及通过 GDAL 支持更多的格式，如 ESRI shapfile、PostGIS、ESRI ArcSDE、Oracle Spatial、H2、Microsoft SQL Server、MySQL 等；还可以通过 OGR 支持更多的格式。

(4) 功能强大的配置管理界面，GeoServer 本身就自带了功能强大的配置管理界面，可以管理空间数据、发布地图服务、建立空间数据缓存、调整地图样式、预览地图结果、数据请求样例等。对于不熟悉 Web GIS 的用户都可以快速轻松地建立起一个高效的地图发布服务器。因为拥有可视化的 Web 管理界面，所以在用户使用上来说 GeoServer 比 MapServer 会更方便和快捷。

(5) 内建数据安全访问，可以通过权限设置指派用户权限，权限主要体现在数据、服务和目录三方面。

7.1.3　OpenLayers

OpenLayers 是一个用于开发 Web GIS 客户端的纯 JavaScript 包，支持大部分主流的浏览器(IE、FireFox、Google Chrome、Opera 等)。它并不依赖于任何服务器端技术，是通过一组 JavaScript API 来访问不同类型的地理数据源。其原理与 Google Maps API 非常类似，但不同的是它是全免费的。

OpenLayers 实现访问地理空间数据的方法都符合行业标准，如 OpenGIS 的 WMS 和 WFS 规范。OpenLayers 采用面向对象方式开发，并使用来自 Prototype. js 和 Rico 中的一些组件。OpenLayers 支持的地图来源包括 Google Maps、Yahoo! Maps、Microsoft Virtual Earth 等。用户还可以用简单的图片地图作为背景图，与其他的图层在 OpenLayers 中进行叠加。除此之外，OpenLayers 支持 OGC 制定的 WMS 和 WFS 等网络服务规范，可以通过远程服务的方式，将以 OGC 服务形式发布的地图数据加载到基于浏览器的 OpenLayers 客户端中显示。

在操作方面，OpenLayers 除了可以在浏览器中帮助开发者实现地图浏览的基本效果，如放大(Zoom In)、缩小(Zoom Out)、平移(Pan)等常用操作之外，还可以进行选取面、选取线、要素选择、图层叠加等不同的操作，甚至可以对已有的 OpenLayers 操作和数据支持类型进行扩充，为其赋予更多的功能。例如，可以为 OpenLayers 添加网络处理服务 WPS 的操作接口，从而利用已有的空间分析处理服务来对加载的地理空间数据进行计算。

OpenLayers APIs 采用动态类型脚本语言 JavaScript 编写，实现了类似于 Ajax 功能的无刷新更新页面，能够带给用户丰富的桌面体验(它本身就有一个 Ajax 类，用于实现 Ajax 功能)。

目前，OpenLayers 所能够支持的格式有 XML、GML、GeoJSON、GeoRSS、JSON、KML、WFS、WKT(well-known text)。在 OpenLayers .Format 名称空间下的各个类里，实现了具体读/写这些格式的解析器。

7.2　GeoServer 使用介绍

7.2.1　GeoServer 的安装

1. 安装前准备工作

1)安装 JRE

因为 GeoServer 是 Java 编写的服务端应用程序，需要部署在能提供 Java 运行环境的 Web 服务器中，所以需要安装 JRE(如果需要对 GeoServer 二次开发，则需要 JDK)。下载地址为 http://www.oracle.com/technetwork/java/index.html。

2)Web 服务器

GeoServer 的发行版中会提供几种格式：Binary(OS independent)、Web Archive(WAR)、Windows Installer、MacOS Installer。其中，Binary 和 Windows Installer 这两种格式均包含了一个内嵌的 Web 服务器——Jetty(一个开源的轻量级的 Web 应用服务器)。如果选择 Web Archive 格式，那么可以选择自行安装 Apache Tomcat(一个开源的轻量级的 Web 应用服务器)。

3)空间数据

GeoServer 安装后，就包含了几种默认支持的本地栅格和适量数据文件。如果需要更多的数据格式支持，可以在 GeoServer 网站上下载扩展模块。扩展模块支持的空间数据包括

Oracle 空间数据库、ArcSDE、Microsoft SQL Server、H2、MySQL、DB2、GDAL、OGR 等。

2. 安装过程

以 Windows Installer 格式安装为例。

Windows 安装程序提供了一个简单的方法来设置系统上的 GeoServer。由于不需要编辑配置文件或命令行设置，一切都可以通过 GUI 向导完成。

(1) 在 GeoServer 的下载页面 http://geoserver.org/release/stable/，选择 Windows Installer 的链接以获取最新版本的 Windows Installer 格式。

(2) 运行下载后的安装文件，在欢迎界面点击“Next”。

(3) 选择安装目录并点击“Next”，如图 7.2 所示。

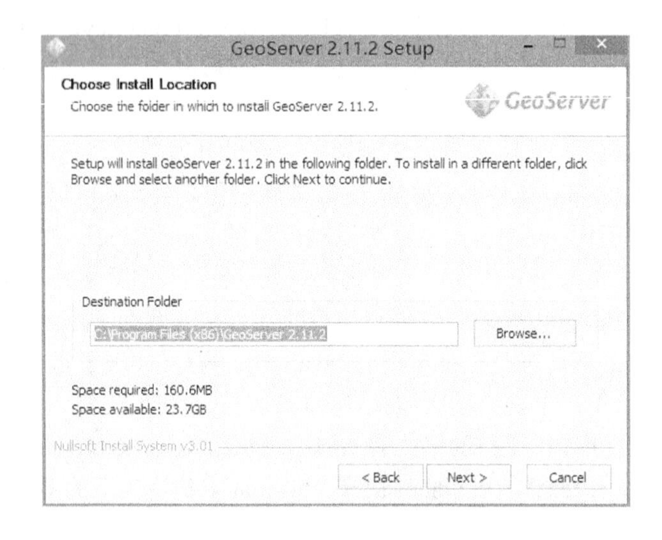

图 7.2　选择安装目录界面

(4) 提供一个有效的 Java 运行环境(JRE)目录，GeoServer 需要一个有效的 JRE 以正常运行，所以这一步是必须的。安装向导会自动检测系统中%JAVA_HOME%的路径以填写入文本框中，如图 7.3 所示。如果有多个 JRE，那么可以自行选择所希望使用的 JRE 目录。

(5) 输入 GeoServer 的 Data 目录，默认的是在安装目录下的 data_dir 目录(这会在系统的环境变量中增加一个%GEOSERVER_DATA_DIR%变量)，如图 7.4 所示。

(6) 输入 GeoServer 的管理员账号和密码，选用默认的账号: admin，密码: geoserver。

(7) 选择 GeoServer 的 Web 服务端口，默认为 8080，如图 7.5 所示。

GeoServer 安装完成后点击“Finish”以关闭安装向导。如果之前选择的启动方式是服务方式，这个时候它已经启动了，如果选择的是手动方式，请在开始菜单中选择 Start GeoServer。浏览地址 http:// [SERVER_URL]: [PORT] /geoserver/web/(http://localhost: 8080 /geoserver/ web/) 以访问 GeoServer 的 Web 管理界面，使用默认用户名 admin 和密码 geoserver 登录(图 7.6)。

对于 Windows 系统，可以选择 Binary 格式、Windows Installer 格式或 Web Archive 格式，而对于 Linux 系统，可以选择 Binary 格式或 Web Archive 格式安装。下面就以 Linux 发行版 Ubuntu 为例介绍 Binary 格式的安装。

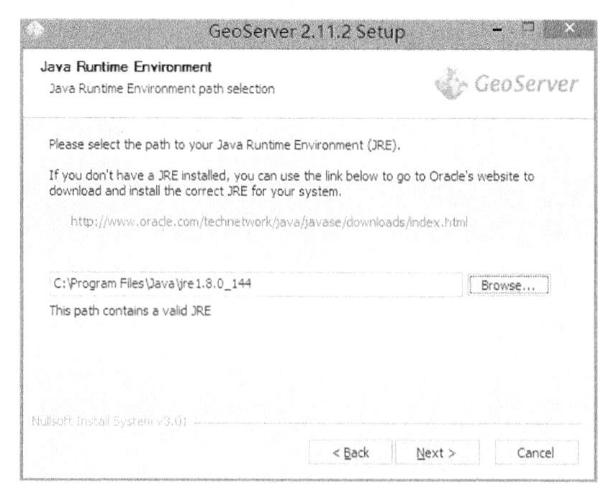

图 7.3　Java 运行环境(JRE)目录界面

图 7.4　GeoServer 的 Data 目录界面

图 7.5　GeoServer 安装选择 Web 服务端口界面

图 7.6　GeoServer 的 Web 管理界面

对于 Binary 格式，简单来说，在把下载回来的文件解包在合适的目录(假设为/opt/geoserver)后，只需要设置三个环境变量 JAVA_HOME、GEOSERVER_HOME 和 GEOSERVER_DATA_DIR 就可以了，甚至只需要 JAVA_HOME 就可以了，因为 GeoServer 在启动的时候没有检测到 GEOSERVER_HOM 的环境变量会默认当前的路径为 GEOSERVER_ HOM，而 GEOSERVER_DATA_DIR 的环境变量会默认使用 GEOSERVER_ HOM 下的 data_dir 目录作为数据目录。

Ubuntu 中的系统环境变量可以在/etc/environment 中添加，例如：

```
export JAVA_HOME=/opt/java
export GEOSERVER_HOM=/opt/geoserver
export GEOSERVER_DATA_DIR=/opt/geo_data
```

7.2.2　GeoServer 发布空间数据

1. 几个基本概念

在介绍发布的过程前，先介绍 GeoServer 中几个重要的数据概念。

1) 工作区(Workspace)

这个概念类似于命名空间，一个工作区就是一个容器，它用来组织其他项目。在 GeoServer 中，一个工作空间是用来组合一系列近似的图层的，可识别的图层通常格式为：它们工作空间的名称+冒号+图层名称(如 topp: states_shapefile)。在不同的工作空间下可以存在两个同名的图层(如 sf: states , topp: states)。如图 7.7 所示。

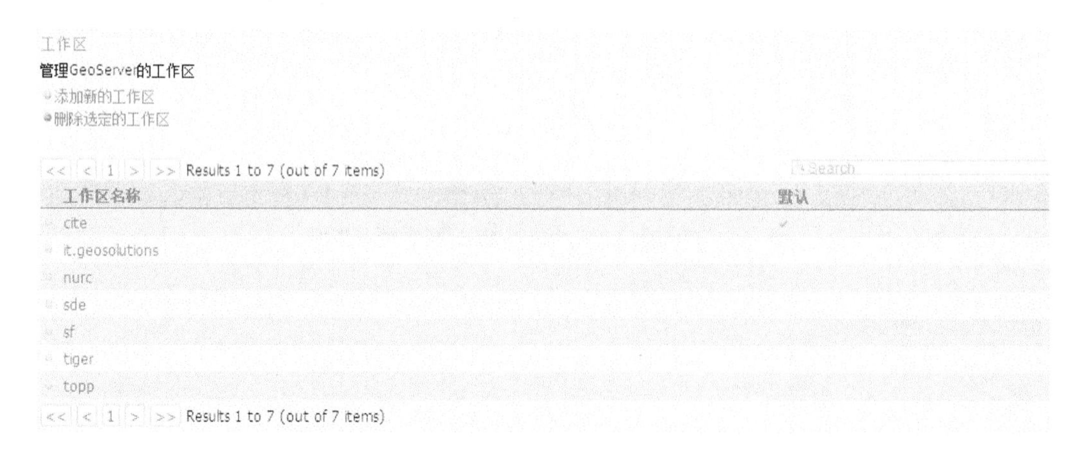

图 7.7　GeoServer 的工作区界面

2) 数据存储(Storage)

一个数据存储连接到一个包含栅格或矢量数据的数据源。一个数据源可以是一个文件或一组文件，如在数据库中的一张表、一个单独的文件(如一个 shapefile)，或一个目录(如包含多个 shapefile 文件的目录)。数据存储建立时需要指派一个工作区(图 7.8)。

3) 图层(Layers)

在 GeoServer 中，图层是指那些包含地理特征的栅格或矢量数据。所有的图层都会有自己的一个数据源，这个数据源就是 Storage——数据存储(图 7.9)。

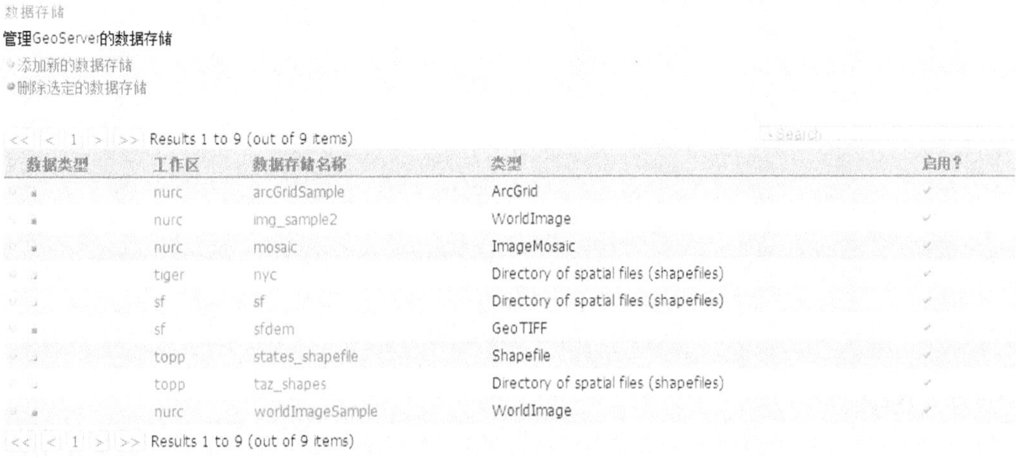

数据存储

管理GeoServer的数据存储

◦添加新的数据存储

◦删除选定的数据存储

<< < 1 > >> Results 1 to 9 (out of 9 items)　Search

数据类型	工作区	数据存储名称	类型	启用?
	nurc	arcGridSample	ArcGrid	✓
	nurc	img_sample2	WorldImage	✓
	nurc	mosaic	ImageMosaic	✓
	tiger	nyc	Directory of spatial files (shapefiles)	✓
	sf	sf	Directory of spatial files (shapefiles)	✓
	sf	sfdem	GeoTIFF	✓
	topp	states_shapefile	Shapefile	✓
	topp	taz_shapes	Directory of spatial files (shapefiles)	✓
	nurc	worldImageSample	WorldImage	✓

<< < 1 > >> Results 1 to 9 (out of 9 items)

图 7.8　GeoServer 的数据存储界面

图层

管理层GeoServer发布的图层

◦添加新的资源

◦删除所选的资源

<< < 1 > >> Results 1 to 19 (out of 19 items)　Search

类型	Title	图层名称	存储	启用?	Native SRS
	World rectangle	tiger:giant_polygon	nyc	✓	EPSG:4326
	Manhattan (NY) points of interest	tiger:poi	nyc	✓	EPSG:4326
	Manhattan (NY) landmarks	tiger:poly_landmarks	nyc	✓	EPSG:4326
	Manhattan (NY) roads	tiger:tiger_roads	nyc	✓	EPSG:4326
	A sample ArcGrid file	nurc:Arc_Sample	arcGridSample	✓	EPSG:4326
	North America sample imagery	nurc:Img_Sample	worldImageSample	✓	EPSG:4326
	Pk50095	nurc:Pk50095	img_sample2	✓	EPSG:32633
	mosaic	nurc:mosaic	mosaic	✓	EPSG:4326
	USA Population	topp:states	states_shapefile	✓	EPSG:4326
	Tasmania cities	topp:tasmania_cities	taz_shapes	✓	EPSG:4326
	Tasmania roads	topp:tasmania_roads	taz_shapes	✓	EPSG:4326
	Tasmania state boundaries	topp:tasmania_state_boundaries	taz_shapes	✓	EPSG:4326
	Tasmania water bodies	topp:tasmania_water_bodies	taz_shapes	✓	EPSG:4326
	Spearfish archeological sites	sf:archsites	sf	✓	EPSG:26713
	Spearfish bug locations	sf:bugsites	sf	✓	EPSG:26713
	Spearfish restricted areas	sf:restricted	sf	✓	EPSG:26713
	Spearfish roads	sf:roads	sf	✓	EPSG:26713
	Spearfish elevation	sf:sfdem	sfdem	✓	EPSG:26713
	Spearfish streams	sf:streams	sf	✓	EPSG:26713

图 7.9　GeoServer 的图层界面

4) 图层组(Layers Group)

一个图层组就是一组可统称为一个名字的图层，这样就可以简化 WMS 的请求，因为这个请求只需要针对一个图层就实现了实际上需要多个图层的数据请求。对于 WMS 来说，图层组就像一个标准的图层一样。在 GeoServer 中，图层组内的图层可以来源于不同的工作区，但是它们必须拥有统一的坐标系(图 7.10)。

图层组
定义和管理图层组
添加新图层组
删除选定的图层组

<< < 1 > >> Results 1 to 3 (out of 3 items)

图层组	工作区
spearfish	
tasmania	
tiger-ny	

<< < 1 > >> Results 1 to 3 (out of 3 items)

图 7.10　GeoServer 的图层组界面

5) 样式 (Styles)

样式就是展现空间数据的方式，GeoServer 的样式采用 Styled Layer Descriptor (SLD)，一个 XML 的子集，同时也是 OGC 发布的标准之一。GeoServer 同时也提供了一个简单的 SLD 编辑器。而且 GeoServer 的样式除了标准的 SLD 外还会有一些自己的特性，这些是 GeoServer 扩展 SLD 标准的特性，如 Priority Labeling、Grouping Geometries 等。在 GeoServer 建立图层 (非图层组) 时，需要提供一个可用默认的样式，如果有需要的话，还可以提供多个可用的样式分配给图层 (图 7.11)。

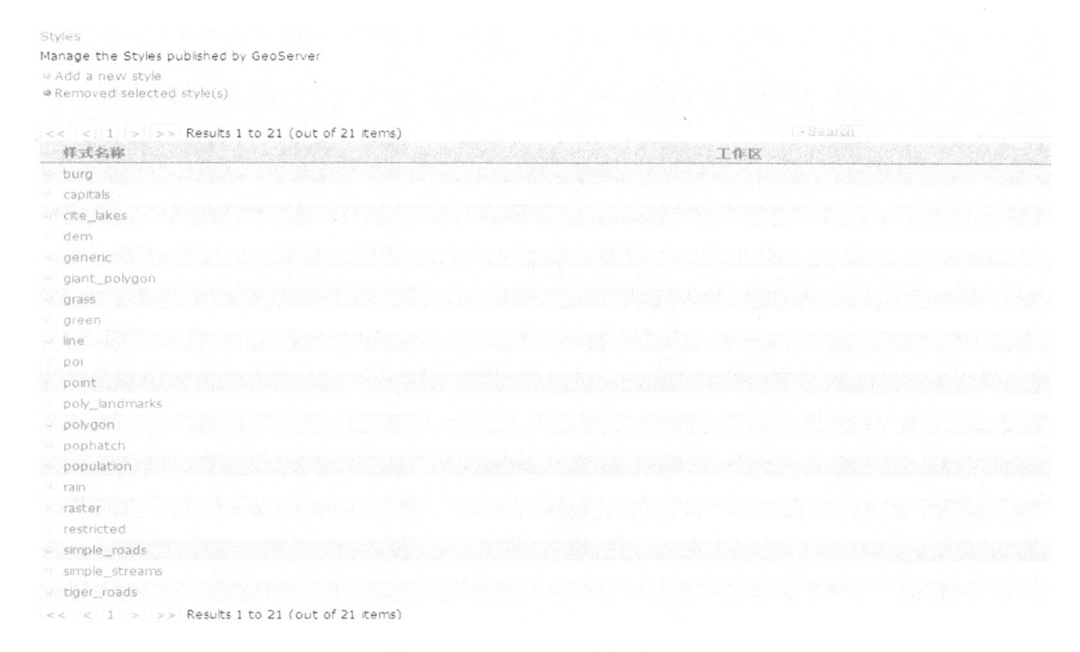

图 7.11　GeoServer 的样式界面

明白以上几个概念后，就可以大致归纳出数据发布的过程了：首先是建立一个工作区；其次在这个工作区下建立数据存储；再其次在这个数据存储中建立图层，并为这个图层指派一个样式；最后如果需要图层组来组合管理图层，则再建立一个图层组。

2. 空间数据发布——以 shapefiles 为例

GeoServer 本身就内嵌了 PostGIS、shapefile、Directory of spatial files (shapefiles) 等几种矢

量格式的数据源格式，至于扩展的数据源格式，如 Oracle、MySQL、ArcSDE 等，在后面会提及。下面以 shapefiles 为例介绍一下空间数据的发布过程。

1)数据准备

以国家基础地理信息中心网站提供的 1∶400 万比例尺数据为例。国家基础地理信息系统 1∶400 万数据包括地级城市驻地、国界线、经纬网、全国县级统计数据、省会城市、省级行政区、县城驻地、线状省界、中国地州界、中国湖泊、中国县界、主要公路、主要河流、主要铁路数据。以上数据可以在 ArcGIS 中打开并使用。该数据库是在全国 1∶100 万基础地理信息共享平台数据库基础上派生的，系全国无缝拼接的分层数据。主要内容包括县和县级以上境界、县和县以上人民政府驻地、5 级以上河流、主要公路和铁路等。与全国 1∶100 万比例尺地形数据库数据比较，1∶400 万数据境界数据层属性数据增加了县的汉字名称，居民地数据层属性数据增加了该驻地名称所在的行政区划代码，河流数据层的属性数据增加了河流名称与河流、湖泊分级等内容。全国 1∶400 万基础地理信息共享平台数据库的精度符合 1∶100 万地形图要求，要素的内容详细程度或图面显示载负量符合 1∶400 万比例尺地图要求。分类代码依据《基础地理信息要素分类与代码》(GB/T13923—2006)，数据采用十进制度为单位的地理坐标表示，坐标采用 1954 年北京坐标系和克拉索夫斯基椭球体。

注：本章后面地图示意图的数据均来自国家基础地理信息中心网站提供的 1∶400 万全国地图数据。

选取的 shapefile 文件：地级城市驻地、国界线、经纬网、全国县级统计数据、省会城市、省级行政区、县城驻地、线状省界、中国地州界、中国湖泊、中国县界、主要公路、主要河流、主要铁路数据等 15 个图层。把这些图层的文件复制到% GeoSever 2.11.2\data_dir\data\nfgis 目录下。

2)建立工作区及数据存储

在 Web 管理界面中浏览工作区→添加新的工作区，建立一个名为 China 的工作区(图 7.12)。

图 7.12　建立工作区界面

因为已经为 shapefile 文件建立了一个 nfgis 文件夹，所以可以直接使用这个文件夹作为数据存储。在 Web 管理界面中浏览数据存储→添加新的数据存储→Directory of spatial files(shapefiles)，当完成时点击“保存”按钮(图 7.13 和表 7.1)。

file 所在的路径,可以是绝对路径(如 C: \data\nfgis)或相对于系统变量% data_dir%的路径(如 file: data/nfgis)。

图 7.13　建立数据存储界面

表 7.1　具体操作描述

操作	描述
工作区	选择所依附的工作区。这个工作区的名称将会成为从这个数据存储所创建图层的前缀(必须的选项)
数据存储名称	数据存储的名称(必须的选项)
说明	数据存储的描述(可选的选项)
启用	是否启用当前的数据存储。如果不勾选，这个数据存储将不可用
Shapefile 文件的目录	shapfiles 所在的路径。可以是绝对路径(如 C: \data\nfgis)或相对于系统变量% data_dir%的路径(如 file: data/nfgis)
DBF 文件的字符集	选择. dbf 文件的字符集
建立空间索引	当没有或过期的时候创建空间索引
使用内存映射的缓冲区	允许使用内存所映射的 I/O
高速缓存和重用内存映射	允许缓存并重用内存映射

3)发布图层

如果数据源连接正常，接下来页面会自动跳转到图层发布上(图 7.14)。

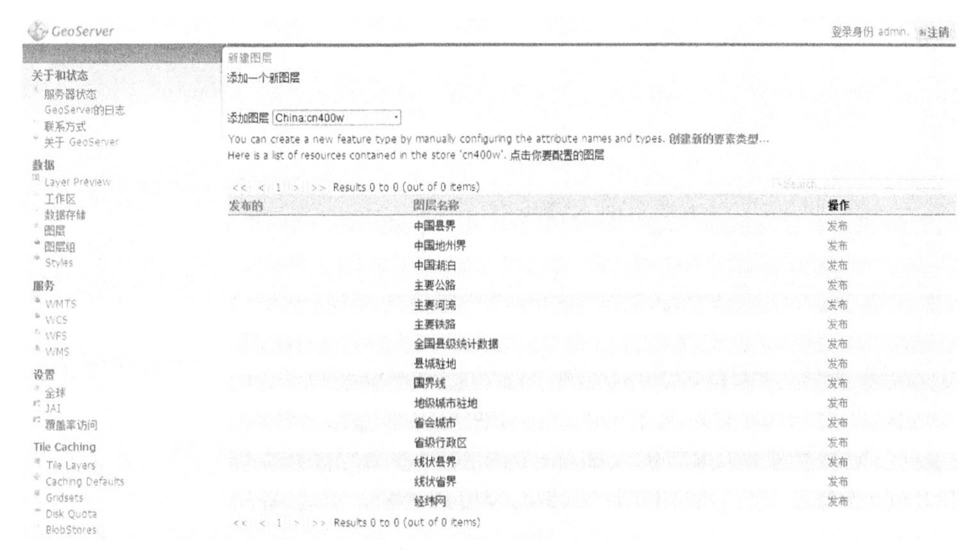

图 7.14　图层发布界面

点击“发布”按钮，页面会自动跳转到图层发布明细编辑界面上(图 7.15)。

图 7.15　图层发布明细编辑界面

(1) 基础信息 (Basic Resource Info) 填写。

命名：用于 WMS 请求中对图层的识别，也就是以工作空间为前缀的图层名 (必须的)。

标题：人工可读的描述，用于客户端简单识别图层 (必须的)。

摘要：提供一个关于图层信息描述性的叙述。

关键字：罗列能帮助目录搜索的关键短语。

元数据链接：允许链接到描述数据层的外部文档。目前只有两个标准格式类型是有效的：TC211 和 FGDC。TC211 是指国际标准化组织地理信息技术委员会，FGDC 是指美国联邦地理委员会。

(2) 坐标参考系 (Coordinate Reference Systems，CRS) 填写。

一个坐标参考系 (CRS) 定义了空间数据如何定位到地表上的真实位置。CRS 是一个更通用的模型——空间参考系 (SRS) 的一部分，其中包括参照坐标和地理标识。GeoServer 需要知道数据的坐标参考系。此信息用于计算纬度/经度边界框，并在 WMS 和 WFS 请求中重新投影。定义 SRS 用 EPSG: 4326，如果发布地图预览不能正常显示就改为 EPSG: 3857 (图 7.16)。

图 7.16　坐标参考系填写界面

本机空间参考系指示图层原始的投影。

定义空间参考系指示 GeoServer 提供给客户端的空间参考系。

SRS 处理，确定当以上两个 SRS 不同时，GeoServer 应如何处理投影。

(3) 边框。

边框用于决定图层的范围。原始边框描述数据的原始空间参考系的投影范围。一般可以点击“从数据中计算”以便自动计算生成。经纬度的边框是基于标准经纬度来计算的范围。这些界线可以通过点击“Compute from native bounds”按钮自动计算生成。

(4) 覆盖参数（栅格数据）。

对于部分栅格数据而言，这个只是可选的参数。WorldImage 格式需要一个有效的二维网格坐标范围，这个参数称为 ReadGridGeometry2D。对于 ImageMosaic 格式，可以使用 InputImageThresholdValue、InputTransparentColor 和 OutputTransparentColor 参数控制阈值和透明度方面的马赛克渲染。

(5) 要素类型明细（矢量数据）。

与覆盖参数相对，矢量图层拥有特征类型的详细列表。这些列表包括了数据源的属性和类型。例如，“China: 省级行政区”图层拥有一个多边形类型的几何字段 the_geom。

(6) 发布信息填写。

“发布”选项卡可以配置 HTTP、WMS 和 WFS（栅格数据是 WCS）等设置（图 7.17）。

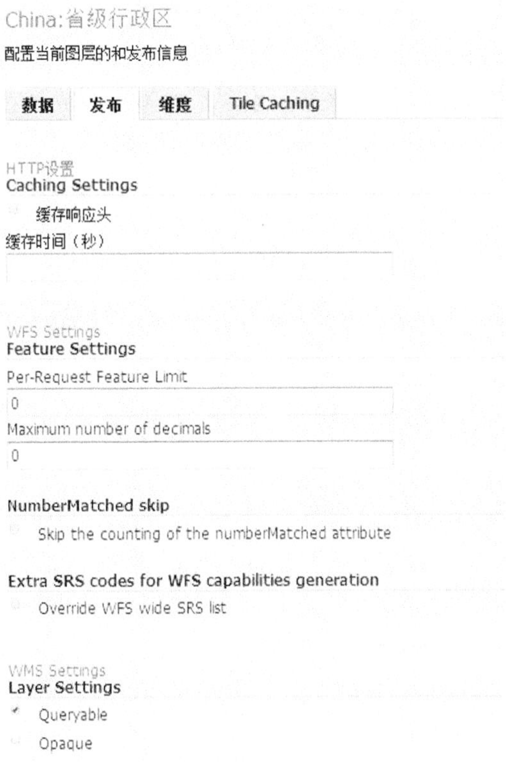

图 7.17　发布信息填写界面

HTTP Settings——HTTP 设置。适用于从客户端请求的 HTTP 响应的高速缓存参数。如果选中 Response Cache Headers，GeoServer 在指定的缓存时间内将不请求相同的瓦片。一个小时(3600s)是默认的缓存时间。

WMS Settings——WMS 设置。设置 WMS 发布的特定参数。

Defalt style——默认样式。选择 GeoServer 提供的样式。如果图层的几何类型能被正确识别，GeoServer 会自动选择合适的基本样式。例如，“China：省级行政区”的几何类型是 MultiPolygon，那么默认样式就自动选择为 Polygon。如果自行创建了正确的样式，也会出现在下拉框中。

Additional styles——附加样式。其他的样式也是可以分配给当前图层的。某些客户端(如 GeoServer 自带的图层预览)能让用户使用这些附加样式替换默认样式来展现图层。

Default rendering buffer——默认渲染缓冲(2.0.3 版本开始)。GetMap/GetFeatureInfo 缓冲区参数的默认值。

Default WMS path——默认 WMS 路径。在 WMS 能访问的图层树中的位置，对于建立非不透明层组有用。

WMS Attribution——WMS 属性。设置关于数据提供商的发布信息。

Attribution Text——属性文本。人工可读的数据提供商的描述，用于可链接到数据提供商网站的文本信息。

Attribution Link——属性链接。数据提供商的网站地址。

Logo URL——图标网址。数据提供商的图片的网址。

Logo Content Type Width And Height——协助客户端布局的图片信息。

WFS Settings——WFS 设置。对于图层，设置最大特征的数量是对 WFS 的 GetFeature 操作生成的数量执行控制的，默认为 0，也就是不控制返回数。

WCS Settings——WCS 设置。为图层提供一系列能转换的 SRS。New Request SRS 允许添加一个 SRS 到这个列表。

Interpolation Methods——插值方法。设置栅格图的渲染方式。

Formats——格式。罗列图层所支持的输出格式，发布信息填写完成后，点击“保存”按钮保存。

4)图层样式制作

GeoServer 使用 SLD 作为图层的样式，关于 SLD 的详细语法和配置说明，可以参考 GeoServer 的用户文档及 OGC 网站的 SLD 标准。现在以省级行政区的面层样式为例，简单介绍如何通过 SLD 制作图层的样式。

在 Web 管理界面中浏览 Styles→ Add a new style，然后页面中会出现一个简单的样式编辑器，编辑器自带语法高亮和校验。

为新建的样式起名：china_region。内容如下：

```
<?xml version="1.0" encoding="ISO-8859-1"?>
<StyledLayerDescriptor version="1.0.0"
  xsi: schemaLocation="http:/www. opengis. net/sld StyledLayerDescriptor. xsd"
  xmlns="http:/www. opengis. net/sld"
  xmlns: ogc="http:/www. opengis. net/ogc"
```

```
xmlns: xlink="http:/www. w3. org/1999/xlink"
xmlns: xsi="http:/www. w3. org/2001/XMLSchema-instance">
 <!-- a Named Layer is the basic building block of an SLD document -->
 <NamedLayer>
   <Name>china_boundary_polygon</Name>
   <UserStyle>
   <!-- Styles can have names, titles and abstracts -->
     <Title>省界面</Title>
     <Abstract>简单的省界面</Abstract>
     <!-- FeatureTypeStyles describe how to render different features -->
     <!-- A FeatureTypeStyle for rendering polygons -->
     <FeatureTypeStyle>
       <Rule>
         <Name>rule1</Name>
         <Title>Google Style boundary</Title>
         <Abstract>A polygon with a gray fill and a 1 pixel black outline</Abstract>
         <PolygonSymbolizer>
           <!--  填充色为浅灰色  -->
           <Fill>
             <CssParameter name="fill">#F2EFE9</CssParameter>
           </Fill>
           <!--  边界线为灰色的虚线  -->
           <Stroke>
             <CssParameter name="stroke">#DDD9D5</CssParameter>
             <CssParameter name="stroke-width">0.5</CssParameter>
             <!-- stroke-dasharray 表示 2 个像素实线然后 2 个像素空白线  -->
             <CssParameter name="stroke-dasharray">2 2</CssParameter>
           </Stroke>
         </PolygonSymbolizer>
       </Rule>
     </FeatureTypeStyle>
   </UserStyle>
 </NamedLayer>
</StyledLayerDescriptor>
```

语法检查(按“validate”按钮)通过后，提交保存(按“submit”按钮)。把所创建的china_region 样式分配给图层“China: 省级行政区”作为默认样式。

首都和省级行政中心的样式如下：

```
<?xml version="1.0" encoding="ISO-8859-1"?>
<StyledLayerDescriptor version="1.0.0"
```

```
xsi: schemaLocation="http:/www. opengis. net/sld StyledLayerDescriptor. xsd"
xmlns="http:/www. opengis. net/sld"
xmlns: ogc="http:/www. opengis. net/ogc"
xmlns: xlink="http:/www. w3. org/1999/xlink"
xmlns: xsi="http:/www. w3. org/2001/XMLSchema-instance">
 <!-- a Named Layer is the basic building block of an SLD document -->
 <NamedLayer>
   <Name>china_capital</Name>
   <UserStyle>
   <!-- Styles can have names, titles and abstracts -->
     <Title>首都及省会</Title>
     <Abstract>首都及省会点</Abstract>
     <!-- FeatureTypeStyles describe how to render different features -->
     <!-- A FeatureTypeStyle for rendering points -->
     <FeatureTypeStyle>
       <Rule>
         <Name>rule1</Name>
         <Title>首都及省会</Title>
         <Abstract>6 pixel capital</Abstract>
           <PointSymbolizer>
             <Graphic>
               <Mark>
                 <WellKnownName>circle</WellKnownName>
                 <Fill>
                   <CssParameter name="fill">#AAAAAA</CssParameter>
                 </Fill>
                 <Stroke>
                   <CssParameter name="stroke">#000000</CssParameter>
                   <CssParameter name="stroke-width">2</CssParameter>
                 </Stroke>
               </Mark>
             <Size>6</Size>
           </Graphic>
         </PointSymbolizer>
         <TextSymbolizer>
           <Label>
             <ogc: PropertyName>NAME</ogc: PropertyName>
           </Label>
           <LabelPlacement>
```

```
                <PointPlacement>
                  <AnchorPoint>
                    <AnchorPointX>0.5</AnchorPointX>
                    <AnchorPointY>0.0</AnchorPointY>
                  </AnchorPoint>
                  <Displacement>
                    <DisplacementX>0</DisplacementX>
                    <DisplacementY>5</DisplacementY>
                  </Displacement>
                </PointPlacement>
              </LabelPlacement>
              <Fill>
                <CssParameter name="fill">#000000</CssParameter>
              </Fill>
            </TextSymbolizer>
          </Rule>
        </FeatureTypeStyle>
      </UserStyle>
    </NamedLayer>
</StyledLayerDescriptor>
```

国境线样式如下：

```
<?xml version="1.0" encoding="ISO-8859-1"?>
<StyledLayerDescriptor version="1.0.0"
  xsi: schemaLocation="http:/www. opengis. net/sld StyledLayerDescriptor. xsd"
  xmlns="http:/www. opengis. net/sld"
  xmlns: ogc="http:/www. opengis. net/ogc"
  xmlns: xlink="http:/www. w3. org/1999/xlink"
  xmlns: xsi="http:/www. w3. org/2001/XMLSchema-instance">
  <!-- a Named Layer is the basic building block of an SLD document -->
  <NamedLayer>
    <Name>territory_line</Name>
    <UserStyle>
    <!-- Styles can have names, titles and abstracts -->
      <Title>国境线</Title>
      <Abstract>灰色国境线</Abstract>
      <!-- FeatureTypeStyles describe how to render different features -->
      <!-- A FeatureTypeStyle for rendering lines -->
      <FeatureTypeStyle>
        <Rule>
```

```
          <Name>rule1</Name>
          <Title>Gray Line</Title>
          <Abstract>A solid gray line with a 1 pixel width</Abstract>
          <LineSymbolizer>
            <Stroke>
              <CssParameter name="stroke">#818181</CssParameter>
            </Stroke>
          </LineSymbolizer>
        </Rule>
      </FeatureTypeStyle>
    </UserStyle>
  </NamedLayer>
</StyledLayerDescriptor>
```

这三个图层组合为一个层组后的显示效果如图 7.18 所示。

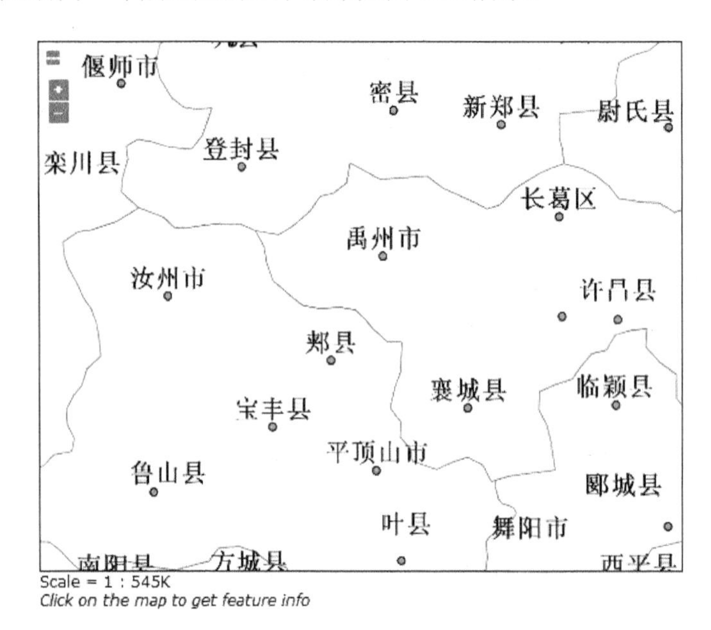

图 7.18　图层样式效果界面

5) 查看发布的图层

在 Web 管理界面中浏览 Layer Preview(图 7.19)，找到刚才建立的图层“China: 省级行政区”。

点击 Common Formats 列的 OpenLayers 链接就可以看到使用 OpenLayers 作为前端应用程序的 GeoServer 地图预览客户端，提供了基本的缩放、漫游、点信息查询、还有部分 WMS 的参数(图 7.20)。

点击 All Formats 列的下拉框可以看到当前图层支持的所有输出格式。对于栅格图层和图层组，只含有 WMS 请求的输出格式，而矢量图层则会含有 WMS 和 WFS 请求的输出格式。

Layer Preview

List of all layers configured in GeoServer and provides previews in various formats for each.

<< < 1 2 > >> Results 26 to 39 (out of 39 items)　　Search

Type	Title	Name	Common Formats	All Formats
	全国县级统计数据	China:全国县级统计数据	OpenLayers KML GML	Select one
	县城驻地	China:县城驻地	OpenLayers KML GML	Select one
	国界线	China:国界线	OpenLayers KML GML	Select one
	地级城市驻地	China:地级城市驻地	OpenLayers KML GML	Select one
	省会城市	China:省会城市	OpenLayers KML GML	Select one
	省级行政区	China:省级行政区	OpenLayers KML GML	Select one
	省级行政区	China:省级行政区1	OpenLayers KML GML	Select one
	线状县界	China:线状县界	OpenLayers KML GML	Select one
	线状省界	China:线状省界	OpenLayers KML GML	Select one
	经纬网	China:经纬网	OpenLayers KML GML	Select one
	中国行政区划图	China:中国行政区划图	OpenLayers KML	Select one
	Spearfish	spearfish	OpenLayers KML	Select one
	Tasmania	tasmania	OpenLayers KML	Select one
	TIGER New York	tiger-ny	OpenLayers KML	Select one

<< < 1 2 > >> Results 26 to 39 (out of 39 items)

图 7.19　图层预览界面

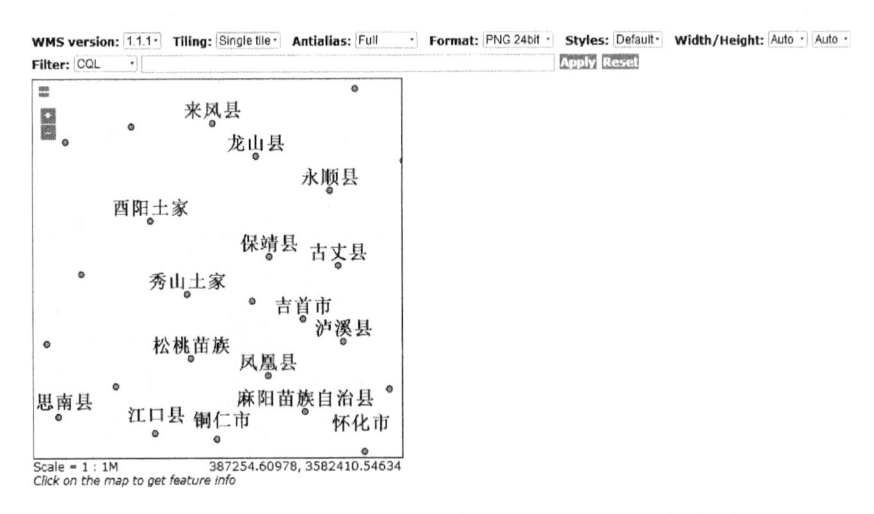

图 7.20　使用 OpenLayers 作为前端应用程序的 GeoServer 地图预览客户端界面

6) GeoWebCache 的使用

GeoWebCache(GWC)是一个瓦片服务器，它在地图服务器和地图客户端之间扮演一个代理的角色。它缓存客户端所请求的瓦片，去除多余的图片生成过程，以节省大量的处理时间。GWC 现在已经内嵌在 GeoServer 中。

从 GeoServer2.1.0 版开始，GWC 已经整合到 WMS 中，因此不需要特别的定制就可以很方便地使用(图 7.21)。在 Web 管理界面中，GeoWebCache Settings 页面有一个 Enable direct WMS integration 选项(启用直接 WMS 整合)，默认关闭。如果开启，GeoServer 的 WMS 将缓存和检索 GeoWebCache 的瓦片(通过 GetMap 请求)，将在下列条件下适用。

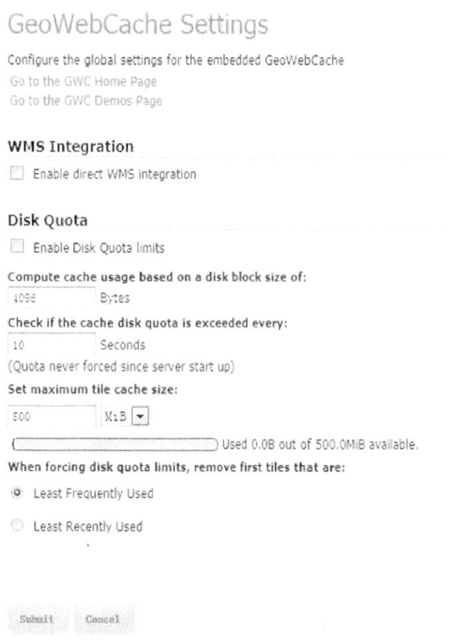

(1)请求中包含参数 TILED=true。

(2)所有其他的请求参数(瓦片高度和宽度)与图层的网格设置匹配。

(3)没有供应商特定参数(如 cql_filter)。

7.2.3　GeoServer 数据格式处理

1. 数据格式转换处理

在目前开源的空间数据转换软件中，最主要的就是 GDAL/OGR。GDAL 是一个在 X/MIT 许可协议下的开源栅格空间数据转换库。它利用抽象数据模型来表达所支持的各种文件格式。它还有一系列命令行工具来进行数据转换和处理(目前达近百种，详细的列表可以参见其官方网站)。OGR 是 GDAL 项目的一个分支，功能与 GDAL 类似，只不过它提供对矢量数据的支持(目前达 50 几种，详细的列表可以参见其官方网站)。

图 7.21　GeoWebCache 的使用设置界面

GDAL 使用抽象数据模型(abstract data model)来解析它所支持的数据格式，抽象数据模型包括数据集(Dataset)、坐标系统、仿射地理坐标转换(Affine Geo Transform)、大地控制点(GCPs)、元数据(Metadata)、栅格波段(Raster Band)、颜色表(Color Table)、子数据集域(Subdatasets Domain)、图像结构域(Image_Structure Domain)、XML 域(XML: Domains)。

GDALMajorObject 类：带有元数据的对象。

GDALDdataset 类：通常是从一个栅格文件中提取的相关联的栅格波段集合和这些波段的元数据；GDALDdataset 也负责所有栅格波段的地理坐标转换(georeferencing transform)和坐标系定义。

GDALDriver 类：文件格式驱动类，GDAL 会为每一个所支持的文件格式创建一个该类的实体，来管理该文件格式。

GDALDriverManager 类：文件格式驱动管理类，用来管理 GDALDriver 类。OGR 提供对矢量数据格式的读写支持，它所支持的文件格式包括：ESRI Shapefiles、 S-57、 SDTS、PostGIS、Oracle Spatial、MapInfo mid/mif 、MapInfo TAB。

OGR 包括如下几部分。

Geometry：类 Geometry(包括 OGRGeometry 等类)封装了 OpenGIS 的矢量数据模型，并提供了一些几何操作，WKB(Well-Known Binary)和 WKT(Well-Known Text)格式之间的相互转换，以及空间参考系统(投影)。

Spatial Reference：类 OGRSpatialReference 封装了投影和基准面的定义。

Feature：类 OGRFeature 封装了一个完整要素(feature)的定义，一个完整的 feature 包括一个 geometry 和 geometry 的一系列属性。

Feature Definition：类 OGRFeatureDefn 里面封装了 feature 的属性、类型、名称及其默认的空间参考系统等。一个 OGRFeatureDefn 对象通常与一个层(Layer)对应。

Layer：类 OGRLayer 是一个抽象基类，表示数据源类 OGRDataSource 里面的一层要素(feature)。

Data Source：类 OGRDataSource 是一个抽象基类，表示含有 OGRLayer 对象的一个文件或一个数据库。

Drivers：类 OGRSFDriver 对应于每一个所支持的矢量文件格式。类 OGRSFDriver 由类 OGRSFDriverRegistrar 来注册和管理。

2. 编译 GDAL/OGR 源码

因为 GDAL/OGR 中的部分格式是商业软件特有格式，如 ESRI 的 ArcSDE、Oracle 的 GeoRaster 等，所以，GDAL/OGR 下载的二进制版本(如 FWTools)中所支持的格式并不完全。GADL 查看支持格式的命令是：→gdalinfo→formats，对应 OGR 的命令是→ogrinfo→formats。如果所需要格式在当前的版本(目前最新的版本为 1.9.0)中支持，但未出现在下载回来的二进制版本中，那么可以下载源代码进行编译，以添加支持。

源代码的编译可以在 Linux 和 Windows 环境下进行。Windows 的编译环境支持 Microsoft Visual Studio(2002～2010)。下面以在 Windows+Visual Studio 2008 环境下添加 Oracle 支持为例说明。

(1)在编译的机器上安装 Oracle 服务端或客户端。

(2)在源代码目录下的 nmake. opt 中把 Oracle 格式的注释去掉(注意 ORACLE_HOME 的路径)，如下：

```
# Add ORACLE support.
# Uncomment the following line to enable OCI Oracle Spatial support.
ORACLE_HOME =     C:Software/Oracle/Product/10.1.0/db_1
# Uncomment the following if you prefer to build OCI support as a plugin.
OCI_PLUGIN = YES
```

(3)进入 Visual Studio 2008 命令提示，切换到 GDAL 的路径下，如 C: \GDAL，输入命令：

```
C: \GDAL> nmake /f makefile. vc
```

编译成功完成后，如果需要部署编译的结果(二进制文件及帮助等)，则需要调整 nmake. opt 中的参数：

```
!IFNDEF GDAL_HOME
GDAL_HOME = "C: \warmerda\bld"
!ENDIF
!IFNDEF BINDIR
BINDIR = $(GDAL_HOME)\bin
!ENDIF
!IFNDEF PLUGINDIR
```

```
PLUGINDIR = $(BINDIR)\gdalplugins
!ENDIF
!IFNDEF LIBDIR
LIBDIR = $(GDAL_HOME)\lib
!ENDIF
!IFNDEF INCDIR
INCDIR = $(GDAL_HOME)\include
!ENDIF
!IFNDEF DATADIR
DATADIR = $(GDAL_HOME)\data
!ENDIF
!IFNDEF HTMLDIR
HTMLDIR = $(GDAL_HOME)\html
!ENDIF
```

然后输入命令：

```
C:\GDAL> nmake /f makefile.vc install
```

这样，编译的结果就会部署到 GDAL_HOME 中。

(4) Oracle 支持的插件编译。

进入 Visual Studio 2008 命令提示，切换到插件的路径下，如 C:\GDAL\ogr\ogrsf_frmts\oci。执行编译插件命令，如下：

```
C:\GDAL\ogr\ogrsf_frmts\oci> nmake /f makefile.vc ogr_OCI.dll
```

对于不同的插件，最后的参数名是不同的。编译成功后，把编译出来的 ogr_OCI.dll 文件复制到$(GDAL_HOME)\bin\gdalplugin 文件夹内，这样就完成了对 Oracle 空间数据库的支持。现在运行命令行：

```
$(GDAL_HOME)\bin>ogrinfo –formats
```

看看有没有多出一个 OCI 字样的格式，有的话就表示已经可以读写 Oracle 的 SDO_Geometry 格式了。

3. OGR 使用范例

因为在日常的数据处理中矢量格式的数据转换占据了相当重要的部分，所以进一步讲解矢量数据转换。

OGR 包含三个关键工具：ogrinfo 罗列 OGR 支持的数据源信息；ogr2ogr 在不同的格式之间转换数据；ogrtindex 创建一个瓦片索引(一个包含一系列文件识别信息及空间范围信息的文件)。

因为 ogrtindex 主要是供 MapServer 使用的，所以主要探讨 ogrinfo 和 ogr2ogr 的使用方法。

1) ogrinfo 的语法

```
ogrinfo [--help-general] [-ro] [-q] [-where restricted_where]
        [-spat xmin ymin xmax ymax] [-fid fid]
        [-sql statement] [-dialect dialect] [-al] [-so] [-fields={YES/NO}]
        [-geom={YES/NO/SUMMARY}][--formats]
```

datasource_name [layer [layer. . .]]

参数说明如下。

-ro: 以只读方式打开数据源。

-al: 罗列所有图层的所有要素(特征数据)。

-so: 仅仅汇总。放弃罗列所有的要素(特征数据)，仅显示如投影、模式、记录数和空间范围等信息。

-q: 静默模式下详细报告各种信息，包括坐标系统、图层模式、程度和记录数。

-where restricted_where: 在 SQL WHERE 语句中使用的属性查询的限制形式。只有与属性查询相匹配的数据才被使用。

-sql statement: 执行指定的 SQL 语句，并返回结果。

-dialect dialect: SQL 方言。在某些情况下可使用 OGR 的 SQL(未优化)，以替代本地的 SQL RDBMS 的 SQL。

-spat xmin ymin xmax ymax: 感兴趣的区域。只有参数包括在矩形范围内的数据才被使用。

-fid fid: 如果提供的话，只有此 ID 的要素(特征数据)才被使用。作用于空间和属性查询。注意：如果想使用几个 FID 的要素(特征数据)，那么可以通过 OGR 的 SQL 参数实现，如-where "fid in(1，3，5)"，这样就会选择 FID 是 1，3，5 的要素(特征数据)。

-fields={YES/NO}(从 GDAL1.6.0 版开始)：假如设置为 NO，要素(特征数据)的转储将不显示字段内容，默认数值为 YES。

-geom={YES/NO/SUMMARY}(从 GDAL1.6.0 版开始)：假如设置为 NO，要素(特征数据)的转储将不显示几何数据；假如设置为 SUMMARY，仅显示几何数据的汇总；假如设置为 YES，几何数据会以完整 OGC 的 WKT 格式显示。默认数值是 YES。

formats: 罗列当前可用的所有格式。

datasource_name: 需要打开的数据源。可能是文件名、目录或其他虚拟的名称。详细的情况可以查看 GDAL/OGR 官网的 OGR Vector Formats 列表。

layer: 一个或多个需要显示的图层名。

例如，显示一个 NTF 文件中所有的图层，代码如下：

```
% ogrinfo wrk/SHETLAND_ISLANDS. NTF
INFO: Open of 'wrk/SHETLAND_ISLANDS. NTF'
using driver 'UK. NTF' successful.
1: BL2000_LINK(Line String)
2: BL2000_POLY(None)
3: BL2000_COLLECTIONS(None)
4: FEATURE_CLASSES(None)
```

又如，使用一个属性查询来限制输出图层的数据：

```
% ogrinfo -ro -where 'GLOBAL_LINK_ID=185878' wrk/SHETLAND_ISLANDS. NTF BL2000_LINK
INFO: Open of `wrk/SHETLAND_ISLANDS. NTF'
using driver 'UK. NTF' successful.
Layer name: BL2000_LINK
```

```
Geometry: Line String
Feature Count: 1
Extent: (419794.100000, 1069031.000000) - (419927.900000, 1069153.500000)
Layer SRS WKT:
PROJCS["OSGB 1936 / British National Grid",
    GEOGCS["OSGB 1936",
        DATUM["OSGB_1936",
            SPHEROID["Airy 1830", 6377563.396, 299.3249646]],
        PRIMEM["Greenwich", 0],
        UNIT["degree", 0.0174532925199433]],
    PROJECTION["Transverse_Mercator"],
    PARAMETER["latitude_of_origin", 49],
    PARAMETER["central_meridian", -2],
    PARAMETER["scale_factor", 0.999601272],
    PARAMETER["false_easting", 400000],
    PARAMETER["false_northing", -100000],
    UNIT["metre", 1]]
LINE_ID: Integer(6.0)
GEOM_ID: Integer(6.0)
FEAT_CODE: String(4.0)
GLOBAL_LINK_ID: Integer(10.0)
TILE_REF: String(10.0)
OGRFeature(BL2000_LINK: 2
  LINE_ID(Integer) = 2
  GEOM_ID(Integer) = 2
  FEAT_CODE(String) = (null)
  GLOBAL_LINK_ID(Integer) = 185878
  TILE_REF(String) = SHETLAND I
  LINESTRING(419832.100 1069046.300, 419820.100 1069043.800, 419808.300
  1069048.800, 419805.100 1069046.000, 419805.000 1069040.600, 419809.400
  1069037.400, 419827.400 1069035.600, 419842 1069031, 419859.000
  1069032.800, 419879.500 1069049.500, 419886.700 1069061.400, 419890.100
  1069070.500, 419890.900 1069081.800, 419896.500 1069086.800, 419898.400
  1069092.900, 419896.700 1069094.800, 419892.500 1069094.300, 419878.100
  1069085.600, 419875.400 1069087.300, 419875.100 1069091.100, 419872.200
  1069094.600, 419890.400 1069106.400, 419907.600 1069112.800, 419924.600
  1069133.800, 419927.900 1069146.300, 419927.600 1069152.400, 419922.600
  1069153.500, 419917.100 1069153.500, 419911.500 1069153.000, 419908.700
  1069152.500, 419903.400 1069150.800, 419898.800 1069149.400, 419894.800
```

1069149.300, 419890.700 1069149.400, 419890.600 1069149.400, 419880.800
1069149.800, 419876.900 1069148.900, 419873.100 1069147.500, 419870.200
1069146.400, 419862.100 1069143.000, 419860 1069142, 419854.900
1069138.600, 419850 1069135, 419848.800 1069134.100, 419843
1069130, 419836.200 1069127.600, 419824.600 1069123.800, 419820.200
1069126.900, 419815.500 1069126.900, 419808.200 1069116.500, 419798.700
1069117.600, 419794.100 1069115.100, 419796.300 1069109.100, 419801.800
1069106.800, 419805.000　1069107.300)

2) ogr2ogr 的语法

```
Usage: ogr2ogr [--help-general] [-skipfailures] [-append] [-update]
               [-select field_list] [-where restricted_where]
               [-progress] [-sql <sql statement>] [-dialect dialect]
               [-preserve_fid] [-fid FID]
               [-spat xmin ymin xmax ymax]
               [-a_srs srs_def] [-t_srs srs_def] [-s_srs srs_def]
               [-f format_name] [-overwrite] [[-dsco NAME=VALUE]. . . ]
               dst_datasource_name src_datasource_name
               [-lco NAME=VALUE] [-nln name] [-nlt type] [layer [layer. . . ]]
Advanced options :
               [-gt n]
               [-clipsrc [xmin ymin xmax ymax]|WKT|datasource|spat_extent]
               [-clipsrcsql sql_statement] [-clipsrclayer layer]
               [-clipsrcwhere expression]
               [-clipdst [xmin ymin xmax ymax]|WKT|datasource]
               [-clipdstsql sql_statement] [-clipdstlayer layer]
               [-clipdstwhere expression]
               [-wrapdateline]
               [-segmentize max_dist] [-fieldTypeToString All|(type1[, type2]*)]
               [-splitlistfields] [-maxsubfields val]
               [-explodecollections] [-zfield field_name]
```

参数说明如下。

-f format_name: 输出的文件格式名(默认是 ESRI 的 Shapefile)，罗列部分可用格式如下：

```
-f "ESRI Shapefile"
-f "TIGER"
-f "MapInfo File"
-f "GML"
-f "PostgreSQL"
```

-append: 附加到已经存在的输出图层中。

-overwrite: 删除输出图层并重新创建一个空图层。

-update: 用更新模式打开输出数据源而不是尝试创建一个新的输出。

-select field_list: 以逗号分隔的字段列表从输入图层中复制到输出的图层。如果字段列表中出现重复字段名，那么后面的字段会被自动忽略。

-progress(从 GDAL1.7.0 版开始):在终端显示处理过程。只有当输入层有“fast feature count”功能时才有效。

-sql sql_statement: 执行 SQL 表达式。SQL 结果的表/图层将保存在输出图层中。

-dialect dialect: SQL 方言。在某些情况下可使用 OGR 的 SQL(未优化)，替代本地的 SQL RDBMS 的 SQL。

-where restricted_where: 属性查询(类似 SQL WHERE)。

-skipfailures: 如果出现错误，自动跳过出错的数据。

-spat xmin ymin xmax ymax: 空间查询范围。只有那些与指定的空间查询范围相交的要素(特征数据)才会被选中，除非指定参数-clipsrc，否则这些选中的要素的几何形状不会被裁剪。

-dsco NAME=VALUE: 数据集创建的选项(由相应的格式指定)。

-lco NAME=VALUE: 图层创建的选项(由相应的格式指定)。

-nln name: 为新的图层分配一个名称。

-nlt type: 指定创建图层的几何类型。类型包括 NONE、GEOMETRY、POINT、LINESTRING、POLYGON、GEOMETRYCOLLECTION、MULTIPOINT、MULTIPOLYGON 和 MULTILINESTRING。添加参数"25D"以支持 2.5D 版的数据(包含 *Z* 轴数据)。

-a_srs srs_def: 分配一个输出的 SRS。

-t_srs srs_def: 重新投影/转换输出的 SRS。

-s_srs srs_def: 替换数据源的 SRS。

-fid fid: 如果提供的话，只有此 ID 的要素(特征数据)才被使用。作用于空间和属性查询。注意：如果想使用几个 FID 的要素(特征数据)，那么可以通过 OGR 的 SQL 参数实现，如-where “fid in(1，3，5)”，这样就会选择 FID 是 1，3，5 的要素(特征数据)。

srs_def 可以定义为一个完整的 WKT 或一个众所周知的定义(如 EPSG：4326)或一个 WKT 定义的文件。

高级选项如下。

-gt n: 在单个事务中指定 *n* 个要素(特征数据)为一组(默认是 200)。

-clipsrc [xmin ymin xmax ymax]|WKT|datasource|spat_extent(从 GDAL1.7.0 版开始):裁剪的几何图形可以用指定范围边界(由源 SRS 表示)，WKT 格式(POLYGON 或 MULTIPOLYGON)描述，从数据源或通过-spat 选项指定空间范围。当指定一个数据源，通常会把-clipsrclayer、-clipsrcwhere 或-clipsrcsql 选项结合使用。

-clipsrcsql sql_statement: 使用 SQL 查询以选择所需的几何形状。

-clipsrclayer layername: 通过图层名选择裁剪数据源。

-clipsrcwhere expression: 使用属性查询产生所需的几何形状。

-clipdst xmin ymin xmax ymax(从 GDAL1.7.0 版开始):裁剪的几何图形可以用指定范围边界(由目标 SRS 表示)、WKT 格式描述(POLYGON 或 MULTIPOLYGON)，从数据源或通过-spat 选项指定空间范围。当指定一个数据源，通常会把-clipdstlayer、-clipdstwhere 或-clipdstsql 选项结合使用。

-clipdstsql sql_statement: 使用目标的 SQL 查询以选择所需的几何形状。

-clipdstlayer layername: 通过目标的图层名选择裁剪数据源。

-clipdstwhere expression: 使用目标的属性查询产生所需的几何形状。

-wrapdateline(从 GDAL1.7.0 版开始):分割跨越国际日期变更线的几何图形(long. = +/-180deg)。

-segmentize max_dist(从 GDAL1.6.0 版开始):两个节点间最大的距离。

-fieldTypeToString type1, …(从 GDAL1.7.0 版开始):转换目标图层字段的类型为字符串类型。有效的类型有 Integer、Real、String、Date、Time、DateTime、Binary、IntegerList、RealList、StringList。此选项其实是 OGR 的 SQL 中 CAST 语法的另一种用法，可以避免一个过长的 SQL 查询。

-splitlistfields(从 GDAL1.8.0 版开始):分割 StringList、RealList 或 IntegerList 为若干 String、Real 或 Integer 字段。

-maxsubfields val: 与-splitlistfields 操作混合以限制子字段的数目。

-explodecollections(从 GDAL1.8.0 版开始):从源文件的任意几何集合中生成每个几何图形的要素(特征数)。

-zfield field_name(从 GDAL1.8.0 版开始):使用特定的字段填充几何图形的 *Z* 坐标。

例如，附加数据到一个已存在的图层：

```
% ogr2ogr -update -append -f PostgreSQL PG: dbname=warmerda abc. tab
```

又如，重新投影从 ETRS_1989_LAEA_52N_10E 到 EPSG: 4326 并裁剪为一个边界框：

```
% ogr2ogr -wrapdateline -t_srs EPSG: 4326 -clipdst -5 40 15 55 france_4326. shp europe_laea. shp
```

7.3　基于 GeoServer 的 Web GIS 示例

对于 WebGIS 项目而言，GIS 的基本功能是必需的。下面简单介绍如何通过代码实现基本的 GIS 功能。

7.3.1　测试代码的运行环境

使用 GeoServer 的路径%GEOSERVER_DATA_DIR%\www 作为示例代码的存放路径(这个文件夹存放的是 GeoServer 的一些示例页面)，然后使用目前最新的 OpenLayers 版本 2.10。用 2.10 版本的 OpenLayers. js 替换%GEOSERVER _ DATA _ DIR% \www \ openlayers 路径下的 2.8 版本的 OpenLayers. js 文件，建立一个 index. html 文件作为接下来要实验的对象。

7.3.2　基本的图层加载

先尝试加载一个 WMS 图层。利用 Openlayers 实现 WMS 服务加载的算法其实非常简单，只需要了解 WMS 发布的方式、WMS 地址的参数组成结构及地图瓦片的投影原理就可以了。首先需要定义一个边界框对象作为访问 WMS 的边界参数对象。

1. 示例代码

```
<!DOCTYPE html PUBLIC "-//W3C//DTD XHTML 1.0 Strict//EN"
"http:/www. w3. org/TR/xhtml1/DTD/xhtml1-strict. dtd">
<html xmlns="http:/www. w3. org/1999/xhtml">
```

```
<head>
  <meta http-equiv="Content-Type" content="text/html; charset=utf-8" />
   <title>GeoServer 开发示例</title>
  <link rel="stylesheet" href="openlayers/theme/default/style. css" type="text/css" />
  <link rel="stylesheet" href="/geoserver/style. css" type="text/css" />
  <style type="text/css">
       body {
            margin: 1em;
       }
       #map_div {
            width: 800px;
            height: 600px;
            border: 1px solid black;
       }
  </style>
  <script src="openlayers/OpenLayers. js"></script>
  <script type="text/javascript">
    //设置代理，用于 WFS 的跨域访问
    OpenLayers. ProxyHost = 'http:/localhost: 8080/examples/proxy. jsp?';
    //设置图片的尝试重绘次数
    OpenLayers. IMAGE_RELOAD_ATTEMPTS = 3;
    //定义最大的地图边界框
    var maxBounds = new OpenLayers. Bounds(73.447, 3.408, 135.086, 53.559)
    //定义地图的基本参数
    var options = {
       controls: [], //无控件
       maxExtent: maxBounds, //最大范围
       projection: "EPSG: 4214", //投影坐标系
       units: 'degrees'//地图单位
    };
    var map;
    function init() {
       //初始化地图对象
       map = new OpenLayers. Map('map_div', options);
       var layer_china = new OpenLayers. Layer. WMS(
          "中国行政区地图", //Openlayer 图层列表中的图层名
          "http:/localhost: 8080/geoserver/ows", //url
          {//params - WMS 的请求参数
            layers: 'china', //GeoServer 的图层名
```

```
                format: 'image/png', //WMS 返回格式
                tiled: true,
                transparent: true
            },
            {//options - 选项
                'opacity': 0.75,
                'isBaseLayer': true,
                'wrapDateLine': false,
                visibility: true
            }
    );
    map. addLayers([layer_china]);
    //缩放到定义的最大边界框
    map. zoomToExtent(maxBounds);
        }
      </script>
    </head>
    <body onload="init()">
      <h3>GeoServer 示例</h3>
      <div id="map_div"></div>
    </body>
</html>
```

在代码中使用了两个关键的对象：map 和 layer_china。

map 对象使用 OpenLayers. Map 的构造函数实例化，函数中的两个参数 div 和 options 都是可选参数。

div 参数对应的是页面中某个特定的 id 或 name 的标签元素（在上面的例子中使用的是 id 为 map_div 的 div 标签），如果不提供，则不会立即进行地图渲染，只有在执行 map. render 方法时才渲染。map. render 方法的参数就是 div。

options 参数存放的是与地图相关的一些参数，如 controls（控件）、maxExtent（最大范围）、projection（投影坐标系）、units（地图单位）、numZoomLevels（缩放级别）等。

layer_china 对象使用 OpenLayers. Layer. WMS 的构造函数实例化，函数中有 4 个参数：name、url、params、options，其中，options 是可选参数。name 为 Openlayer 图层列表中的图层名，url 为 WMS 服务的基本 url，params 为 WMS 请求的参数，options 为图层的额外选项。

基本图层显示界面如图 7.22 所示。

2. 叠加 Google 地图

因为 Google 地图的坐标系为 WGS84（EPSG: 4326），与 GeoServer 中的中国地图坐标系 EPSG: 4214 使用的椭球体不同，所以需要在 OpenLayers. Layer. WMS 的构造函数的 options 参数中重新做投影转换。

示例代码如下：

GeoServer 示例

图 7.22　基本图层显示界面

```
<!DOCTYPE html PUBLIC "-//W3C//DTD XHTML 1.0 Strict//EN"
"http:/www. w3. org/TR/xhtml1/DTD/xhtml1-strict. dtd">
<html xmlns="http:/www. w3. org/1999/xhtml">
  <head>
    <meta http-equiv="Content-Type" content="text/html; charset=utf-8" />
     <title>GeoServer 开发示例</title>
    <link rel="stylesheet" href="openlayers/theme/default/style. css" type="text/css" />
    <link rel="stylesheet" href="openlayers/theme/default/google. css" type="text/css" />
    <link rel="stylesheet" href="/geoserver/style. css" type="text/css" />
    <script src='http:/maps. google. com/maps?file=api&amp; v=2&amp;
key=ABQIAAAAjpkAC9e
PGem0lIq5XcMiuhR_wWLPFku8Ix9i2SXYRVK3e45q1BQUd_beF8dtzKET_EteAjPdGDwqpQ'></script>
    <style type="text/css">
        body {
            margin: 1em;
        }
        #map_div {
            width: 800px;
            height: 600px;
            border: 1px solid black;
        }
    </style>
    <script src="openlayers/OpenLayers. js"></script>
    <script type="text/javascript">
      //设置代理，用于 WFS 的跨域访问
      OpenLayers. ProxyHost = 'http:/localhost: 8080/examples/proxy. jsp?';
      //设置图片的尝试重绘次数
      OpenLayers. IMAGE_RELOAD_ATTEMPTS = 3;
      //定义最大的地图边界框
      var maxBounds = new OpenLayers. Bounds(73.447, 3.408, 135.086, 53.559)
      //定义地图的基本参数
```

```
var options = {
  controls: [], //无控件
  maxExtent: maxBounds, //最大范围
  projection: "EPSG: 4236", //投影坐标系
  units: 'degrees'//地图单位
};
var map;
function init() {
  //初始化地图对象
  map = new OpenLayers. Map('map_div', options);
  var gphy = new OpenLayers. Layer. Google(
      "Google Physical",
      {type: G_PHYSICAL_MAP}
  );
  var gmap = new OpenLayers. Layer. Google(
      "Google Streets", // the default
      {numZoomLevels: 20}
  );
  var ghyb = new OpenLayers. Layer. Google(
      "Google Hybrid",
      {type: G_HYBRID_MAP, numZoomLevels: 20}
  );
  var gsat = new OpenLayers. Layer. Google(
      "Google Satellite",
      {type: G_SATELLITE_MAP, numZoomLevels: 22}
  );
  var layer_china = new OpenLayers. Layer. WMS(
    "中国行政区地图", //Openlayer 图层列表中的图层名
    "http:/localhost: 8080/geoserver/ows", //url
    {//params - WMS 的请求参数
      layers: 'china', //GeoServer 的图层名
      format: 'image/png', //WMS 返回格式
      tiled: true,
      transparent: true
    },
    {//options - 选项
      'opacity': 0.75,
      'isBaseLayer': false,
      'wrapDateLine': false,
```

```
                visibility: true,
                reproject: true
            }
        );
        map. addLayers([gphy, gmap, ghyb, gsat, layer_china]);
        map. addControl(new OpenLayers. Control. LayerSwitcher());
        //缩放到定义的最大边界框
        map. zoomToExtent(maxBounds);
    }
  </script>
</head>
<body onload="init()">
  <h3>GeoServer 示例</h3>
  <div id="map_div"></div>
</body>
</html>
```

叠加 Google 图层显示界面如图 7.23 所示。

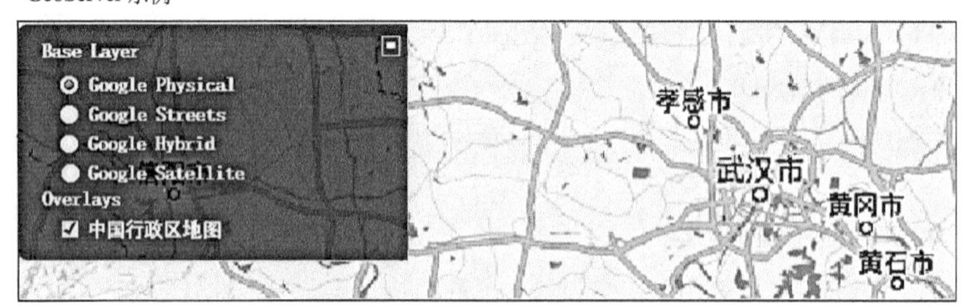

图 7.23　叠加 Google 图层显示界面

7.3.3　添加地图浏览控件

因为并不直接使用 OpenLayers 的控件，所以需要在样式中添加相应的按钮样式定义。部分按钮的图片是 OpenLayers 自带的，部分需要制作。以下为例子中用到的所有样式。

1. 控件样式代码

```
<style type="text/css">
    body {
        margin: 1em;
    }
    . olControlPanel div {
        display: block;
        width:  24px;
        height: 24px;
```

```
    margin: 5px;
    background-color: white;
  }
. olControlPanel. olControlMouseDefaultsItemActive {
    background-color: blue;
    background-image: url("openlayers/theme/default/img/pan_on. png");
  }
. olControlPanel. olControlMouseDefaultsItemInactive {
    background-color: orange;
    background-image: url("openlayers/theme/default/img/pan_off. png");
  }
. olControlPanel. olControlDrawFeaturePointItemActive {
    width:   22px;
    height: 22px;
    background-image: url("openlayers/theme/default/img/draw_point_on. png");
  }
. olControlPanel. olControlDrawFeaturePointItemInactive {
    width:   22px;
    height: 22px;
    background-image: url("openlayers/theme/default/img/draw_point_off. png");
  }
. olControlPanel. olControlDrawFeaturePathItemActive {
    width:   22px;
    height: 22px;
    background-image: url("openlayers/theme/default/img/draw_line_on. png");
  }
. olControlPanel. olControlDrawFeaturePathItemInactive {
    width:   22px;
    height: 22px;
    background-image: url("openlayers/theme/default/img/draw_line_off. png");
  }
. olControlPanel. olControlDrawFeaturePolygonItemActive {
    width:   22px;
    height: 22px;
    background-image: url("openlayers/theme/default/img/draw_polygon_on. png");
  }
. olControlPanel. olControlDrawFeaturePolygonItemInactive {
    width:   22px;
    height: 22px;
```

```
    background-image: url("openlayers/theme/default/img/draw_polygon_off. png");
}
. olControlPanel. olControlZoomBoxInItemActive {
    width:  22px;
    height: 22px;
    background-color: blue;
    background-image: url("openlayers/img/ex_zoomin_on. png");
}
. olControlPanel. olControlZoomBoxInItemInactive {
    width:  22px;
    height: 22px;
    background-color: orange;
    background-image: url("openlayers/img/ex_zoomin_off. png");
}
. olControlPanel. olControlZoomBoxOutItemActive {
    width:  22px;
    height: 22px;
    background-color: blue;
    background-image: url("openlayers/img/ex_zoomout_on. png");
}
. olControlPanel. olControlZoomBoxOutItemInactive {
    width:  22px;
    height: 22px;
    background-color: orange;
    background-image: url("openlayers/img/ex_zoomout_off. png");
}
. olControlPanel. CustomWMSGetInfoItemActive {
    width:  22px;
    height: 22px;
    background-image: url("openlayers/img/ex_identify_on. png");
}
. olControlPanel. CustomWMSGetInfoItemInactive {
    width:  22px;
    height: 22px;
    background-image: url("openlayers/img/ex_identify_off. png");
}
. olControlPanel. olControlMeasureLineItemActive {
    width:  22px;
    height: 22px;
```

```
        background-image: url("openlayers/img/ex_measure_on. png");
    }
    . olControlPanel. olControlMeasureLineItemInactive {
        width:   22px;
        height: 22px;
        background-image: url("openlayers/img/ex_measure_off. png");
    }
    . olControlPanel. olControlMeasurePolygonItemActive {
        width:   22px;
        height: 22px;
        background-image: url("openlayers/img/ex_measurearea_on. png");
    }
    . olControlPanel. olControlMeasurePolygonItemInactive {
        width:   22px;
        height: 22px;
        background-image: url("openlayers/img/ex_measurearea_off. png");
    }
    . olControlPanel. olControlZoomToMaxExtentItemInactive {
        width:   18px;
        height: 18px;
        background-image: url("openlayers/img/zoom-world-mini. png");
    }
    #map_div {
        width: 800px;
        height: 600px;
        border: 1px solid black;
    }
</style>
```

2. 拉框放大控件

拉框放大控件使用 OpenLayers. Control. ZoomBox 实例化，因为 OpenLayers. Control. ZoomBox 继承自 OpenLayers. Control，而且没有扩展，所以只有一个参数 options。

```
        var zbIn = new OpenLayers. Control. ZoomBox(
                {out: false, title: "放大", displayClass: 'olControlZoomBoxIn'}
);
```

3. 拉框缩小控件

与拉框放大控件一样，唯一不同的就是 options 中的参数 out 为 true(表示动作是缩小)。

```
        var zbOut = new OpenLayers. Control. ZoomBox(
                {out: true, title: "缩小", displayClass: 'olControlZoomBoxOut'}
);
```

4. 前一视图、后一视图控件

```
//定义浏览历史控件
nav = new OpenLayers. Control. NavigationHistory();
map. addControl(nav);
  nav. next,
  nav. previous,
```

5. 地图平移、缩放到全图控件

```
    new OpenLayers. Control. MouseDefaults({title: '平移地图'});
    new OpenLayers. Control. ZoomToMaxExtent({title: "缩放到全图"});
```

6. 信息查看控件

```
var info = new OpenLayers. Control. WMSGetFeatureInfo({
url: 'http:/localhost: 8080/geoserver/ows',
title: '信息查看',
displayClass: 'CustomWMSGetInfo',
queryVisible: true,
eventListeners: {
  getfeatureinfo: function(event) {
    var popinfo = new OpenLayers. Popup. FramedCloud(
      "chicken",
      map. getLonLatFromPixel(event. xy),
      new OpenLayers. Size(400, 200),
      event. text,
      null,
      true
  );
    popinfo. autoSize = false;
    map. addPopup(popinfo);
  }
}
});
```

7. 草图编辑控件(点、线、面)

```
//添加一个可编辑的草图(无数据源)图层
layer_draft = new OpenLayers. Layer. Vector("草图(可编辑)");
map. addLayer(layer_draft);

  new OpenLayers. Control. DrawFeature(layer_draft, OpenLayers. Handler. Point,
      {title: '画点', displayClass: 'olControlDrawFeaturePoint'}),
  new OpenLayers. Control. DrawFeature(layer_draft, OpenLayers. Handler. Path,
      {title: '画线', displayClass: 'olControlDrawFeaturePath'}),
```

```
    new OpenLayers. Control. DrawFeature(layer_draft, OpenLayers. Handler. Polygon,
        {title: '画面', displayClass: 'olControlDrawFeaturePolygon'})
```

8. 测量控件(线、面)

```
//定义测量时使用的样式符号
var sketchSymbolizers = {
  "Point": {
    pointRadius: 4,
    graphicName: "square",
    fillColor: "white",
    fillOpacity: 1,
    strokeWidth: 1,
    strokeOpacity: 1,
    strokeColor: "#333333"
  },
  "Line": {
    strokeWidth: 3,
    strokeOpacity: 1,
    strokeColor: "#666666",
    strokeDashstyle: "dash"
  },
  "Polygon": {
    strokeWidth: 2,
    strokeOpacity: 1,
    strokeColor: "#666666",
    fillColor: "white",
    fillOpacity: 0.3
  }
};
//定义测量时使用的样式
var style = new OpenLayers. Style();
//分配符号给测量样式
style. addRules([new OpenLayers. Rule({symbolizer: sketchSymbolizers})]);
var styleMap = new OpenLayers. StyleMap({"default": style});
//定义测量控件
measureControls = {
  line: new OpenLayers. Control. Measure(
    OpenLayers. Handler. Path, {
      persist: true,
      title: '测量线',
```

```
                displayClass: 'olControlMeasureLine',
                handlerOptions: {
                    layerOptions: {styleMap: styleMap}
                }
            }
        ),
        polygon: new OpenLayers. Control. Measure(
            OpenLayers. Handler. Polygon, {
                persist: true,
                title: '测量面',
                displayClass: 'olControlMeasurePolygon',
                handlerOptions: {
                    layerOptions: {styleMap: styleMap}
                }
            }
        )
    };
```

9. GeoRSS

```
//添加 GeoRSS 图层，以 GeoServer 的 GeoRSS 输出格式为例
var rssurl = "http:/localhost: 8080/geoserver/wms?"
            + "bbox=73.447, 3.408, 135.086, 53.559&"
            + "Format=application/rss+xml&"
            + "request=GetMap&layers=china: res1_4m&"
            + "width=800&height=600"
var georss = new OpenLayers. Layer. GeoRSS(
    "省会(GeoRSS)",
    rssurl,
    {visibility: false} //让图层一开始不显示
);
map. addLayer(georss);
```

最后的运行结果如图 7.24 所示。

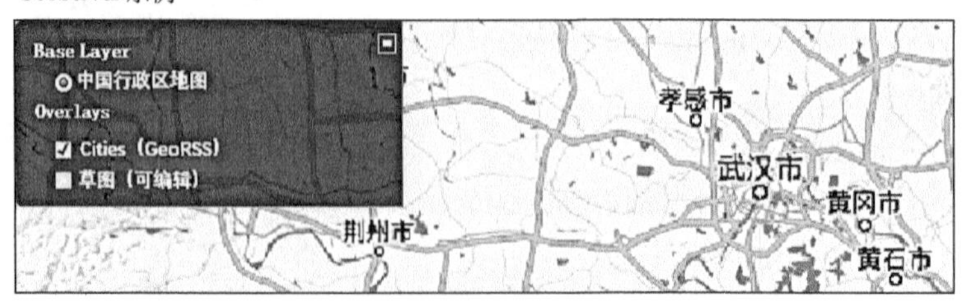

图 7.24　示例代码显示界面

主要参考文献

陈举平, 丁建勋. 2017. 矢量瓦片地图关键技术研究. 地理空间信息, 15(8): 44-47.

陈能成. 2003. 基于 J2EE 的分布式地理信息服务. 武汉: 武汉大学博士学位论文.

陈能成. 2009. 网络地理信息系统的方法与实践. 武汉: 武汉大学出版社.

陈能成, 陈泽强, 王伟. 2009. 一种基于能力匹配和本体推理的高精度 Web 地图服务发现方法. 武汉大学学报(信息科学版), 34(12): 1471-1475.

陈能成, 狄黎平, 龚健雅, 等. 2008. 基于 Web 目录服务的地学传感器观测服务注册和搜索. 遥感学报, 12(3): 411-419.

龚健雅. 1999. 当代 GIS 的若干理论与技术. 武汉: 武汉测绘科技大学出版社.

龚健雅. 2001. 地理信息系统基础. 北京: 科学出版社.

何正国, 杜娟. 2010. ArcGIS Server 开发从入门到精通. 北京: 人民邮电出版社.

李德仁, 李清泉. 2002. 论空间信息与移动通信的集成应用. 武汉大学学报(信息科学版), 27(1): 1-8.

李江, 张威. 2002. 实例解析 XML/XSL/Java 网络编程. 北京: 北京希望电子出版社.

刘光, 唐大仕. 2009. Web GIS 开发: ArcGIS Server 与. NET. 北京: 清华大学出版社.

刘光, 唐大仕. 2010. ArcGIS Server JavaScript API 开发 GeoWeb2. 0 应用. 北京: 清华大学出版社.

刘南, 刘仁义. 2002. Web GIS 原理及其应用——主要 Web GIS 平台开发实例. 北京: 科学出版社.

刘荣高, 庄大方, 刘纪元. 2001. 分布式海量矢量地理数据共享研究. 中国图形图象学报, 6(9): 865-872.

刘啸. 2001. 基于 XML 的 SVG 应用指南. 北京: 科海电子出版社.

任福. 2002. 基于 PDA 的个人移动导航系统的设计与实现. 武汉: 武汉大学硕士学位论文.

赛博科技工作室. 2002. VRML 与 Java 编程技术. 北京: 人民邮电出版社.

舒华英, 胡一闻. 2001. 移动互联网技术及应用. 北京: 人民邮电出版社.

孙晨龙. 2016. 基于矢量瓦片的矢量数据组织方法研究. 北京: 北京建筑大学硕士学位论文.

王家耀. 2001. 空间信息系统原理. 北京: 科学出版社.

王梅欣. 2016. 分布式矢量瓦片生产与访问系统的设计与实现. 西安: 西安电子科技大学硕士学位论文.

王密. 2002. 大型无缝遥感影像数据库系统的研制与可量测虚拟现实的可行性研究. 武汉: 武汉大学博士学位论文.

邬伦, 刘瑜, 张晶, 等. 2001. 地理信息系统——原理、方法和应用. 北京: 科学出版社.

杨崇俊, 王宇翔, 王兴玲. 2001. 万维网地理信息系统发展及前景. 中国图形图象学报, 6(9): 886-894.

袁相儒, 龚健雅, 林晖. 2000. 互联网地理信息系统的分布式部件方法. 测绘学报, 29(1): 40-46.

张新长, 马林兵, 张青年. 2005. 地理信息系统数据库. 北京: 科学出版社.

张新长, 曾广鸿, 张青年. 2001. 城市地理信息系统. 北京: 科学出版社.

赵文斌, 张登荣. 2003. 基于移动计算的地理信息系统的发展研究及应用前景. 遥感信息, 1: 32-35.

周文生. 2002. 基于 XML 的开放式万维网地理信息系统的理论与实践. 武汉: 武汉大学博士学位论文.

周炎坤, 李满春. 1999. Web GIS 开发方式比较研究. 计算机应用, 16(11): 132-134.

Chen N, Di L, Chen Z, et al. 2011. An efficient method for near-real-time on-demand retrieval of remote sensing observations. IEEE Journal of Selected Topics in Applied Earth Observations and Remote Sensing(High Performance Computing Special Issue), 4(3): 615-625.

Chen Z, Chen N, Di L, et al. 2011. A flexible data and sensor planning service for virtual sensors based on web service. IEEE Sensors Journal, 11(6): 1429-1439.

Danny A, John B, Carl C B. 2002. Java 数据编程指南. 北京: 电子工业出版社.

科学出版社

教师教学服务指南

为了更好地服务于广大教师的教学工作，科学出版社打造了“科学 EDU”教学服务公众号，教师可通过扫描下方二维码，享受样书、课件、会议信息等服务。

样书、电子课件仅为任课教师获得，并保证只能用于教学，不得复制传播用于商业用途。科学出版社保留诉诸法律的权利。

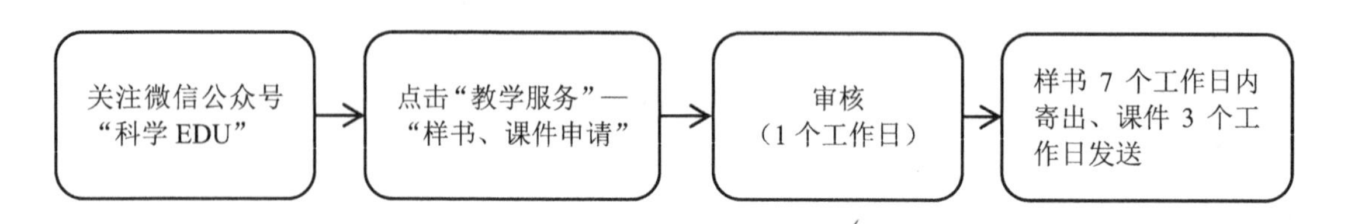

关注科学 EDU，获取教学样书、课件资源
面向高校教师，提供优质教学、会议信息
分享行业动态，关注最新教育、科研资讯

科学 EDU

学生学习服务指南

为了更好地服务于广大学生，科学出版社打造了“学子参考”公众号，学生可通过扫描下方二维码，了解海量经典教材、教辅信息，轻松面对考试。

面向高校学子，提供优秀教材、教辅信息
分享热点资讯，解读专业前景、学科现状
为大家提供海量学习指导，轻松面对考试

学子参考

教师咨询：010-64033787　QQ：2405112526　yuyuanchun@mail.sciencep.com
学生咨询：010-64014701　QQ：2862000482　zhangjianpeng@mail.sciencep.com